全国高等职业教育机电类专业规划教材

机床电气控制与PLC技术
（西门子系列）

U0830913

汪建武　主　编
李方园　副主编

電子工業出版社
Publishing House of Electronics Industry
北京·BEIJING

内容简介

“机床电气控制与PLC技术”是目前高职高专院校机电一体化技术专业的必修课程之一，也是“双证融通”课程之一。本书遵循机电一体化技术专业人才培养方案要求，培养学生安全用电，电器元件，识图与绘图，典型机床控制线路，机床PLC控制、调试与维护等专业知识和相关技能；比照维修电工国家职业标准，将教材内容分为“应知”和“应会”两大学习阶段。本书选用了最为常见的C650型车床、XA6132型万能铣床、Z3040型摇臂钻床和T68型卧式镗床等典型机床的控制线路，以及在机床领域市场占有率最高、也最常见的西门子S7－200/300作为PLC应用产品。

本书可作为高职高专院校机电一体化、电气自动化等自动化类专业的课程教材，也可作为广大电工技术爱好者、求职者、职业培训人员的参考用书。

图书在版编目（CIP）数据

机床电气控制与PLC技术：西门子系列/汪建武主编.—北京：电子工业出版社，2013.6
全国高等职业教育机电类专业规划教材

ISBN 978-7-121-20451-7

Ⅰ.①机… Ⅱ.①汪… Ⅲ.①机床－电气控制－高等职业教育－教材②plc技术－高等职业教育－教材 Ⅳ.①TG502.35②TM571.6

中国版本图书馆CIP数据核字（2013）第103990号

策划编辑：王昭松
责任编辑：王昭松　特约编辑：徐　岩
印　　刷：北京虎彩文化传播有限公司
装　　订：北京虎彩文化传播有限公司
出版发行：电子工业出版社
　　　　　北京市海淀区万寿路173信箱　邮编100036
开　　本：787×1 092　1/16　印张：15.75　字数：403.2千字
版　　次：2013年6月第1版
印　　次：2021年1月第7次印刷
定　　价：35.00元

凡所购买电子工业出版社图书有缺损问题，请向购买书店调换。若书店售缺，请与本社发行部联系，联系及邮购电话：（010）88254888，88258888。

质量投诉请发邮件至zlts@phei.com.cn，盗版侵权举报请发邮件至dbqq@phei.com.cn。

本书咨询联系方式：010-88254015　wangzs@phei.com.cn　QQ：83169290。

前　言

本书是中国职业教育学会教学质量保障与评估委员会"'双证融通'模式下课程体系重新构建的研究"课题的成果之一。

"双证融通"即通过学历证书与职业资格证书两类证书内涵的衔接与对应，实现学历教育与职业资格培训的融通，实现"一教双证"。"双证融通"是在职业教育新形势下应运而生的教学改革举措，是对传统职业教育和职业资格鉴定内涵的调整和充实。对于机电一体化、电气自动化等自动化类专业来说，最主要的职业资格证书是"维修电工"(中高级)。

"机床电气控制与PLC技术"课程遵循机电一体化技术专业人才培养方案要求，培养学生安全用电，电器元件，识图与绘图，典型机床控制线路，机床PLC控制、调试与维护等专业知识和相关技能；比照维修电工国家职业标准，按照学生职业能力培养的基本规律，将课程内容分为"应知"和"应会"两大学习阶段，"以学跃技"，"以技显能"，以"能否胜任工作任务、能否解决问题"的多元考核为重点；按照人的认知规律从简单到综合，逐步递进，螺旋上升，构建"工作过程系统化"的课程知识体系。

本书共设9个项目。项目1从安全用电入手介绍了常用低压电器，如刀开关、低压断路器、熔断器、接触器、继电器、主令电器等，进行了常用低压电器的选择与使用的技能训练；项目2介绍了继电—接触器控制电路，包括电气识图的知识与技能及三相异步电动机的启动、运行和制动控制电路，进行了基本电气控制线路的安装与调试的技能训练；项目3为典型机械设备的电气控制线路的介绍，包括最为常见的C650型车床、XA6132型万能铣床、Z3040型摇臂钻床和T68型卧式镗床等典型机床的控制线路，并进行了典型机械设备的电气线路的安装与故障排除的技能训练；项目4为可编程控制器基础，主要介绍了S7—200系列PLC的内部元器件及主要技术指标；项目5为PLC的编程与通信，包括硬件连接及参数设置、通信设置、调试与监控等，最后给出了PLC编程软件的使用及程序运行与监控的技能训练；项目6和项目7分别介绍了S7—200系列PLC基本指令和功能指令的运用，并以实际案例进行技能训练；项目8为常用的PLC程序设计方法及应用，介绍了经验设计法、顺序控制设计法、时序图设计法及其相关应用；项目9介绍了S7—300系列PLC的基础知识，并给出了相应的技能训练。

本书由汪建武任主编，李方园任副主编，胡焕啸、张东升、叶明、郑振杰、徐咏梅、邹锋、程立章、汪志敏、李亚峰、杨帆、钟晓强等参与了编写工作。

在编写过程中，得到了西门子公司、宁波钢铁有限公司、常州米高电子科技有限公司相关人员的帮助并提供了相当多的典型案例和维护经验；同时在编写中曾参考和引用了国内外许多专家、学者最新发表的论文和著作等资料，中国传动网为本书提供了最新的项目案例，在此一并致谢！

编　者

2013年2月

目　　录

项目1 常用低压电器基础

□【导读】

电器分为低压电器和高压电器。低压电器一般是指在交流50Hz、额定电压1200V或直流额定电压1500V及以下的电路中起通断、保护、控制或调节作用的电器。大多数用电行业及人们的日常生活中都采用低压供电，低压供电的输送、分配、保护及设备的运行和控制是靠低压电器来实现的，因此低压电器的应用十分广泛，是维修电工必须熟悉的内容。本项目主要介绍刀开关、断路器、熔断器、接触器、继电器、主令电器等低压电器的工作原理、用途及选型原则。

□【应知】

※ 熟悉安全用电的基本知识；
※ 熟悉常用低压电器的图形符号及文字符号；
※ 掌握常用低压电器的工作原理及作用；
※ 掌握常用低压电器的选用方法。

□【应会】

☆ 能准确认识低压电器，并应用到实际线路中；
☆ 能熟练认知低压电器的图形和文字符号；
☆ 能使用万用表等工具检测低压电器是否正常；
☆ 能通过查阅资料对低压电器进行选型。

1.1 安全用电

电能作为一种最基本的能源，是国民经济及人们日常生活中不可缺少的。电本身看不见、摸不着，它具有潜在的危险性。只有懂得了用电的基本常识，掌握了用电的基本规律，并按照操作规程办事，电才能很好地为人民服务，否则可能会造成意想不到的事故，轻则导致电气故障，使人触电受伤，重则导致电气设备损坏，致人死亡，甚至引起重大火灾事故。所以，掌握安全用电常识关系到人们的生命财产安全，必须高度重视。

1.1.1 电压等级与安全电压

根据欧姆定律，电阻一定时，电压越高电流也就越大。通常情况下，皮肤干燥（空气不潮湿，人体不出汗）时，人体电阻大约为 6～10kΩ，有时甚至高达 100kΩ。人体电阻主要是皮肤电阻，表皮 0.05～0.2mm 厚的角质层的电阻很大，但角质层容易被破坏，去掉角质层的皮肤电阻约为 800～1200Ω，内部组织的电阻约为 500～800Ω。若把可能加在人身上的电压限制在某一范围内，使得在这种电压下通过人体的电流不超过允许值（<6mA），这一电压就叫做安全电压。

我国规定带电体对地电压 250V 为界，250V 以上为高压，250V 以下为低压。适用于不同场所的直流或交流工频有效值的安全电压等级有 42V、36V、24V、12V 和 6V。

通常情况下，不高于 36V 的电压对人体是安全的，所以我国通用的安全电压标准为 36V。对特别容易导电、潮湿、狭窄的场所，如金属容器内、隧道内、矿井内及周围有大面积接地导体的环境，以 12V 为安全电压。一般情况下，36V、24V、12V 是常用的三个安全电压级别。

1.1.2 触电与预防

人体是导体，人体上加有电压时，就会有电流通过人体。当通过人体的电流很小时，人没有感知；当人体流过工频交流 1mA 或直流 5mA 左右的电流时，人体就会有麻、刺、痛的感觉。一般来说，10mA 以下工频交流电流和 50mA 以下直流电流流过人体时，人能摆脱电源，故危险性不大。

当人体流过工频交流 20～50mA 或直流 80mA 电流时，人就会产生麻痹、痉挛、强烈刺痛等感觉，出现血压升高、呼吸困难等症状，自己不能摆脱电源，故有生命危险。当人体流过 100mA 以上电流时，在很短的时间内就会使人窒息，心跳停止。

流过人体的电流越大、触电时间越长，后果就越严重。有保护状态下的安全电流为 50mA，无保护状态下的安全电流为 10mA，超过这个数值，就会对人体造成伤害。另外，触电部位对触电后果也有很大的影响，触电电流流过呼吸器官和神经中枢时，危害程度较大；触电电流流过心脏时，危害程度更大；触电电流流过大脑时，会使人立即昏迷。心脏病、内分泌失调、肺病、精神病患者在同等情况下，危害程度更大些。

在三相四线制的输电网络中，工厂动力用电的火线与火线之间的电压是 380V，家庭照明用电的火线与零线之间的电压是 220V，绝不能同时接触两根火线或同时接触火线与零线，零线是接地的，所以火线与大地之间的电压也是 220V，一定不能在与大地连通的情况下接触火线。

1.1.3 几种触电类型

1. 人接触了火线与火线、火线与零线或火线与大地而触电

（1）单相触电　人体接触一根火线的同时又与零线或大地接触所造成的触电。单相触电是最为常见的触电类型。

（2）两相触电　人体同时接触两根火线所造成的触电。当人体同时接触两相火线时，380V 线电压直接作用于人体，这种触电非常危险，更不用说 10kV、35kV、110kV、220kV 等高压输电线路的两相触电了。

2. 跨步电压触电

三相输电线路中若有一相断落触地时，电流通过落地点流入大地，这时，以地面上电流

入地点为圆心，在大约 20m 范围内的不同圆周上具有不同的电位，距离落地点越近，电位越高，距离落地点越远，电位越低。人行走时，两脚跨在地面上电位不同的两点所承受的电压称为跨步电压，由此引起的触电事故称为跨步电压触电。实际上，跨步电压对人体比较危险的影响范围大约在距电流入地点 10m 左右的圆形区域。为避免这类触电事故发生，要求人们不要走近电力系统的接地装置附近及电网断线触地点 10m 以内的地面。如必须通过可能存在跨步电压的区域时，可采用单脚站立或双脚并拢蹦跳的方式行进。

3. 雷击触电

雷击触电是雷雨云对地面上的突出物产生放电造成的触电，它是一种特殊的触电形式。雷击感应电压高达几十万至几百万伏，其能量可以把建筑物摧毁，使可燃物燃烧，把用电设备击穿、烧毁，造成人身伤亡，危害性极大。目前，一般通过避雷设施将强大的电流引入地下以避免雷电的危害。

1.1.4 触电急救及触电预防

触电急救的基本原则是动作迅速、方法正确。当发现有人触电时，除应及时呼救、报警、求援外，还应当使触电者迅速脱离电源，就近断开电源开关。若触电场所距离电源开关较远，可用有绝缘柄的电工钳或木柄干燥的斧头切断电线，断开电源；或用干木板等绝缘物插入触电者身下，以隔断电流通路。当电线搭落在触电者身上或被压在触电者身下时，可用干燥的衣服、手套、绳索及木棒等绝缘物作为工具，拉开触电者或拉开电线，使触电者迅速脱离电源。

触电者脱离电源后，应立即将其抬到空气流通良好的地方静卧休息。若触电者呼吸困难，有痉挛现象，甚至呼吸、心跳停止，要马上实施人工呼吸等心肺复苏抢救措施，并请医生及时诊治。注意，千万不要给触电者打强心剂，也不要拼命摇动触电者或强行扶触电者行走，这样会使触电者的情况恶化。

触电事故的发生，大多是由于不重视安全用电、违反操作规程而引起的，因此要预防触电须做好以下工作。

① 合理使用安全工具，遵守操作规程。专业人员在安装检修电气设备时，应先切断电源，切勿带电操作。必须使用试电笔等验电工具检测设备或导线等是否带电，切不可用手触摸测试。操作电气设备时，应穿绝缘良好的胶底鞋、塑料鞋。在配电屏等电气设备周围的地面上，应放置干燥的木踏板或橡胶垫。

② 正确使用和安装电气设备或器材。各种电气设备和器材都有其规定的适用范围，导线和熔断器等都有一定的规格，必须合理选择和正确使用。电气设备都应装设必要的保护装置，如熔断器、自动开关、漏电保护器等。当设备发生短路、漏电或人身触电时，要能及时自动切断电源。电气设备的金属外壳一定要确保良好接地或保护接零。照明线路的开关应装在火线上，不应装在零线上。

③ 定期检修电气设备，防止绝缘部分破损或受潮。对于正常情况下带电的导体，应保持其绝缘良好，并定期检查。对家用电器及移动式电器如手提灯、手电钻等，其电源线有破损老化时要及时更换。外露的电线接头处要用黑胶布、塑料胶带等绝缘材料包扎牢固。为防止电线受损，严禁在导线上挂东西或将导线挂在铁钉上等。

④ 对于有操作人员经常接触的电气设备，应使用 36V 以下的安全电压。

⑤ 不靠近高压带电体。

1.2 低压电器的分类与灭弧方法

电器是所用电工机械的简称，它能够对电能的产生、分配起控制与保护作用。由这些电器组成的自动控制系统称为电气控制系统。根据工作电压不同，电器通常划分为高压电器和低压电器。今后学习中以低压电器为主。

1.2.1 低压电器的分类

低压电器的种类繁多，可按照以下方法分类。

（1）按用途分类

① 控制电器。用于各种控制电路和控制系统的电器，如接触器、继电器、启动器等。

② 配电电器。用于电能的输送和分配的电器，如高压断路器等。

③ 主令电器。用于自动控制系统中发送动作指令的电器，如按钮、转换开关等。

④ 保护电器。用于保护电路及用电设备的电器，如熔断器、热继电器等。

⑤ 执行电器。用于完成某种动作或传送功能的电器，如电磁铁、电磁离合器等。

（2）按动作分类

① 自动切换电器。它依靠电器本身参数的变化或外来信号，如电流、电压、温度、压力、速度、热量等，自动完成接通、分断或使电机启动、反向及停止等动作，如接触器、继电器等。

② 手控电器。它依靠外力直接操作来进行切换等动作，如按钮等。

电器按其执行机能还可分为有触点电器和无触点电器。

1.2.2 电弧与灭弧方法

触点在通电状态下动、静触点脱离接触时，由于电场的存在，使触点表面的自由电子大量溢出而产生电弧。电弧的存在既烧损触点金属表面，降低电器的寿命，又延长了电路的分断时间，所以必须采取一定的措施使电弧迅速熄灭。

常用的灭弧方法有增大电弧长度、冷却弧柱、把电弧分成若干短弧等。灭弧装置就是根据这些原理设计的。

（1）电动力灭弧　电动力灭弧示意图如图 1-1 所示。桥式触点在分断时本身就具有电动力灭弧功能，无须任何附加装置，便可使电弧迅速熄灭。这种灭弧方法多用于小容量交流接触器中。

（2）磁吹灭弧　在触点电路中串入吹弧线圈，如图 1-2 所示。该线圈产生的磁场由导磁夹板引向触点周围，其方向由右手定则确定（如图中“×”所示）。触点间的电弧所产生的磁场，其方向如图中“⊙”和“⊗”所示。

这两个磁场在电弧下方方向相同（叠加），在电弧上方方向相反（相减），所以电弧下方的磁场强于上方的磁场。在下方磁场作用下，电弧受力的方向为 F 所指的方向，在 F 的作用下，电弧被吹离触点，经引弧角引进灭弧罩，使电弧熄灭。

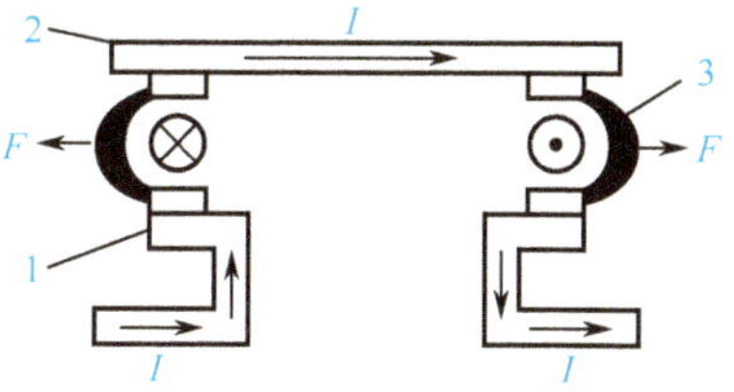

1—静触点；2—动触点；3—电弧

图 1-1 电动力灭弧示意图

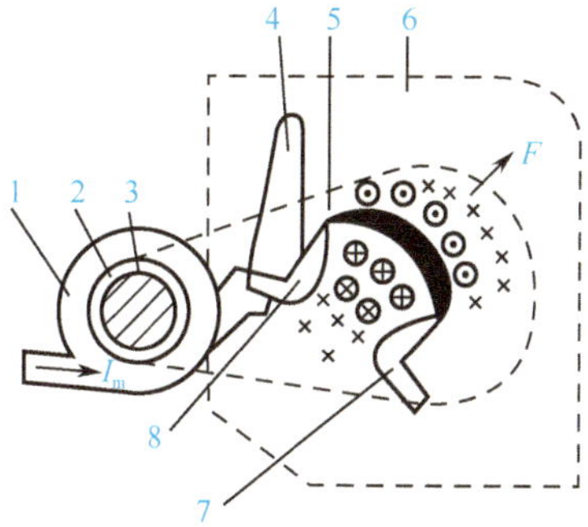

1—磁吹线圈；2—绝缘套；3—铁芯；4—引弧角；
5—导磁夹板；6—灭弧罩；7—动触点；8—静触点

图 1-2 磁吹灭弧示意图

（3）栅片灭弧 灭弧栅是一组薄铜片，它们彼此间相互绝缘，如图 1-3 所示。电弧进入栅片时被分割成一段段串联的短弧，而栅片就是这些短弧的电极，每两片灭弧栅片之间都有 150～250V 的绝缘强度，使整个灭弧栅的绝缘强度大大加强，以致外加电压无法维持，电弧迅速熄灭。此外，栅片还能吸收电弧热量，使电弧迅速冷却。基于上述原因，电弧进入栅片后就会很快熄灭。由于栅片灭弧装置的灭弧效果在交流时要比直流时强得多，因此在交流电器中常采用栅片灭弧。

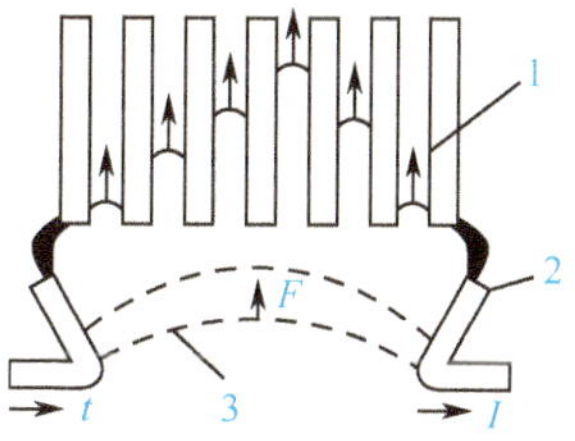

1—灭弧栅片；2—触点；3—电弧

图 1-3 栅片灭弧示意图

1.3 刀开关

刀开关又称闸刀开关或隔离开关，是低压配电电器中结构最简单、应用最广泛的电器，主要用在低压成套配电装置中，作为不频繁地手动接通和分断交直流电路或作隔离开关用。也可以用于不频繁地接通与分断额定电流以下的负载，如小型电动机等。

刀开关由操作手柄、动触刀、触点座、铰链和底板等组成。刀开关的结构如图 1-4 所示，刀开关的图形符号及文字符号如图 1-5 所示。

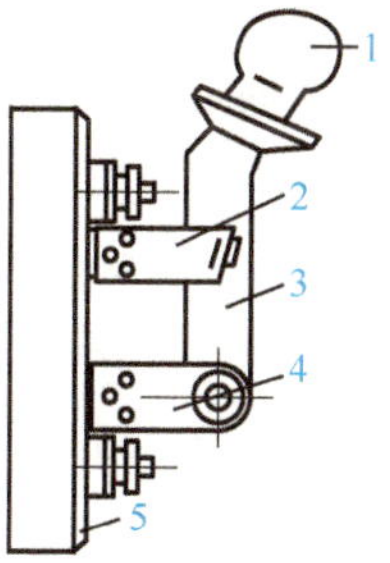

1—操作手柄；2—触点座；
3—动触刀；4—铰链；5—底板

图 1-4 刀开关的结构

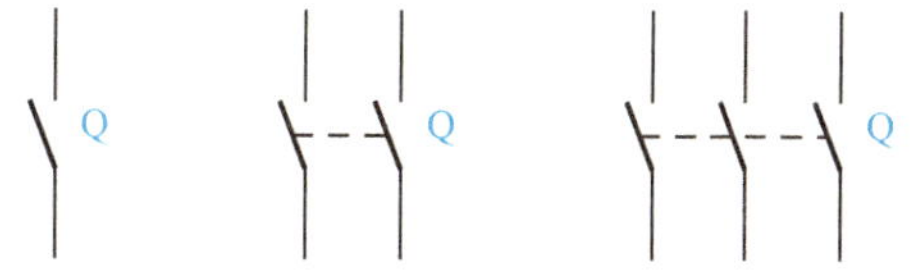

（a）单极 （b）双极 （c）三极

图 1-5 刀开关的图形符号及文字符号

常用的刀开关有 HD 型单投刀开关、HS 型双投刀开关（刀形转换开关）、HR 型熔断器式刀开关、HZ 型组合开关、HK 型闸刀开关、HY 型倒顺开关和 HH 型铁壳开关等。

注意：接线时，应将电源线接在上端，负载接在下端，这样拉闸后动触刀与电源隔离，可防止意外事故的发生。在安装使用铁壳开关时应注意安全，既不允许随意放在地上操作，也不允许面对着开关操作，以免万一发生故障而开关又分断不下时铁壳爆炸飞出伤人。应按规定把开关垂直安装在一定高度处。开关的外壳应妥善接地，并严格禁止在开关上方搁置金属零件，以防它们掉入开关内部酿成相间短路事故。

1.4 低压断路器

低压断路器（又称自动空气开关或自动空气断路器）是一种不仅可以接通和分断正常负荷电流和过负荷电流，还可以接通和分断短路电流的开关电器。低压断路器在电路中除了起控制作用外，还具有一定的保护功能，如过负荷、短路、欠压和漏电保护等。低压断路器的分类方式很多，按使用类别分为选择型（保护装置参数可调）和非选择型（保护装置参数不可调），按灭弧介质分为空气式和真空式（目前国产多为空气式）。低压断路器容量范围很大，最小为 4A，最大可达 5000A。低压断路器广泛应用于低压配电系统、各种机械设备的电源控制和用电终端的控制与保护中。

1.4.1 低压断路器的结构及工作原理

低压断路器主要由触点系统、操作机构和保护元件三部分组成。主触点由耐弧合金制成，采用灭弧栅片灭弧。操作机构较复杂，其通断可用操作手柄操作，也可用电磁机构操作，故障时自动脱扣，触点通断瞬时动作与手柄操作速度无关，其工作原理图如图 1-6 所示。断路器的主触点 2 是靠操作机构手动或电动合闸的，并由自动脱扣机构将主触点锁在合闸位置上。如果电路发生故障，自动脱扣机构在有关脱扣器的推动下动作，使钩子脱开，于是主触点在弹簧的作用下迅速分断。过电流脱扣器 5 的线圈和过载脱扣器 6 的线圈与主电路串联，失电压脱扣器 7 的线圈与主电路并联，当电路发生短路或严重过载时，过电流脱扣器的衔铁被吸合，使自动脱扣机构动作；当电路过载时，过载脱扣器的热元件产生的热量增加，使双金属片向上弯曲，推动自动脱扣机构动作。当电路失压时，失电压脱扣器的衔铁释放，也使自动脱扣机构动作；分励脱扣器 8 则作为远距离分断电路使用，根据操作人员的命令或其他信号使线圈通电，从而使断路器跳闸。断路器根据用途不同可配备不同的脱扣器。

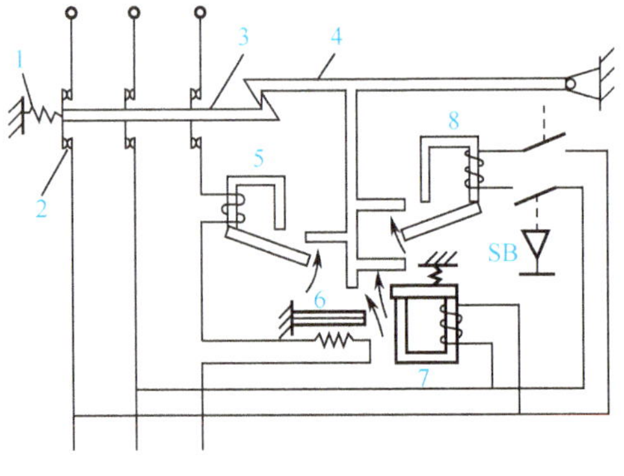

1—分闸弹簧；2—主触点；
3—传动杆；4—锁扣；5—过电流脱扣器；
6—过载脱扣器；7—失电压脱扣器；8—分励脱扣器
图 1-6 低压断路器工作原理图

1.4.2 低压断路器的主要参数及电气符号

低压断路器主要包括以下几个技术参数。

(1) 额定电压 断路器的额定工作电压在数值上取决于电网的额定电压等级，我国电网标准规定为AC 220V、380V、660V、1140V及DC 220V、440V等。应该指出，同一断路器可以规定在几种额定工作电压下使用，但相应的通断能力并不相同。

(2) 额定电流 断路器的额定电流就是过电流脱扣器的额定电流，一般是指断路器的额定持续电流。

(3) 通断能力 开关电器在规定的条件下（电压、频率及交流电路的功率因数和直流电路的时间常数），能在给定的电压下接通和分断的最大电流值，也称为额定短路通断能力。

(4) 分断时间 指切断故障电流所需的时间，包括固有的断开时间和燃弧时间。

断路器的图形符号及文字符号如图1-7所示。

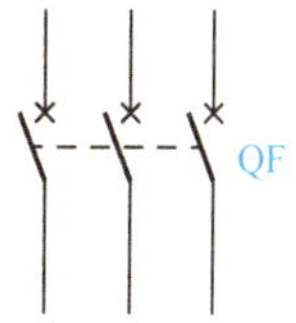

图1-7 断路器的图形符号及文字符号

1.4.3 低压断路器的选用

选择低压断路器时应从工作条件出发，主要考虑下列因素。

① 断路器的额定工作电压应大于或等于电路与设备的额定工作电压。对于配电电路来说，应注意区别是电源端保护还是负载端保护，电源端电压比负载端电压高约5%左右。

② 断路器主电路额定工作电流大于或等于负载工作电流。

③ 断路器的过载脱扣整定电流应等于负载工作电流。

④ 断路器的额定通断能力大于或等于电路的最大短路电流。

⑤ 断路器的欠电压脱扣器额定电压等于主电路额定电压。

1.5 熔断器

熔断器是一种结构简单、使用方便、价格低廉的保护电器，广泛用于供电线路和电气设备的短路保护电路中。熔断器的熔体与被保护的电路串联，当电路正常工作时，熔体允许通过一定大小的电流而不熔断，相当于一根导线；当电路发生短路或严重过载时，熔体中流过很大的故障电流，当电流产生的热量达到熔体的熔点时，熔体熔断切断电路，从而达到保护的目的。

1.5.1 熔断器的结构及工作原理

常用的熔断器主要由熔体（俗称保险丝）和安装熔体的外壳两部分组成，结构如图1-8所示。其中熔体是熔断器的核心，通常用低熔点的铅锡合金、锌、铜、银的丝状或片状材料制成。新型的熔体通常设计成灭弧栅状和具有变截面的片状结构，外壳则由陶瓷、绝缘钢纸或玻璃纤维制成，在熔体熔断时兼有灭弧作用，如图1-9所示为熔断器的型号和意义。

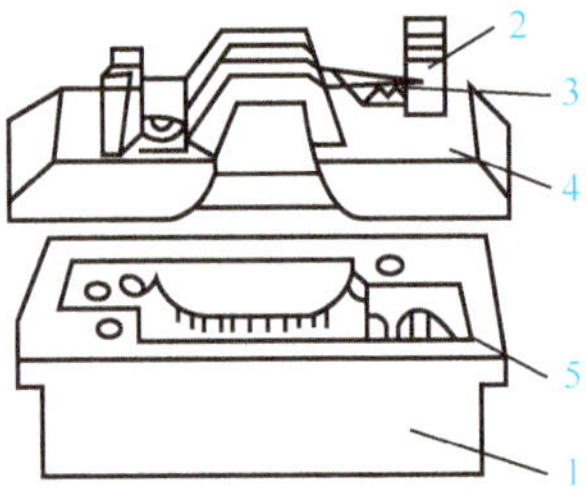

（a）熔断器的内部结构

1—瓷底座；2—动触点；
3—熔体；4—瓷插件；5—静触点

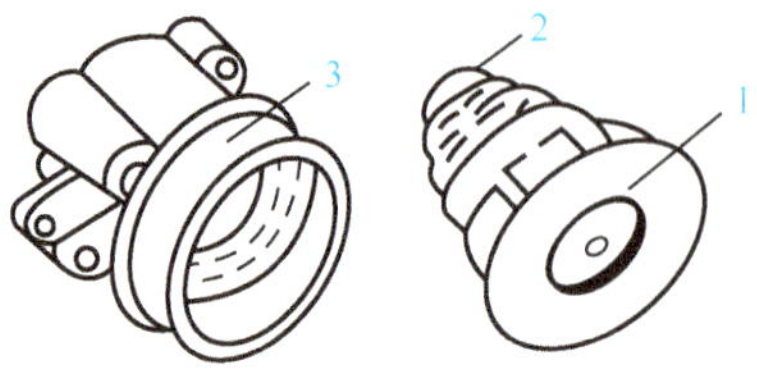

（b）熔断器的外部结构

1—瓷帽；2—熔体；3—底座

图 1-8　熔断器的结构

电流通过熔体时产生的热量与电流的平方、电流通过的时间成正比，因此电流越大，熔体熔断的时间越短，这一特性称为熔断器的保护特性（或安秒特性）。如图 1-10 所示为熔断器安秒特性图。熔断器的安秒特性为反时限特性，即短路电流越大，熔断时间越短，这样就能满足短路保护的要求。由于熔断器对过载反应不灵敏，不宜用于过载保护，主要用于短路保护。常用熔体的安秒特性见表 1-1。

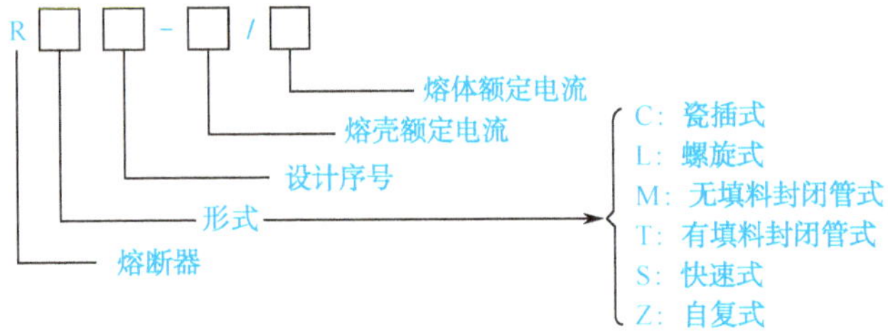

图 1-9　熔断器的型号及意义

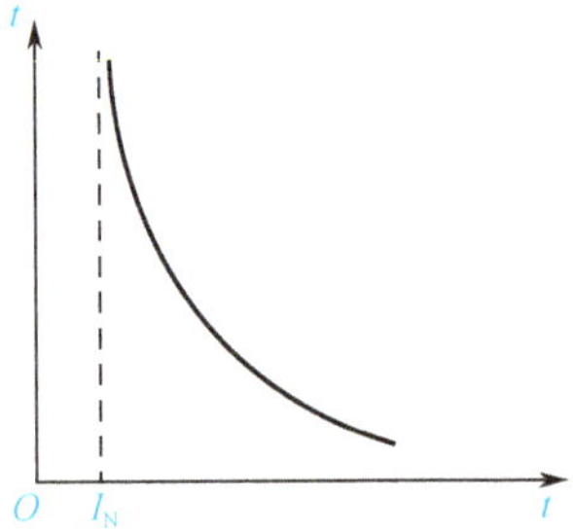

图 1-10　熔断器安秒特性图

表 1-1　常用熔体的安秒特性

熔体通过电流/A	$1.25I_N$	$1.6I_N$	$1.8I_N$	$2.0I_N$	$2.5I_N$	$3I_N$	$4I_N$	$8I_N$
熔断时间/s	∞	3600	1200	40	8	4.5	2.5	1

1.5.2　熔断器的主要参数及电气符号

熔断器主要包括以下几个技术参数。

（1）额定电压　从灭弧角度定义，额定电压是保证熔断器能长期正常工作的电压。如果熔断器的实际工作电压超过额定电压，则一旦熔体熔断，就可能发生电弧不能及时熄灭的现象。

（2）熔体额定电流　在熔体长期通电的工作条件下，电流通过熔体而熔体不熔断的最大电流。

（3）熔断器额定电流　是指保证熔断器能长期正常工作的电流，它由熔断器各部分长期工作时所允许的温升决定。该额定电流应不小于所选熔体的额定电流，且在额定电流范围内，不同规格的熔体可装入同一熔壳内。

（4）极限分断能力　指熔断器在额定电压下所能分断的最大短路电流值。它取决于熔断器的灭弧能力，与熔体的额定电流大小无关。一般有填料的熔断器分断能力较强，可达数十到数百 kA。较重要的负载或负载距离变压器较近时，应选用分断能力较强的熔断器。

熔断器的图形符号和文字符号如图 1-11 所示。

图 1-11　熔断器的图形符号和文字符号

1.5.3　熔断器的选用

在选用熔断器时，应根据被保护电路的需要，首先确定熔断器的形式，然后确定熔体的参数，再根据熔体确定熔断器的规格。

（1）熔断器类型的选择　选择熔断器的类型时，主要根据电路要求、使用场合、安装条件、负载要求的保护特性和短路电流的大小等进行选择。电网配电一般用封闭管式熔断器；电动机保护一般用螺旋式熔断器；照明电路一般用插入式熔断器；保护可控硅元件则应选择半导体保护用快速式熔断器。

（2）熔断器额定电压的选择　熔断器的额定电压应大于或等于电路的工作电压。

（3）熔断器熔体额定电流的选择

① 对于变压器、电炉和照明等负载，熔体的额定电流 I_{fN} 应略大于或等于负载电流 I，即 $I_{fN} \geqslant I$；

② 保护一台电动机时，考虑电动机启动电流的影响，熔体的额定电流按 $I_{fN} \geqslant (1.5 \sim 2.5) I_N$ 计算，I_N 为电动机额定电流（A）；

③ 保护多台感应式电动机时，若各台电动机不同时启动，熔体的额定电流按 $I_{fN} \geqslant (1.5 \sim 2.5) I_{N\max} + \sum I_N$ 计算，$I_{N\max}$ 为容量最大的一台电动机的额定电流（A），$\sum I_N$ 为其余电动机额定电流的总和（A）。

（4）熔断器额定电流的选择　熔断器的额定电流必须大于或等于所装熔体的额定电流。

1.6　接触器

接触器是能频繁关合、承载和开断正常电流及规定的过载电流的开断和关合装置。接触器在电力拖动和自动控制系统中使用量大、涉及面广，具有欠（零）电压保护功能。接触器的主要控制对象是电动机，也可以用于其他电力负载，如电热器、电焊机、电炉变压器等。

根据接触器主触点通过电流的种类不同，可分为交流接触器和直流接触器。交流接触器线圈通以交流电，主触点接通、分断交流主电路，交流接触器的灭弧装置通常采用灭弧罩和灭弧栅。直流接触器线圈通以直流电，主触点接通、切断直流主电路，直流接触器铁芯中不产生涡流和磁滞损耗，因此不发热，铁芯可用整块钢制成，为了散热良好，通常将线围绕制成长而薄的圆筒状。直流接触器灭弧较难，一般采用灭弧能力较强的磁吹灭弧装置。

1.6.1　接触器的结构及工作原理

接触器主要由电磁系统、触点系统和灭弧装置等组成，其外形如图 1-12 所示。

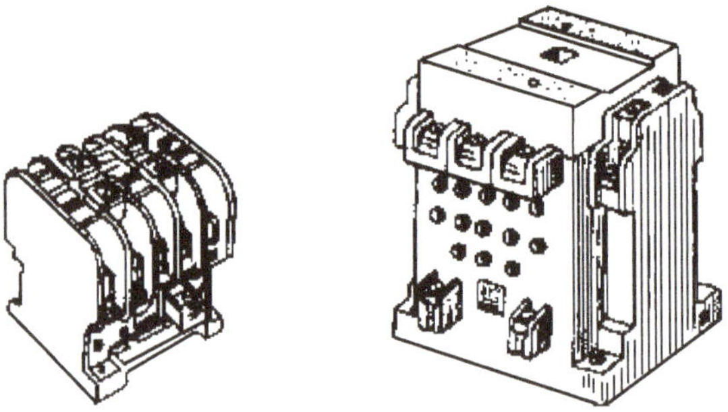

图 1-12　接触器的外形

（1）电磁系统　电磁系统包括动铁芯（衔铁）、静铁芯和电磁线圈三部分，其作用是将电磁能转换成机械能，产生电磁吸力带动触点动作。铁芯用相互绝缘的硅钢片叠压而成，以减少交变磁场在铁芯中产生涡流和滋滞损耗，避免铁芯过热。铁芯上装有短路铜环，以减少衔铁吸合后的振动和噪声。线圈一般采用电压线圈（线径较小，匝数较多，与电源并联）。交流接触器启动时，铁芯气隙较大，线圈阻抗很小，启动电流较大，衔铁吸合后，气隙几乎不存在，磁阻变小，感抗增大，这时的线圈电流显著减小。交流接触器线圈在其额定电压的85%～105%时，能可靠地工作，电压过高，则磁路趋于饱和，线圈电流将显著增大，线圈有被烧坏的危险；电压过低，则吸不牢衔铁，触点跳动，不但影响电路正常工作，而且线圈电流会达到额定电流的十几倍，使线圈过热而烧坏。因此，电压过高或过低都会造成线圈因发热而烧毁。

（2）触点系统　触点是接触器的执行元件，用来接通或断开被控制电路。触点的结构形式很多，按其所控制的电路可分为主触点和辅助触点。主触点用于接通或断开主电路，允许通过较大的电流；辅助触点用于接通或断开控制电路，只能通过较小的电流。触点按其原始状态可分为常开触点（动合触点）和常闭触点（动断触点）。原始状态（即线圈未通电）时断开而线圈通电后闭合的触点叫常开触点；原始状态时闭合而线圈通电后断开的触点叫常闭触点。线圈断电后所有触点复位，即恢复到原始状态。

（3）灭弧装置　交流接触器分断大电流电路时，往往会在动、静触点之间产生很强的电弧。电弧的高温能将触点烧损，一方面损坏触点，减少触点的使用寿命；另一方面延长电路切断时间，甚至引起弧光短路，造成事故。常用的灭弧装置有灭弧罩、灭弧栅和磁吹灭弧装置；容量较小（10A以下）的交流接触器一般采用双断口电动力灭弧，容量较大（20A以上）的交流接触器一般采用灭弧栅灭弧。如图1-13所示为金属栅片灭弧示意图。

（4）反力装置　该装置由反力弹簧、缓冲弹簧和触点弹簧组成。反力弹簧的作用是当吸引线圈断电时，迅速使主触点和辅助触点断开。缓冲弹簧的作用是缓冲衔铁在吸合时对铁芯和外壳的冲击力。触点弹簧有增大触点之间的压力、保持良好接触、降低接触电阻的作用。

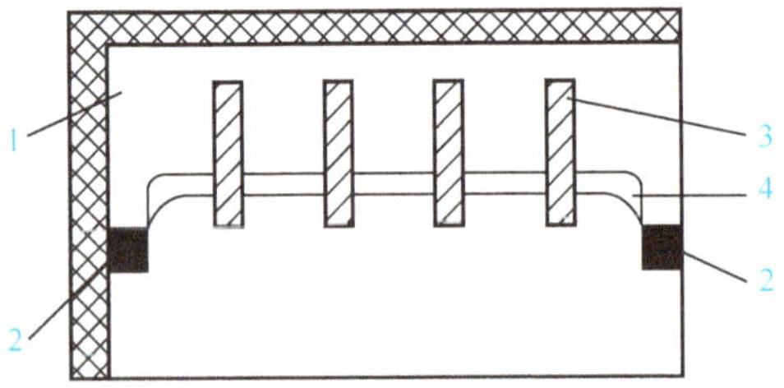

1—灭弧室；2—触点；3—灭弧栅片；4—电弧

图 1-13　金属栅片灭弧示意图

（5）支架与底座　用于接触器的固定和安装。

接触器根据电磁原理工作，电磁线圈通电后，线圈电流产生磁场，使静铁芯产生电磁吸力吸引衔铁，并带动触点动作，使常闭触点断开，常开触点闭合，两者是联动的。当线圈断电时，电磁吸力消失，衔铁在释放弹簧的作用下释放，使触点复位，即常开触点断开，常闭触点闭合。

1.6.2 接触器的主要参数及电气符号

接触器主要包括以下几个技术参数。

（1）额定电压 接触器铭牌上标注的额定电压是指主触点的额定电压。交流接触器常用的额定电压等级为 220V、380V 和 660V；直流接触器常用的额定电压等级为 220V、440V 和 660V。

（2）额定电流 接触器铭牌上标注的额定电流是指主触点的额定电流。其值是接触器安装在敞开式控制屏上，触点工作不超过额定温升，负荷为间断—长期工作制时的电流值。交流接触器常用的额定电流等级为 10A、20A、40A、60A、100A、150A、250A、400A 和 600A；直流接触器常用的额定电流等级为 40A、80A、100A、150A、250A、400A 和 600A。

（3）线圈的额定电压 接触器电磁线圈正常工作时的电压值。常用的交流线圈额定电压为 380V；直流线圈额定电压等级为 110V、220V 和 440V。

（4）接通和分断能力 主触点在规定条件下能可靠地接通和分断的电流值。在此电流值以下，接通时主触点不应发生熔焊，分断时主触点不应发生长时间燃弧。若超出此电流值，其分断则是熔断器、自动开关等保护电器的任务。

接触器的类别不同，对主触点的接通和分断能力的要求也不一样，而接触器的类别是由控制对象（负载）的控制方式所决定的。在电力拖动控制系统中，常用接触器的使用类别及其典型用途见表 1-2。

表 1-2 常用接触器的使用类别及其典型用途

电流种类	使用类别	典型用途
AC 交流	AC1	无感或微感负载、电阻炉
	AC2	绕线式电动机的启动和中断
	AC3	笼型电动机的启动和中断
	AC4	笼型电动机的启动、反接制动、反向和点动
DC 直流	DC1	无感或微感负载、电阻炉
	DC2	并励电动机的启动、反接制动、反向和点动
	DC3	串励电动机的启动、反接制动、反向和点动

（5）操作频率 指每小时的操作次数。交流接触器的最高操作频率为 600 次/h，而直流接触器的最高操作频率为 1200 次/h。操作频率直接影响到接触器的电气寿命和灭弧罩的工作条件，对于交流接触器还影响到线圈的温升。

（6）机械寿命和电气寿命 机械寿命是指接触器在需要修理或更换机械零件前所能承受的无载操作循环次数；电气寿命是指在规定的正常工作条件下，接触器不需修理或更换零件的负载操作循环次数。

接触器的图形和文字符号如图 1-14 所示。

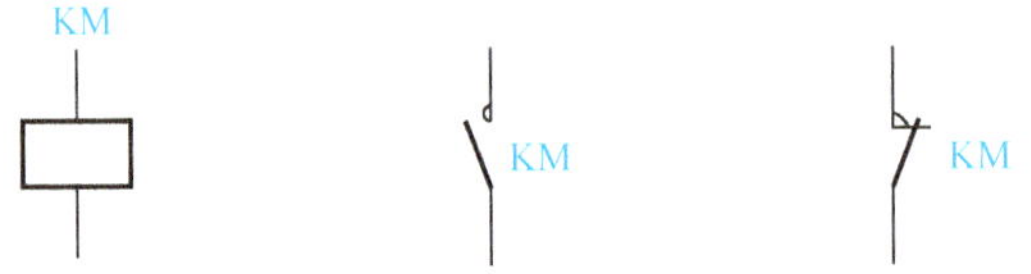

（a）线圈　（b）常开触点　（c）常闭触点

图 1-14　接触器的图形和文字符号

1.6.3　接触器的选用

选择接触器时应从工作条件出发，主要考虑以下因素。

① 控制交流负载时应选用交流接触器；控制直流负载时应选用直流接触器。

② 接触器的类别应与负载性质相一致。

③ 主触点的额定工作电压应大于或等于负载电路的电压。

④ 主触点的额定工作电流应大于或等于负载电路的电流。如负载为电动机，则额定电流可按下式计算。

$$I_{NC} \approx \frac{P_{NM}}{(1 \sim 1.4)\ U_{NM}}$$

式中，I_{NC}为接触器触点额定电流（A）；

P_{NM}为电动机额定功率（W）；

U_{NM}为电动机的额定电压（V）。

在选用接触器时，其额定电流应大于计算值。若接触器使用在间断运行的场合，则接触器控制电流按 80%算，即 100A 的交流接触器，只能控制最大额定电流为 80A 以下的设备；若接触器使用在持续运行的场合，则接触器控制电流按 67%～75%算，即 100A 的交流接触器，只能控制最大额定电流为 67～75A 以下的设备；若接触器使用在反复短时工作的场合，则接触器控制电流按 116%～120%算，即 100A 的交流接触器，可以控制最大额定电流为116～120A 以下的设备。

⑤ 主触点和辅助触点的数量应能满足控制系统的需要。

⑥ 选择线圈电压。当控制线路较简单时，为了节省资源，可选用 380V 或 220V 的电压。当控制线路较为复杂，使用的电器比较多时，从人身和设备安全角度考虑，线圈的额定电压可选得低一些，可用 36V 或 110V 的电压。直流接触器线圈的额定电压应视控制电路而定，可选择线圈额定电压与直流控制电路电压一致。

1.7　继电器

在机电控制系统中，虽然利用接触器作为电气执行元件可以实现最基本的自动控制，但对于稍复杂的情况就无能为力。在大多数的机电控制系统中，需要根据系统的各种状态或参数进行判断和逻辑运算，然后根据逻辑运算结果去控制接触器等电气执行元件，实现自动控制的目的。这就需要能够对系统的各种状态或参数进行判断和逻辑运算的电器元件，这一类电器元件就称为继电器。

继电器实质上是一种传递信号的电器，它是一种能根据特定形式的输入信号转变其触点开合状态的电器元件。一般说来，继电器由承受机构、中间机构和执行机构三部分组成。承受机构反映继电器的输入量，并传递给中间机构，与预定的量（整定量）进行比较，当达到整定量时（过量或欠量），中间机构就执行机构动作，其触点闭合或断开，从而实现某种控制目的。继电器作为系统的各种状态或参量判断和逻辑运算的电器元件，主要起到信号转换和传递的作用，其触点容量较小，所以通常接在控制电路中用于反映控制信号，而不能像接触器那样直接接到有一定负荷的主回路中。这也是继电器与接触器的根本区别。

继电器的种类很多，按所反映信号的种类可分为电流继电器、电压继电器、速度继电器、压力继电器、温度继电器等；按动作原理可分为电磁式继电器、感应式继电器、电动式继电器和电子式继电器，电磁式继电器按励磁线圈电压不同还可分为直流电磁式继电器和交流电磁式继电器；按触点数量和动作时间又可分为中间继电器和时间继电器等。普通继电器的图形和文字符号如图 1-15 所示。

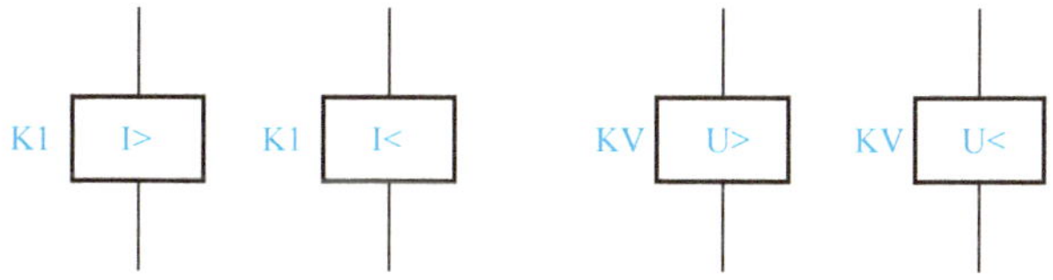

（a）电流继电器　　（b）电压继电器

图 1-15　普通继电器的图形和文字符号

1.7.1　电流继电器

电流继电器的励磁线圈串接于被测电路中，通过检测电路电流的变化，对电路实现过电流与欠电流保护。为了不影响电路工作情况，其线圈要做成匝数少、导线粗、阻抗小的线圈。

电流继电器分为过电流继电器和欠电流继电器两种。欠电流继电器在电路额定电流下正常工作时处于吸合状态，释放电流为额定电流的 10%～20%。过电流继电器在电路正常工作状态时不动作，当线圈电流超过某一设定值时才动作，通常设定值为额定电流的 1.1～1.4 倍。

1.7.2　电压继电器

电压继电器的励磁线圈并联于被测电路两端，通过检测电路电压的变化，对电路实现过电压或欠电压保护。为了不影响电路的工作状态，电压继电器线圈要做成匝数多、导线细、阻抗大的线圈。

电压继电器根据其动作电压值的不同分为过电压继电器、欠电压继电器和零电压继电器三种。过电压继电器在额定电压下不吸合，当线团电压达到额定电压的 105%～120%时才吸合动作；欠电压继电器在额定电压下吸合，当线圈电压降至额定电压的 40%～70%时释放；零电压继电器在额定电压下吸合，当线圈电压降至额定电压的 5%～25%时释放。

1.7.3　中间继电器

中间继电器是用来转换和传递控制信号的元件。它的输入信号是线圈的通电、断电信号，输出信号为触点的动作。它本质上是电压继电器，但还具有触点多（多至6对或更多）、触点能承受的电流大（额定电流5～10A）、动作灵敏（动作时间小于0.05s）等特点。中间继电器的图形和文字符号如图1-16所示。

中间继电器的主要技术参数有额定电压、额定电流、触点对数及线圈电压种类和规格等。选用时要注意线圈的电压种类和规格应与控制电路相一致。

如图1-17所示是JZ7系列中间继电器的外形结构，其结构和工作原理与接触器类似。该继电器由静铁芯、动铁芯、线圈、触点系统和复位弹簧等组成。其触点对数较多，没有主、副之分，各对触点允许通过的额定电流是一样的，额定电流多数为5A，有的为10A。吸引线圈的额定电压有12V、24V、36V、110V、127V、220V和380V等多种。

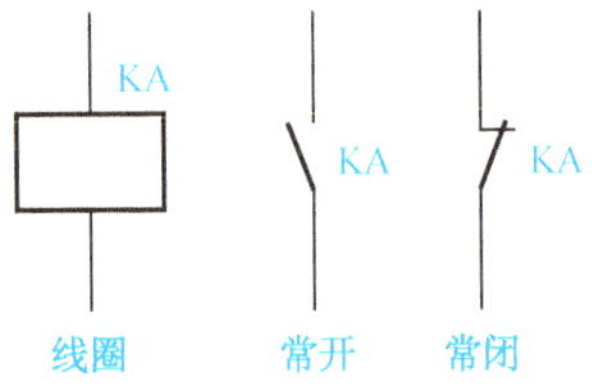

图1-16　中间继电器的图形和文字符号

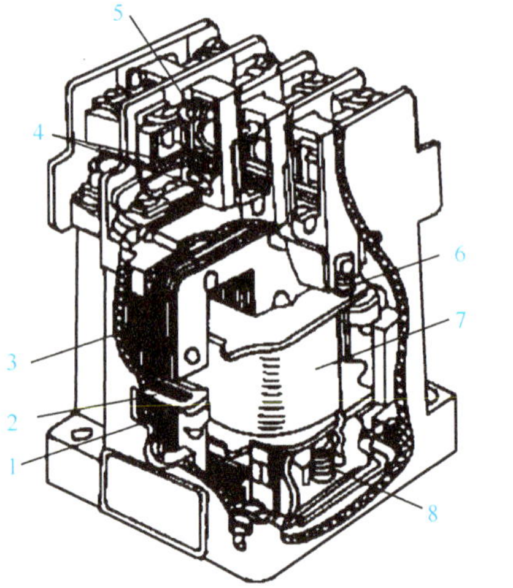

1—静铁芯；2—短路环；3—衔铁；4—常开触点；
5—常闭触点；6—反力弹簧；7—线圈；8—弹簧

图1-17　JZ7系列中间继电器的外形结构

1.7.4　时间继电器

时间继电器是一种从得到输入信号（线圈的通电或断电）开始，经过一个预先设定的延时后才输出信号（触点的闭合或断开）的继电器。根据延时方式的不同，可分为通电延时继电器和断电延时继电器。

通电延时继电器接收输入信号后，延迟一定的时间后输出信号才发生变化，而当输入信号消失后，输出信号瞬时复位。通电延时继电器的图形符号如图1-18所示，其文字符号用KT表示。

断电延时继电器接收输入信号后，瞬时产生输出信号，而当输入信号消失后，延迟一定的时间后输出信号才复位。断电延时继电器的图形符号如图1-19所示，其文字符号用KT表示。

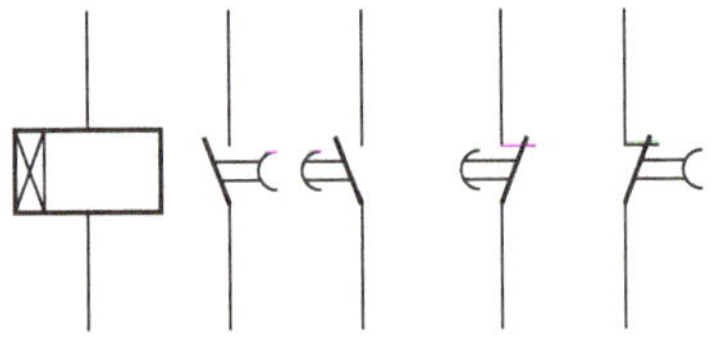

图1-18　通电延时继电器的图形符号

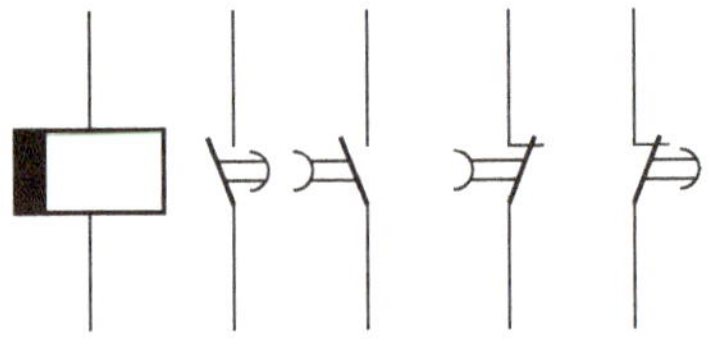

图1-19　断电延时继电器的图形符号

时间继电器按工作原理分为电磁式、电动式、空气阻尼式和电子式等。电磁式、电动式、空气阻尼式是传统的时间继电器，在早期的机电系统中普遍采用，但它存在定时精度低、故障率高等问题。电子式时间继电器是新型的时间继电器，由于电子技术的飞速发展，使得电子式时间继电器的制造成本与传统的时间继电器相当，但其性能大大提高，功能不断扩展，所以是现在和将来时间继电器的主流。

1.7.5 热继电器

热继电器是专门用来对连续运行的电动机进行过载及断相保护，以防止电动机过热而烧毁的保护电器。

如图 1-20 所示为 JR19 系列热继电器的结构原理图，它主要由双金属片、加热元件、动作机构、触点系统、整定调整装置及手动复位装置等组成。双金属片作为温度检测元件，由两种膨胀系数不同的金属片压焊而成，它被加热元件加热后，因两层金属片伸长率不同而弯曲。

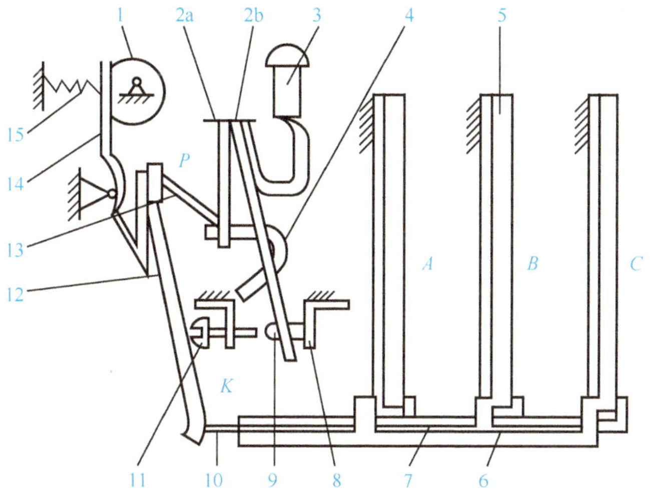

1—电流调节凸轮；2a、2b—弹簧；3—手动复位按钮；4—弓簧；
5—主双金属片；6—外导板；7—内导板；8—常闭静触点；9—动触点；
10—杠杆；11—复位调节螺钉；12—补偿双金属片；13—推杆；14—连杆；15—压簧

图 1-20 JR19 系列热继电器的结构原理图

加热元件串接在电动机定子绕组中，当电动机正常运行时，加热元件产生的热量不会使触点系统动作；当电动机过载时，流过加热元件的电流增大，经过一定的时间，加热元件产生的热量使双金属片的弯曲程度超过一定值，通过导板推动热继电器的触点动作（常开触点闭合，常闭触点断开）。通常用热继电器串接在接触器线圈电路的常闭触点来切断线圈电流，使电动机主电路失电。故障排除后，按手动复位按钮，热继电器触点复位，可以重新接通控制电路。

热继电器的图形及文字符号如图 1-21 所示。

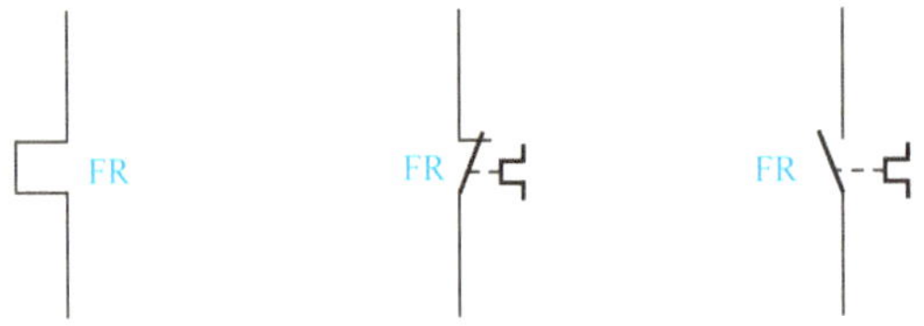

（a）加热元件　（b）常闭触点　（c）常开触点

图 1-21　热继电器的图形及文字符号

1.7.6　速度继电器

速度继电器根据电磁感应原理制成，用于转速的检测。常用于笼型异步电动机的反接制动控制，也称反控制动继电器，主要由转子、定子和触点三部分组成。转子是一个圆柱形永久磁铁；定子是一个笼型空心回环，由硅钢片叠成，并装有笼型绕组。如图 1-22 所示为速度继电器的外形结构及图形、文字符号。

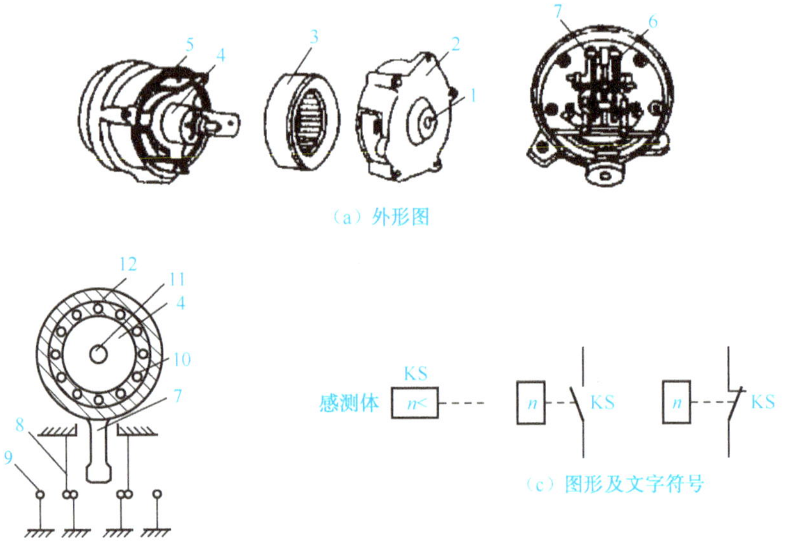

（a）外形图

（b）结构图

（c）图形及文字符号

1—连接头；2—端盖；3—定子；4—转子；5—支架；6—触点；
7—摆杆；8—动触点；9—静触点；10—绕组；11—轴；12—外环

图 1-22　速度继电器的外形结构及图形、文字符号

常用的速度继电器型号有 JYl 型和 JFZ0 型。速度继电器的转轴与电动机的转轴连在一起，在速度继电器的转轴上固定着一个圆柱形的永久磁铁，磁铁的外面套有一个可以按正、反方向偏转一定角度的外环，在外环的圆周上嵌有鼠笼绕组，当电动机转动时，外环的鼠笼绕组切割永久磁铁的磁力线而产生感应电流，并产生转矩，使外环随着电动机的旋转方向转过一个角度，这时固定在外环支架上的摆杆顶着动触点，使其一组触点动作。若电动机反转，则摆杆拨动另一触点动作。当电动机转速下降至 120r/min 时，由于鼠笼绕组的电磁力不足，顶块返回，触点复位。

1.8 主令电器

主令电器是通过接通和分断控制电路来发布命令或对生产过程作程序控制的开关电器。它包括控制按钮（简称按钮）、行程开关、接近开关、万能转换开关和主令控制器等。

1.8.1 按钮

按钮是最常用的主令电器，其典型结构如图 1-23 所示。它既有常开触点，又有常闭触点。常态时在复位弹簧的作用下，由桥式动触点 5 将静触点 1、2 闭合，静触点 3、4 断开。当按下按钮时，桥式动触点 5 将 1、2 分断，3、4 闭合。1、2 称为常闭触点或动断触点，3、4 称为常开触点或动合触点。按钮的图形和文字符号如图 1-24 所示。

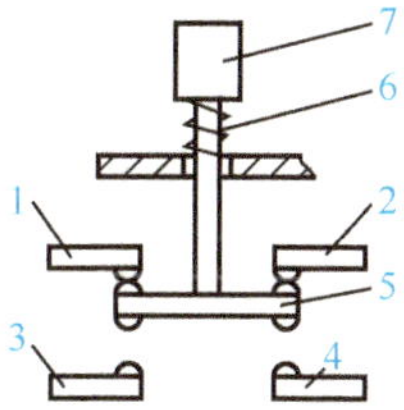

1、2—常闭触点；3、4—常开触点；
5—桥式动触点；6—复位弹簧；7—按钮帽

图 1-23 按钮的图形和文字符号

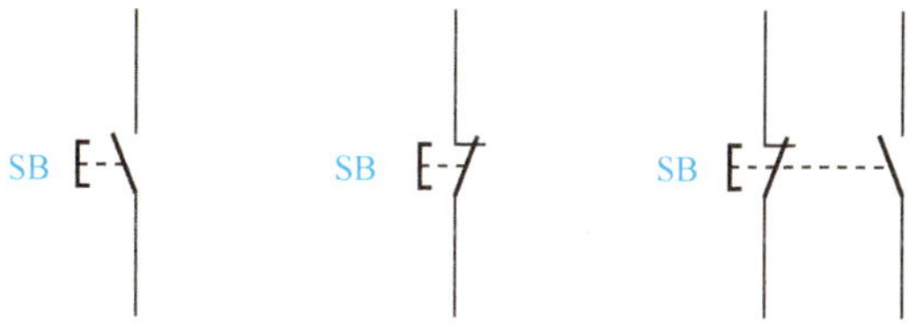

(a) 常开按钮 (b) 常闭按钮 (c) 复合按钮

图 1-24 按钮的图形和文字符号

常开按钮：手指未按下时，触点是断开的；当手指按下时，触点接通；手指松开后，在复位弹簧的作用下触点又返回原始断开状态。它常用作启动按钮。

常闭按钮：手指未按下时，触点是闭合的；当手指按下时，触点被断开；手指松开后，在复位弹簧的作用下触点又返回原始闭合状态。它常用作停止按钮。

复合按钮：将常开按钮和常闭按钮组合为一体。当手指按下时，其常闭触点先断开，然后常开触点闭合；手指松开后，在复位弹簧的作用下触点又返回原位。它常用在电气联锁控制电路中。

为了区别按钮的作用，避免误操作，通常将按钮做成红、绿、黑、黄、蓝、白、灰等颜色。

国标 GB 5229—1985 对按钮颜色做了如下规定。

①“停止”和“急停”按钮必须是红色的。

②“启动”按钮的颜色是绿色。

③“启动”与“停止”交替动作的按钮的颜色必须是黑白、白色或灰色，不得用红色和绿色。

④“点动”按钮必须是黑色的。

⑤“复位”按钮（如保护继电器的复位按钮）必须是蓝色的。当复位按钮还具有停止作用时，则必须是红色的。

1.8.2 行程开关

行程开关又称限位开关。工作机械运动到规定位置时，工作机械运动部件上的机械挡块碰撞其滚轮，使行程开关发出操作命令，这种行程开关是接触式的，行程开关主要用于行程控制、位置及极限位置的保护等。如图 1-25 所示为行程开关的结构。

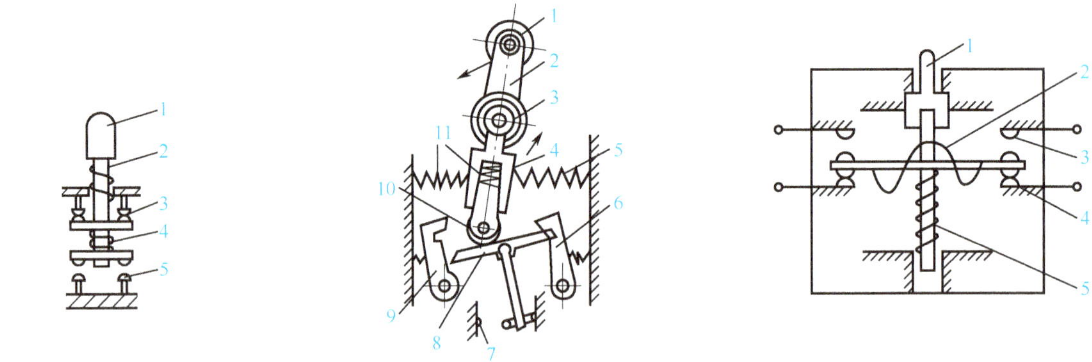

(a) 直动式行程开关

1—顶杆；2—弹簧；3—常闭触点；4—弹簧；5—常开触点

(b) 滚轮式行程开关

1—滚轮；2—上转臂；3—弹簧；4—套架；5—弹簧；6—压板；7—触点；8—触点推杆；9—压板；10—小滑轮；11—弹簧

(c) 微动开关

1—推杆；2—弯形片状弹簧；3—常开触点；4—常闭触点；5—恢复弹簧

图 1-25 行程开关的结构

(1) 直动式行程开关 其动作原理与控制按钮类似，是用运动部件上的撞块来碰撞行程开关的顶杆，使触点的开闭状态发生变化。触点已接在控制电路中，从而使相应的电器动作，达到控制的目的。直动式行程开关的优点是结构简单、成本较低；缺点是触点的分合速度取决于撞块的移动速度，若撞块移动速度太慢，则触点不能瞬时切换电路，使电弧在触点上停留时间过长，容易烧蚀触点，因此这种开关不宜用在撞块移动速度低于 0.4m/min 的场合。

(2) 滚轮式行程开关 滚轮式行程开关又分为单滚轮自动复位与双滚轮非自动复位两种形式。滚轮式行程开关的型号有 LX1、LX19 等系列。滚轮式行程开关的优点是克服了直动式行程开关的缺点，触点的通断速度不受运动部件速度的影响，动作较快；缺点是结构复杂，价格较贵。

(3) 微动开关 微动开关是行程非常小的瞬时动作开关，其特点是操作力小，操作行程短，主要用于机械、纺织、轻工等各种机械设备中作限位保护与联锁保护等。微动开关也可以看成是尺寸很小却又非常灵敏的行程开关，微动开关的缺点是不耐用，常用的型号有 JX31、LXW—11、进口品牌欧姆龙的 SS 等系列。

微动开关正在向着体积更小、行程更短的方向发展，而控制电流却有增大的趋势；在结构上有向全封闭型发展的趋势，从而避免空气中的尘埃进入触点之间影响触点的可靠导电。行程开关的型号含义和电气符号如图 1-26 所示。

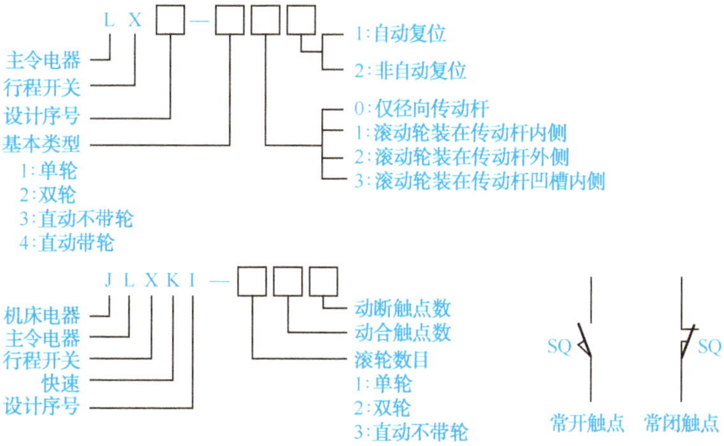

(a) 型号含义　　(b) 电气符号

图 1-26　行程开关的型号含义和电气符号

1.8.3　接近开关

接近开关是一种非接触式开关，当物体接近开关的感应面到动作距离时，通过感应产生控制信号提供给工业计算机（PLC），实现行程控制及限位保护功能，同时还可用于高速计数、测速、液位控制、零件位置和尺寸检测等。它可分为以下类型。

① 高频振荡型：用于检测各种金属体。

② 电容型：用于检测各种导电体或不导电体。

③ 光电型：用于检测所有不透光物质。

④ 超声波型：用于检测不同材料、外形、颜色或密度的物体。

⑤ 电磁感应型：用于检测导磁或不导磁的材料。

接近开关的选择应遵循以下原则。

① 当检测金属材料时，应选用高频振荡型接近开关，这种开关对 45 号钢、Q235 等材料敏感，但对不锈钢、铝等材料敏感度低。

② 当检测非金属材料时，如木材、纸张、塑料、玻璃等，应选择电容型接近开关。

③ 当金属体与非金属体要进行距离检测和控制时，应选择光电型接近开关或超声波型接近开关。

④ 当检测金属时，应选择灵敏性不高的电磁感应型接近开关。

接近开关由于动作可靠、性能稳定等优点，目前已广泛应用于 PLC 控制电路中。

接近开关的电气符号如图 1-27 所示。

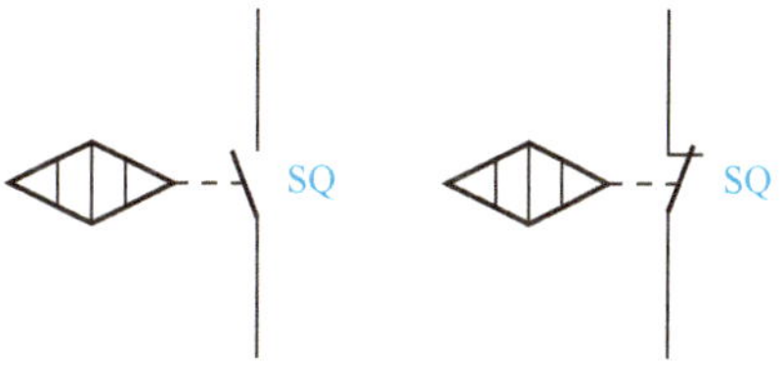

图 1-27　接近开关的电气符号

1.8.4　万能转换开关

万能转换开关是一种多挡式、控制多回路的主令电器，一般可作为多种配电装置的远距离控制开关，也可作为电压表、电流表的换相开关，还可作为小容量电动机的启动、制动、调速及正反向转换的控制开关。由于其触点挡数多、换接线路多、用途广泛，故有“万能”

之称。

万能转换开关主要由操作机构、面板、手柄及数个触点座等部件组成，用螺栓组装成为整体。触点座可有1～10层，每层均可装3对触点，并由其中的凸轮进行控制。由于每层的凸轮可做成不同的形状，因此当手柄转到不同位置时，通过凸轮的作用，可使各对触点按需要的规律接通和分断。

常见的万能转换开关的型号为LW5系列和LW6系列。选用万能转换开关时，可从以下两方面考虑。若用于控制电动机，则首先应知道电动机的内部接线方式，根据内部接线方式、接线指示牌及所需要的转换开关断合次序表，画出电动机的接线图，只要电动机的接线图与转换开关的实际接法相符即可；其次，需要考虑额定电流是否满足要求。若用于控制其他电路，则只需考虑额定电流、额定电压和触点对数。

万能转换开关的结构原理图和电气符号如图1-28所示。

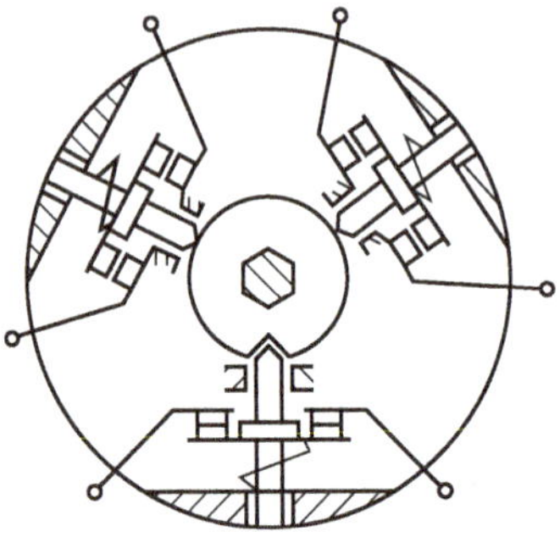

（a）结构原理图

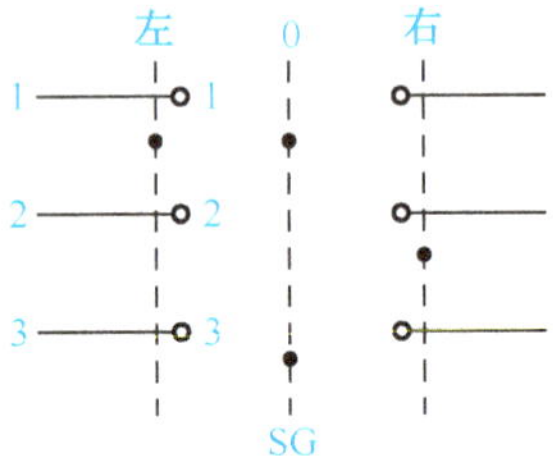

（b）电气符号

图1-28　万能转换开关的结构原理图和电气符号

1.9　技能训练：常用低压电器的选择与使用

1.9.1　常用低压电器的认识及测试

□【任务描述】

低压供电的输送、分配和保护，以及设备的运行和控制是靠低压电器来实现的，而其系统的优劣与所用的低压电器直接相关，因此掌握低压电器的基本知识和常用低压电器的结构及工作原理，并能准确选用、检测和调整常用低压电器元件，才能有效地进行低压供电的输送、分配及保护。本任务包括以下内容。

① 根据摆放的低压电器实物，写出各电器的名称。

② 了解低压电器型号的意义。

③ 用万用表等工具测试电器，以确定好坏。

□【任务实施】

按照已有设备填写表1-3。

表 1-3　低压电器的规格型号

名　　称	规格型号	数　　量	备　　注
三相异步电动机		1 台	
控制按钮		2 个	
接触器		1 个	
控制接线板		1 块	
万用表		1 只	
热继电器		1 个	
熔断器		5 个	
转换开关		1 个	
工具		1 套	

1.9.2　常用低压电器的拆装

【任务描述】

本次任务主要完成接触器和继电器的认识和拆装。具体步骤如下。

① 接触器、继电器的动作原理相同，都是通过套在铁芯上的电磁线圈通过电流产生磁力吸引活动的衔铁，直接或通过杠杆传动将动触点与静触点接触，接通电路。线圈失电后，靠恢复弹簧的反作用力使动触点复位，从而断开电路。

② 拆装前首先记录好接触器、继电器的型号，观察主要结构，用力使接触器动作来熟悉触点变化情况；用万用表电阻挡测试主、辅触点的常闭、常开位置。

③ 找出接触器线圈；拆装接触器、继电器；分析接触器、继电器的电磁机构，分析触点系统、灭弧装置构成形式；分析接触器、继电器的结构有何不同并记录。

④ 实训结束后，将拆卸的接触器、继电器装好，恢复原样。

【任务实施】

完成常用低压电器的比较认识，在表 1-4 中记录实训内容。

表 1-4　常用低压电器的比较认识

实训内容	接触器	继电器	备　　注
电器型号			
电磁机构			
触点系统			
灭弧装置			
其他机构			

1.9.3 电器材料与电器元件的认识和选型

【任务描述】

熟练掌握电器材料与电器元件在实际电路应用中的选用。查阅国家标准 GB5226.1—2002，正确合理地选择电器元件。

【任务实施】

① 查阅《电工手册》和国家标准，画出正确的电气符号。

② 查阅国家标准 GB5226.1—2002，根据实训室电动机型号和要求，把低压电器的选型填入表 1-5 中。

表 1-5 低压电器的选型

名称	电气符号	规格型号	备注
三相异步电动机			
接触器			
断路器			
热继电器			
控制按钮			
线材线型			

【背景资料】

正确合理地选择控制电路中的电器元件材料及型号，是电路正常稳定运行的根本保障。下面根据国家标准 GB5226.1—2002，给出部分常用电器元件及材料的选型依据和计算方法。

1. 线材

线材按导电材料可分为两类：铝芯线和铜芯线。计算导线的安全载流量，铝芯导线按 5A/mm^2 电流计算，铜芯导线的安全载流量是铝芯导线高一规格的载流量，即 1mm^2 铜芯导线的载流量相当于 1.5mm^2 铝芯导线的载流量。

铝芯线和铜芯线载流量经验值见表 1-6，由于导线在环境温度和穿管时散热不好，载流量可能降低 10%～20%。

表 1-6 铝芯线和铜芯线载流量经验值

线材	规格	载流量	线材	规格	载流量
铝	1mm^2	5A	铜	1mm^2	7.5A
铝	1.5mm^2	7.5A	铜	1.5mm^2	12.5A
铝	2.5mm^2	12.5A	铜	2.5mm^2	20A
铝	4mm^2	20A	铜	4mm^2	30A
铝	6mm^2	30A	铜	6mm^2	50A
铝	10mm^2	50A	铜	10mm^2	70A

2. 电动机电流经验算法

以三相异步电动机（380V）为例，1kW 额定功率对应的额定电流为 2A，具体见表 1-7。电动机启动电流为额定电流的 4～6 倍。具体请查阅电动机说明书和电动机铭牌。

表 1-7 电动机功率、电流经验值

额定功率（kW）	额定电流（A）	额定功率（kW）	额定电流（A）
0.55	1.1	4	8
0.75	1.5	5.5	11
1.2	2.4	7.5	15
1.5	3	10	20
2.2	4.4	30	60

3. 断路器电流经验算法

若负载为电动机，则按负载额定电流的 1.5～5 倍选择（根据电动机带的负荷来决定），若负载为纯电阻，则按负载的额定电流选择。

4. 接触器

主要技术指标有触点的额定电流和线圈的工作电压。选型以负载额定电流选择或以实际控制电压选择。具体可查阅各个厂家的型号和规格。

5. 热继电器

以负载额定电流选择相应规格范围的器件。具体可查阅各厂家的型号和规格。

思考与练习 1

1.1 控制电器的基本功能是什么？

1.2 电弧是怎样产生的？灭弧的主要方法有哪些？

1.3 交流接触器频繁操作后线圈为什么会过热？其衔铁卡住后会出现什么后果？

1.4 交流电磁铁的短路环断裂或脱落后，在工作中会出现什么现象？为什么？

1.5 简述什么是跨步电压。

1.6 我国规定以带电体对地电压多大来界定高压或低压？

1.7 时间继电器和中间继电器在电路中各起什么作用？

1.8 电动机中的短路保护、过电流保护和长期过载（热）保护有何区别？

1.9 空气阻尼式时间继电器延时原理是什么？如何调节延时的长短？

1.10 热继电器在电路中的作用是什么？带断相保护和不带断相保护的三相式热继电器各用在什么场合？

1.11 请归纳在电气控制电路中常用的保护环节及其实现方式，并将其填写在表 1-8 中。

保护内容	采用电器	保护内容	采用电器
短路保护		欠电流保护	
过电流保护		欠电压保护	
过载保护		零电压	

1.12　行程开关、万能转换开关及主令控制器在电路中各起什么作用？

1.13　低压断路器在电路中可以起到哪些保护作用？说明各种保护作用的工作原理。

1.14　交流接触器线圈在其额定电压的85%～105%时，能可靠地工作，线圈电压过高或过低都会造成线圈因发热而烧毁，这种说法是否正确？

1.15　画出下列电器元件的图形符号，并标出其文字符号。

①熔断器；②热继电器的常闭触点；③复合按钮；④时间继电器的通电延时闭合触点；⑤时间继电器的通电延时打开触点；⑥热继电器的热元件：⑦时间继电器的断电延时打开触点；⑧时间继电器的断电延时闭合触点：⑨接触器的线圈；⑩中间继电器的线圈；⑪欠电流继电器的常开触点；⑫时间继电器的瞬时常开触点；⑬复合限位开关；⑭中间继电器的常开触点；⑮通电延时时间继电器的线圈；⑯断电延时时间继电器的线圈。

项目2 继电—接触器控制电路

□【导读】

在工业生产中广泛使用的机械设备、自动化生产线等，一般都是由电动机拖动的。采用电动机作为原动机拖动生产机械运动的方式叫做电力拖动，电气控制是指对拖动系统的控制，最常见的是继电—接触器控制。电气控制电路是由各种接触器、继电器、按钮、行程开关等电器元件组成的控制电路，复杂的电气控制电路由基本控制电路（环节）组合而成。常用的基本控制电路有启停控制电路、正反转控制电路、降压启动控制电路、调速控制电路和制动控制电路等。本项目主要介绍继电—接触器控制系统的基本控制环节及典型电路。

□【应知】

※ 了解电气原理图、电器元件布置图和电气接线图的绘制规则及国家标准；
※ 熟悉电气原理图的识读步骤和基本方法；
※ 掌握三相异步电动机的点动、长动、互锁等控制电路；
※ 掌握常见的三相异步电动机的运行、停止控制电路。

□【应会】

☆ 能够分析基本电气控制电路的控制原理；
☆ 能够按图样要求进行基本电气控制线路的安装和调试工作；
☆ 能够设计满足简单控制要求的电气控制电路，并进行安装调试。

2.1 电气图中的图形符号和文字符号

电力拖动控制系统由电动机和各种控制电器组成。为了表达电气控制系统的设计意图，便于分析系统的工作原理及进行安装、调试和检修工作，必须采用统一的图形符号和文字符号来表达。GB/T4728.7—2008《电气简图常用图形符号》规定了电气简图中图形符号的画法，GB/T 7159—1987《电气技术中的文字符号制定通则》规定了电气工程图中文字符号的规范。

2.1.1 图形符号

图形符号通常用于图样或其他文件，用来表示一个设备或概念的图形、标记或字符。电气控制系统图中的图形符号必须按国家标准绘制。图形符号含有符号要素、一般符号和限定符号。

（1）符号要素　是一种具有确定意义的简单图形，必须同其他图形组合才能构成一个设备或概念的完整符号。如接触器常开主触点的符号就由接触器触点功能符号和常开触点符号组合而成。

（2）一般符号　用来表示一类产品及其特征的一种简单的符号。如电动机可用一个圆圈表示。

（3）限定符号　用于提供附加信息的一种加在其他符号上的符号。

2.1.2　文字符号

文字符号用于电气技术领域中技术文件的编制，用来标明电气设备、装置和元器件的名称及电路的功能、状态和特征。

文字符号分为基本文字符号和辅助文字符号，必要时还需添加补充文字符号。

（1）基本文字符号　有单字母符号和双字母符号两种。单字母符号按拉丁字母顺序将各种电气设备、装置和元器件划分为23大类，每一类用一个专用单字母符号表示，如“C”表示电容器类，“Q”或“S”表示开关类等。

双字母符号由一个表示种类的单字母符号与另一个字母组成，且以单字母符号在前，另一字母在后的次序列出，如“F”表示保护器件类，“FU”则表示熔断器。

（2）辅助文字符号　用来表示电气设备、装置和元器件及电路的功能、状态和特征。如“RD”表示红色，“L”表示限制等。辅助文字符号也可以放在表示种类的单字母符号之后组成双字母符号，如“SP”表示压力传感器，“YB”表示电磁制动器等。为简化文字符号，若辅助文字符号由两个以上字母组成，允许只采用其第一位的字母进行组合，如“MS”表示同步电动机。辅助文字符号还可以单独使用，如“ON”表示接通，“M”表示中间线等。

（3）补充文字符号　用于基本文字符号和辅助文字符号在使用中仍不够用时进行补充，但要遵照国家标准中的有关规定。例如，在电气原理图中需要对相同的设备或元器件加以区别时，常使用数字进行编号，如“G_1”表示1号发电机，“T_2”表示2号变压器。

2.1.3　线路和三相电气设备各接点的标记

机床电气控制系统线路图中，三相交流电源引入线用L_1、L_2、L_3标记，中性线用N标记，保护接地用PE标记。电源开关之后的三相交流电源主电路分别按U_1、V_1、W_1和U_2、V_2、W_2标记。

各电动机分支电路中的各接点标记采用三相文字代号后面加数字来表示，数字中的十位数表示电动机代号，个位数表示该支路各接点的代号，从上到下按数值大小顺序标记，如“U_{21}”表示M_2电动机第一相的第一个接点。电动机绕组首端分别用U、V、W标记，如果是六个接线头的电动机，那么尾端分别用U′、V′、W′标记，双绕组的中点用U″、V″、W″标记。

控制电路采用阿拉伯数字进行编号，一般由三位或三位以下的数字组成。标记方法按等电位原则进行，在垂直绘制的电路中，一般由上而下编号，凡是被线圈、触点、电路元件等隔离的线段，都应标以不同的电路标记。

本书附录B中列出了部分常用电器的图形符号和基本文字符号，实际使用时需要更多更详细的资料，可查阅相关的国家标准。

2.2 电气控制系统图

电气控制系统由电气控制元件按一定要求连接而成。为了清晰地表达生产机械电气控制系统的工作原理，便于系统的安装、调试、使用和维修，将电气控制系统中的各电气元器件用一定的图形符号和文字符号来表示，再将其连接情况用一定的图形表达出来，这种图形就是电气控制系统图，也称电气工程图或电气图。电气控制系统图包括电气原理图、电器元件布置图、电气接线图、功能图和电器元件明细表等，常用的有电气原理图、电器元件布置图与电气接线图。电气控制系统图是根据国家电气制图标准，用规定的图形符号、文字符号及规定的画法绘制而成的。各种图的图纸尺寸一般选用297mm×210mm、297mm×420mm、297mm×630mm和297mm×840mm 4种幅面，特殊需要可按GB/T 14689—1993《技术制图 图纸幅面和格式》选用其他尺寸。

2.2.1 电气原理图

电气原理图用图形符号和项目代号表示电路中各个电器元件的连接关系和电气系统的工作原理。由于电气原理图结构简单、层次分明，适用于研究和分析电路工作原理，因此在设计部门和生产现场得到了广泛的应用。

电气原理图中的所有电器元件不画出实际外形图，而采用国家标准规定的图形符号和文字符号。原理图注重表示电路中各电器元件间的连接关系，而不考虑其实际位置，甚至可以将一个元件分成几个部分绘于不同图样的不同位置，但必须用相同的文字符号标注。

电气原理图的绘制规则由国家标准GB/T 6988.1—2008给出。如图2-1所示为CW6132型普通车床的电气原理图。

一般工厂设备的电气原理图绘制规则如下所述。

① 电器应是未通电时的状态；二进制逻辑元件应是置零时的状态；机械开关应是循环开始前的状态。

② 电气原理图上的动力电路、控制电路和信号电路应分开绘出。

③ 电气原理图上应标出各个电源电路的电压值、极性或频率及相数；某些元器件的特性（如电阻、电容的数值等）；不常用电器（如位置传感器、手动触点等）的操作方式和功能。

④ 电气原理图上各电路的安排应便于分析、维修和寻找故障点，电气原理图应按功能分开绘出。

⑤ 动力电路的电源电路绘成水平线，受电的动力装置（如电动机）及其保护电器支路应垂直电源电路绘出。

⑥ 控制和信号电路应垂直地绘在两条或几条水平电源线之间。耗能元件（如线圈、电磁铁、信号灯等）应直接接在接地的水平电源线上，而控制触点应连在另一电源线上。

⑦ 为了看图方便，采用自左至右或自上而下的方法表示操作顺序，并尽可能减少线条和避免线条交叉。

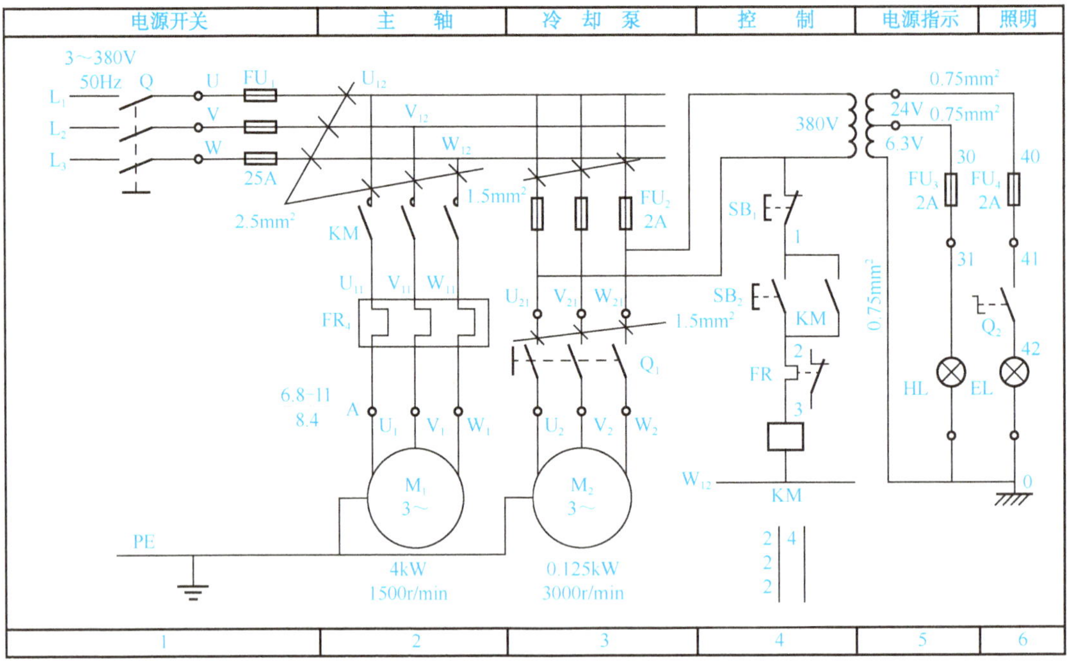

图 2-1 CW6132 型普通车床的电气原理图

⑧ 在电气原理图上方将图分成若干图区，并标明各区电路的用途与作用；在继电器、接触器线圈下方列有触点表，用于说明线圈和触点的从属关系。

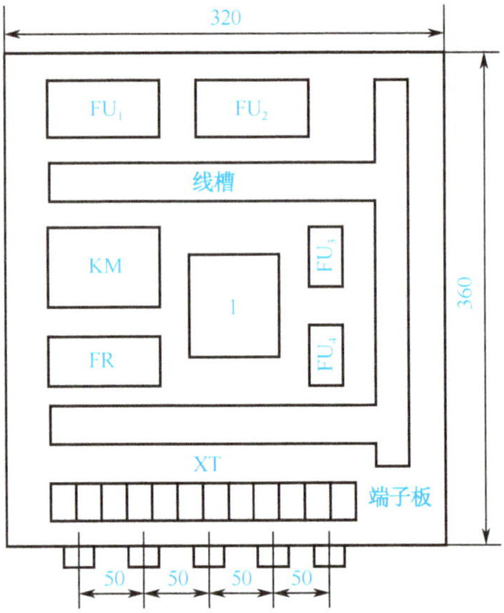

图 2-2 CW6132 型普通车床电器元件布置图

2.2.2 电器元件布置图

电器元件布置图中绘出机械设备上所有电气设备和电器元件的实际位置，是生产机械电气控制设备制造、安装和维修必不可少的技术文件。电器元件布置图根据设备的复杂程度可集中绘制在一张图上，控制柜、操作台的电器元件布置图也可以分别绘制。如图 2-2 所示为 CW6132 型普通车床的电器元件布置图。图中，FU_1～FU_4 为熔断器，KM 为接触器，FR 为热继电器，TC 为照明变压器，XT 为接线端子板。

2.2.3 电气接线图

电气接线图又称电气互连图，用来表明电气设备各单元之间的连接关系。它清楚地表明了电气设备外部元件的相对位置及它们之间的电气连接，是实际安装接线的依据，在具体施工和检修中能够起到电气原理图所起不到的作用，在生产现场得到广泛应用。

如图 2-3 所示是根据图 2-1 所示的电气原理图绘制的电气接线图。图中标明了 CW6132 型普通车床电气控制系统的电源进线、用电设备和各电器元件之间的接线关系，并用点画线分别框出了电气柜、操作台等接线板上的电器元件，画出了点画线框之间的连接关系。

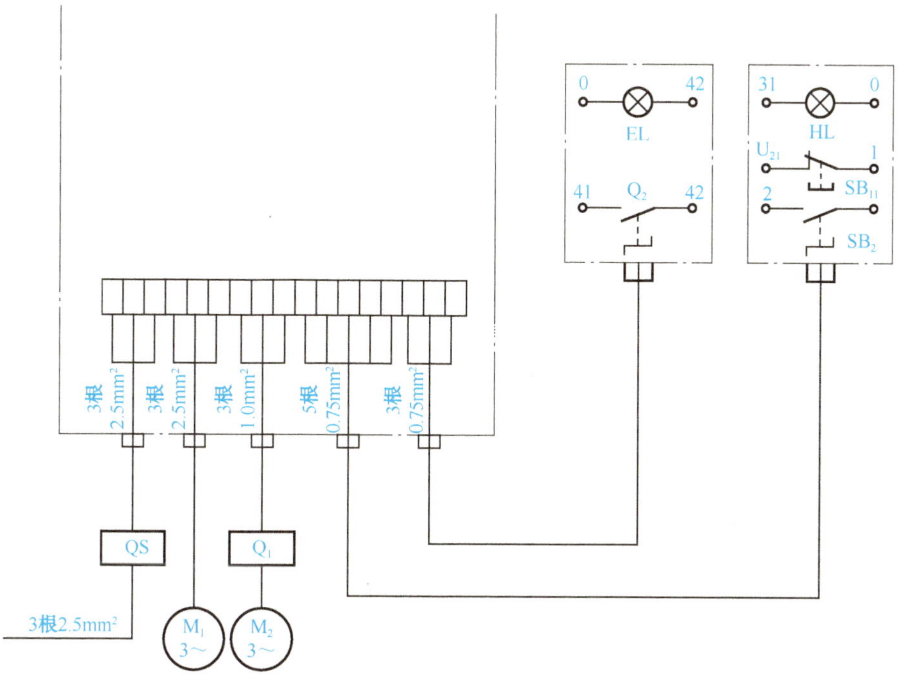

图 2-3 CW6132 型普通车床电气接线图

2.2.4 看电气原理图的方法

看电气原理图的一般方法是先看主电路，再看辅助电路，并用辅助电路的回路去研究主电路的控制过程。

（1）看主电路的步骤

① 看主电路中的用电设备。用电设备指消耗电能的用电器或电气设备，看图首先要看清楚有几个用电器或电气设备，它们的类别、用途、接线方式及要求等。

② 弄清楚用电设备是用什么电器元件控制的。控制电气设备的方法很多，有的直接用开关控制，有的用各种启动器控制，有的用接触器控制。

③ 了解主电路中所用的控制电器及保护电器。前者是指除常规接触器以外的其他控制元件，如电源开关（转换开关及空气断路器）、万能转换开关；后者是指短路保护器件及过载保护器件，如空气断路器中电磁脱扣器及热过载脱扣器的规格，熔断器、热继电器及过电流继电器等元件的用途及规格。一般说来，对主电路进行以上内容的分析后，即可分析辅助电路。

④ 看电源。要了解电源电压等级是 380V 还是 220V，是由母线汇流排供电还是由配电屏供电，或是由发电机组供电。

（2）看辅助电路的步骤 辅助电路包含控制电路、信号电路和照明电路。

首先分析控制电路。根据主电路中各电动机和执行电器的控制要求，逐一找出控制电路中的其他控制环节，将控制电路“化整为零”，按功能不同划分成若干个局部控制电路来进行分析。如果控制电路较复杂，则可先排除照明、显示等与控制关系不密切的电路，以便集中精力进行分析。

① 看电源。首先看清电源的种类，是交流还是直流；其次看清辅助电路的电源是从什么地方接出来的，以及它的电压等级。电源一般从主电路的两条相线上接出来，其电压为380V，也有从主电路的一条相线和一条零线上接出来的，电压为单相220V；此外，也可以从专用隔离电源变压器接来，电压有140V、127V、36V、6.3V等。辅助电路为直流时，直流电源可从整流器、发电机组或放大器上接来，其电压一般为24V、12V、6V、4.5V、3V等。辅助电路中的一切电器元件的线圈额定电压必须与辅助电路电源电压一致，否则电压低时电路元件不动作，电压高时会把电器元件线圈烧坏。

② 了解控制电路中所采用的各种继电器、接触器的用途，如采用了一些特殊结构的继电器，还应了解它们的动作原理。

③ 根据辅助电路来研究主电路的动作情况。

分析了以上内容后，再结合主电路的要求分析辅助电路的动作过程。

控制电路总是按动作顺序画在两条水平电源线或两条垂直电源线之间，因此可以按照从左到右或从上到下的顺序来进行分析。对复杂的辅助电路，在电路中整个辅助电路构成一条大回路，在这条大回路中又分成几条独立的小回路，每条小回路控制一个电气设备或一个动作。当某条小回路形成闭合回路有电流流过时，在回路中的电器元件（接触器或继电器）就会动作，把电气设备接入或切除电源。在辅助电路中，一般是靠按钮或转换开关把电路接通的。对于控制电路的分析必须随时结合主电路的动作要求来进行，只有全面了解主电路对控制电路的要求，才能真正掌握控制电路的动作原理，不可孤立地看待各部分的动作原理，而应注意各个动作之间是否有互相制约的关系，如电动机正、反转之间应设有联锁等。

④ 研究电器元件之间的相互关系。电路中的电器元件大都不是孤立存在的，而是相互联系、相互制约的，这种关系有时表现在一条回路中，有时表现在几条回路中。

⑤ 研究其他电气设备和电器元件，如整流设备、照明灯等。

2.3 三相异步电动机的基本控制电路

由继电—接触器所组成的电气控制电路，基本控制电路有自锁与互锁控制、点动与连续运转控制、多地点与多条件控制、顺序控制及自动循环控制等。

2.3.1 自锁与互锁控制

自锁控制与互锁控制统称为电气的联锁控制，在电气控制电路中应用十分广泛，是最基本的控制电路。

如图2-4所示为三相笼型异步电动机全压启、停控制电路。电动机启动时，合上电源开关Q，接通控制电路电源，按下启动按钮SB_2，其常开触点闭合，接触器线圈通电吸合。

KM常开主触点与常开辅助触点同时闭合，前者使电动机接入三相交流电源启动旋转，后者并联接在启动按钮SB_2两端，从而使KM线圈经SB_2常开触点与KM自身的常开辅助触点两路供电。松开启动按钮 SB_2 后，虽然 SB_2 这一路已断开，但 KM 线圈仍通过自身常开触点这一通路而保持通电，使电动机继续运转，这种依靠接触器自身辅助触点而保持接触器线圈通电的现象称为自锁，起自锁作用的辅助触点称为自锁触点，这段电路称为自锁电路。要使电动机停止运转，可按下停止按钮 SB_1，KM 线圈断电释放，主电路及自锁电路均断开，电动机断电停止。上述电路是一个典型的有自锁控制的单向运转电路，也是一个具有最基本的控制功能的电路。该电路由熔断器 FU_1、FU_2 实现主电路与控制电路的短路保护；由热继电器 FR 实现电动机的长期过载保护；由启动按钮 SB_2 与接触器 KM 配合，实现电路的欠电压与失电压保护。

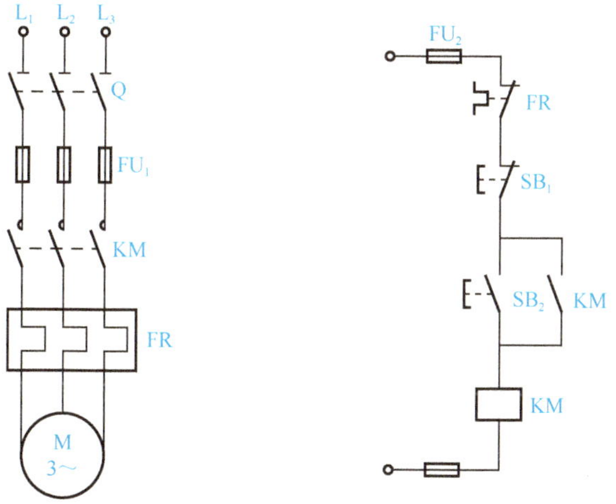

图 2-4 三相笼型异步电动机全压启、停控制电路

各种生产机械常要求具有上下、左右、前后等相反方向的运动，这就要求电动机能够正反向运转。对于三相交流异步电动机可借助正、反向接触器改变定子绕组相序来实现。如图 2-5 所示为三相异步电动机正反转控制电路。其中，图 2-5（a）由两个单向旋转控制电路组合而成，主电路由正、反转接触器 KM_1、KM_2 的主触点来实现电动机三相电源任意两相的换相，从而实现电动机的正反转。当正转启动时，按下正转启动按钮 SB_2，KM_1 线圈通电吸合并自锁，电动机正向启动并运转；当反转启动时，按下反转启动按钮 SB_3，KM_2 线圈通电吸合并自锁，电动机反向启动并运转。若在按下正转启动按钮 SB_2，电动机已进入正转运行后，又发生按下反转启动按钮 SB_3 的误操作时，由于正、反转接触器 KM_1、KM_2 的线圈均通电吸合，其主触点均闭合，于是发生电源两相短路，致使熔断器 FU_1 熔体熔断，电动机无法工作，因此，该电路在任何时候只能允许一个接触器通电工作。为此，通常在控制电路中将正、反转接触器 KM_1、KM_2 的常闭辅助触点串接在对方线圈电路中，形成相互制约的控制，这种相互制约的控制关系称为互锁，这两对起互锁作用的常闭触点称为互锁触点。

如图 2-5（b）所示是利用正、反转接触器常闭辅助触点作互锁的电路，这种互锁电路称为电气互锁电路。这种电路要实现电动机由正转到反转，或由反转到正转，都必须先按下停止按钮，然后才可进行反向启动，这种电路称为正—停—反电路。

图 2-5（c）是在图 2-5（b）的基础上又增加了一对互锁，这对互锁是将正、反转启动按钮的常闭辅助触点串接在对方接触器线圈电路中，这种互锁称为按钮互锁，又称机械互锁。因此，图 2-5（c）是具有双重互锁的控制电路，该电路可以实现不按停止按钮，由正转直接变反转，或由反转直接变正转的控制。这是因为，按钮互锁触点可实现先断开正在运行的电

路，再接通反向运转电路的控制，这种电路称为正—反电路。

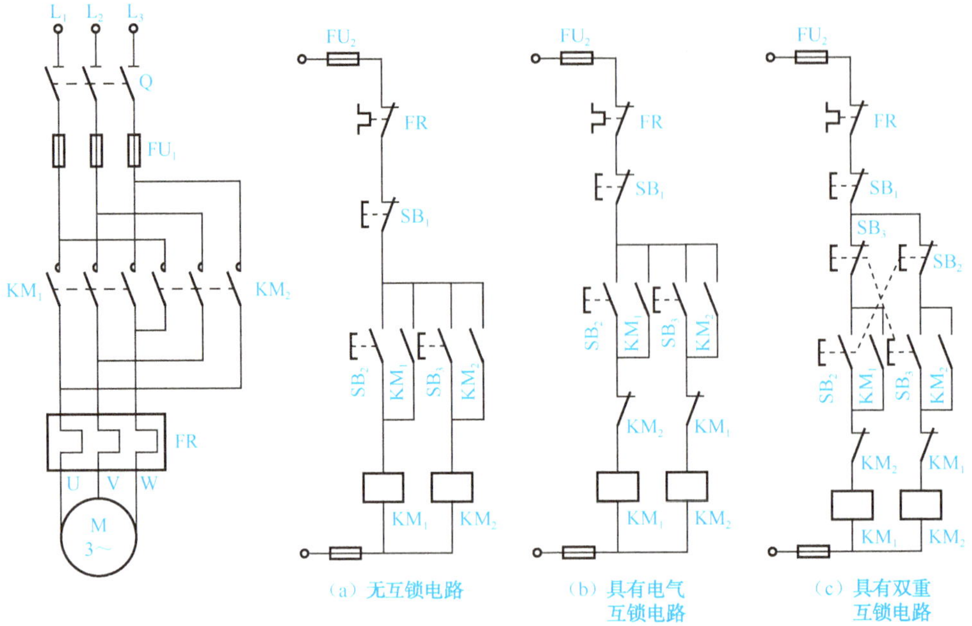

图 2-5　三相异步电动机正反转控制电路

2.3.2　点动与连续运转控制

生产机械的运转状态有连续运转与断续运转，所以对其拖动电动机的控制也有点动与连续运转两种控制方式，对应的有点动控制电路与连续运转控制电路，如图 2-6 所示。

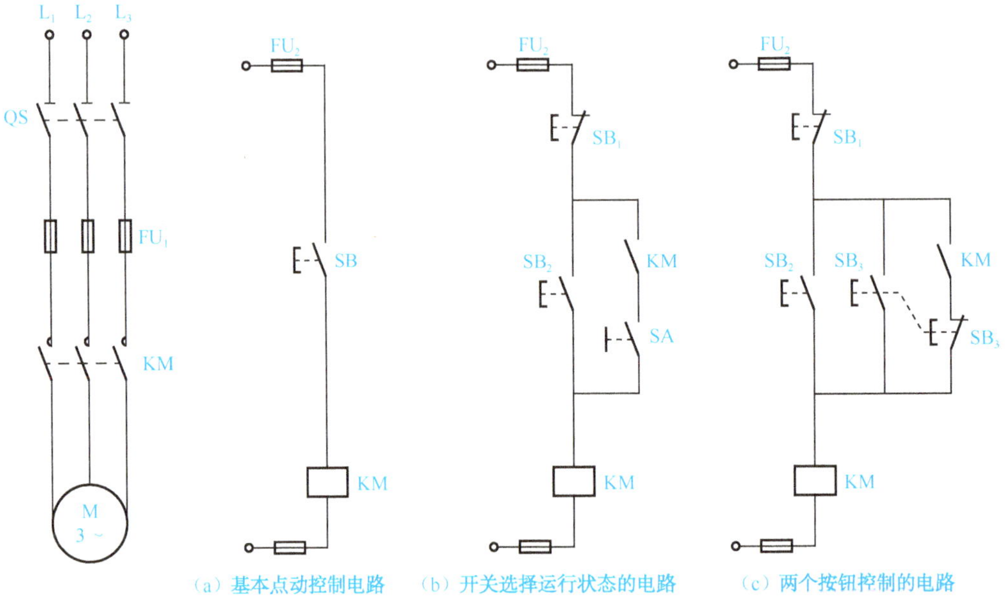

图 2-6　点动与连续运转控制电路

图 2-6（a）是最基本的点动控制电路。按下点动按钮 SB，KM 线圈通电，电动机启动旋转；松开按钮 SB，KM 线圈断电释放，电动机停转，该电路为单纯的点动控制电路。图 2-6（b）中通过控制开关 SA 断开或接通自锁电路，实现点动或连续运转控制。合上控制开关 SA 时，可实现连续运转控制；断开 SA 时，可实现点动控制。图 2-6（c）是用复合按钮 SB_3实现点动控制、用按钮 SB_2实现连续运转控制的电路。

2.3.3 多地点控制与多条件控制

在一些大型生产机械和设备上，要求操作人员能在不同方位进行操作与控制，即实现多地点控制。在某些机械设备上，为保证操作安全，需要多个条件满足，设备才能开始工作，这样的控制称为多条件控制。多地点控制电路与多条件控制电路如图 2-7 所示。多地点控制采用多组启动按钮、停止按钮来实现。这些按钮连接的原则是：启动按钮常开触点要并联，即逻辑或的关系；停止按钮常闭触点要串联，即逻辑与的关系。如图 2-7（a）所示为多地点控制电路。多条件控制采用多组按钮或继电器触点来实现。这些按钮或触点连接的原则是：常开触点要串联，即逻辑与的关系；常闭触点视设备的具体控制要求选择并联或串联。如图 2-7（b）所示为多条件控制电路。

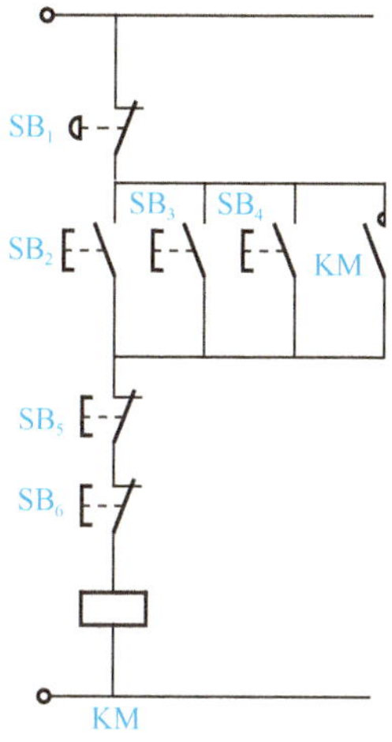

（a）多地点控制电路

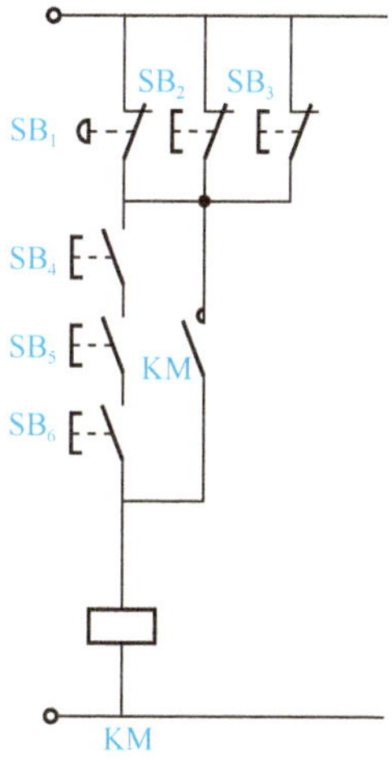

（b）多条件控制电路

图 2-7 多地点控制电路与多条件控制电路

2.3.4 顺序控制

在生产实际中，有些设备往往要求多台电动机按一定顺序启动和停止，如磨床上的电动机就要求先启动油泵电动机，再启动主轴电动机。顺序启停控制电路有顺序启动、同时停止控制电路和顺序启动、顺序停止控制电路。图 2-8 所示为两台电动机顺序控制电路，其中，图 2-8（a）为两台电动机顺序控制主电路，图 2-8（b）为按顺序启动电路，合上主电路与控制电路电源开关，按下启动按钮 SB_2，KM_1线圈通电并自锁，电动机 M_1启动旋转，同时串联在 KM_2线圈电路中的 KM_1常开辅助触点也闭合，此时再按下按钮 SB_4，KM_2线圈通电并自锁，电动机 M_2启动旋转。如果先按下 SB_4按钮，因 KM_1常开辅助触点断开，电动机 M_2不可能先启动，从而实现了电动机 M_1、M_2按顺序启动的目的。

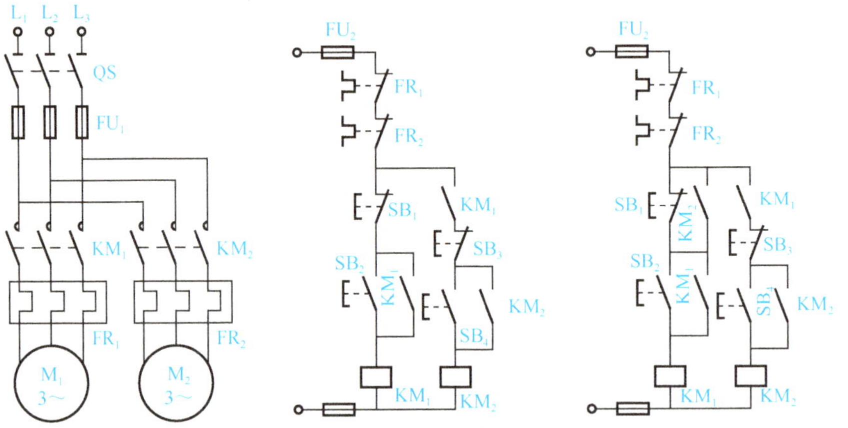

（a）主电路　（b）按顺序启动电路　（c）按顺序启动与停止的控制电路

图 2-8　两台电动机顺序控制电路

生产机械除要求按顺序启动外，有时还要求按一定的顺序停止，如带式输送机。前面的第一台运输机先启动，再启动后面的第二台运输机；停车时应先停止第二台运输机，再停止第一台运输机，这样才不会造成物料在传送带上的堆积和滞留。如图 2-8（c）所示为按顺序启动与停止的控制电路，该控制电路在图 2-8（b）的基础上，将接触器 KM_2 的常开辅助触点并接在停止按钮 SB_1 的两端，这样即使先按下 SB_1，由于 KM_2 线圈仍通电，电动机 M_1 也不会停转，只有按下 SB_3，电动机 M_2 先停后，再按下 SB_1 才能使 M_1 停转，从而实现先停 M_2、后停 M_1 的控制要求。

在许多顺序控制电路中，要求有一定的时间间隔，这一般用时间继电器来实现。如图 2-9 所示为时间继电器控制的顺序启动电路，接通主电路与控制电路电源，按下启动按钮 SB_2，KM_1、KT 同时通电并自锁，电动机 M_1 启动旋转。当通电延时型时间继电器 KT 延时时间到时，其延时闭合的常开触点闭合，接通 KM_2 线圈电路并自锁，电动机 M_2 启动旋转。同时 KM_2 常闭辅助触点断开，将时间继电器 KT 线圈电路切断，KT 不再工作，使 KT 仅在启动时起作用，减少了运行时带电电器的数量。

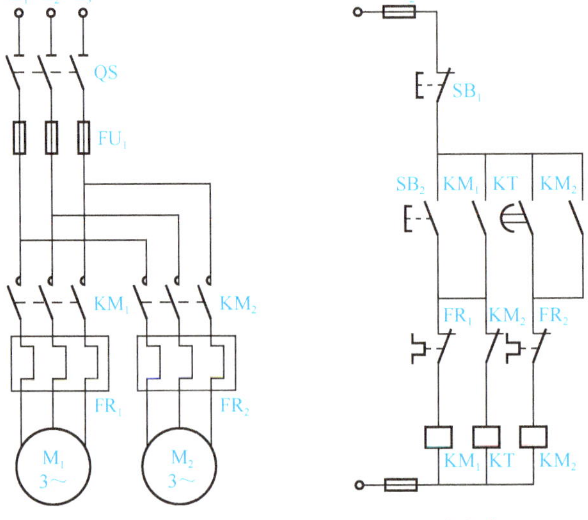

图 2-9　时间继电器控制的顺序启动电路

2.3.5 自动往复循环控制

在生产实际中，某些机床的工作台需要进行自动往复运行，而自动往复运行通常是利用行程开关来控制自动往复运动的行程，并由此来控制电动机的正反转或电磁阀的通断电，从而实现生产机械的自动往复循环控制。

如图 2-10 所示为机床工作台自动往复循环控制电路，其中，图 2-10（a）为机床工作台自动往复运动示意图，在床身两端固定有行程开关 SQ_1、SQ_2，用来表明加工的起点与终点，在工作台上安装有撞块 A 和 B，其随运动部件工作台一起移动，分别压下 SQ_2、SQ_1，可改变控制电路状态，实现电动机的正反向运转，拖动工作台实现工作台的自动往复运动。如图 2-10（b）所示为自动往复循环控制电路，图中 SQ_1 为反向转正向行程开关，SQ_2 为正向转反向行程开关，SQ_3 为正向限位开关，SQ_4 为反向限位开关。

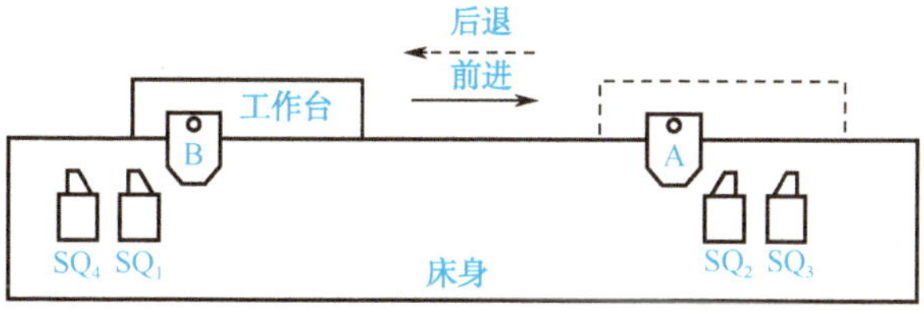

（a）机床工作台自动往复运动示意图

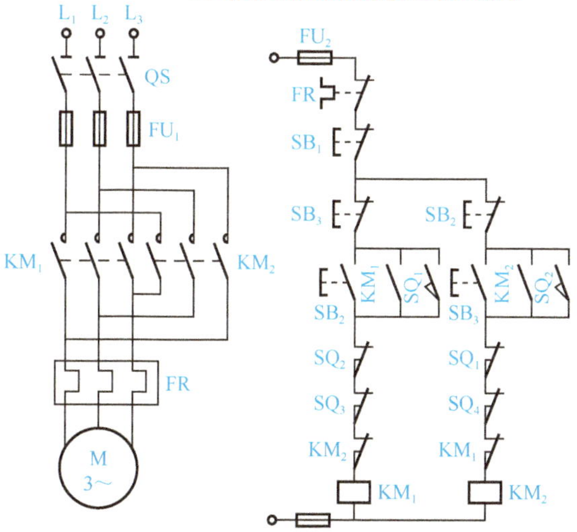

（b）自动往复循环控制电路

图 2-10 机床工作台自动往复循环控制电路

电路的工作原理：合上主电路与控制电路电源开关，按下正转启动按钮 SB_2，KM_1 线圈通电并自锁，电动机正转启动旋转，拖动工作台前进向右移动。当移动到一定位置时，撞块 A 压下 SQ_2，其常闭触点断开，常开触点闭合，前者使 KM_1 线圈断电，后者使 KM_2 线圈通电并自锁，电动机由正转变为反转，拖动工作台由前进变为后退，工作台向左移动。当后退到一定位置时，撞块 B 压下 SQ_1，使 KM_2 断电，KM_1 通电，电动机由反转变为正转，拖动工作台变后退为前进，如此周而复始实现自动往复工作。当按下停止按钮 SB_1 时，电动机停止，工作台停下。当行程开关 SQ_1、SQ_2 失灵时，电动机换向无法实现，工作台继续沿原方向移动，撞块将压下 SQ_3 或 SQ_4 限位开关，使相应接触器线圈断电释放，电动机停止，工作台停止移动，从而避免运动部件因超出极限位置而发生事故，实现了限位保护。

2.4 三相异步电动机的启动控制电路

三相异步电动机分为笼型电动机和绕线型电动机。

笼型电动机结构简单、运行可靠、质量轻、价格便宜，平时看到的电动机，大部分都是笼型电动机，其主要缺点是调速困难。绕线型电动机的转子和定子一样也设置了三相绕组，并通过滑环、电刷与外部变阻器连接，调节变阻器电阻可以改善电动机的启动性能和调节电动机的转速，其优点是启动转矩大，所以适用于启动转矩要求较高的场合，如冶金、起重等。

2.4.1 笼型电动机的启动

笼型电动机的启动方式包括直接启动和降压启动。一般中小型笼型异步电动机可以直接启动，直接启动设备简单，方法简便，但启动电流大，启动转矩小。大容量的笼型异步电动机一般采用降低定子绕组端电压的方法启动，降压启动时，可以减小启动电流，但也不可避免地减小了启动转矩。

笼型电动机降压启动包括星—角换接降压启动、自耦补偿降压启动、延边三角形降压启动等。这些启动方法的实质，都是在电源电压不变的情况下，启动时减小加在电动机定子绕组上的电压，以限制启动电流，而在启动后再将电压恢复至额定值，电动机进入正常运行。下面介绍实际应用中常用的降压启动方法。

1. 星—角换接降压启动

凡是正常运行时定子绕组接成三角形的笼型异步电动机，均可采用星—角换接降压启动方法来达到限制启动电流的目的。Y 系列的笼型异步电动机 4kW 以上者均为三角形接法，都可以采用星—角换接降压启动的方法。

电动机启动时接成星形连接，绕组电压降为额定电压的 $1/\sqrt{3}$，正常运转时换接成三角形连接，由电工知识可知 $I_{\triangle L}=3I_{YL}$（分别代表两种接法时的线电流），绕组为星形连接时，启动电流仅为三角形连接时的 1/3，相应的启动转矩也是三角形连接时的 1/3。因此，星—角换接启动仅适用于电动机空载或轻载下的启动。

如图 2-11 所示是电动机星—角换接降压启动的控制电路，图中主电路由三组接触器主触点分别将电动机的定子绕组接成三角形或星形，KM_3 线圈得电，主触点闭合时，绕组接成星形；KM_2 主触点闭合时，绕组接成三角形。KM_1 用来接通电源。两种接线方式的切换需在极短的时间内完成，在控制电路中采用了时间继电器，可定时自动切换。

星—角换接降压启动控制电路的工作过程如下：合上开关 QS，为启动做准备；启动按钮 SB_2 压下时，KM_1、KM_3、KT 线圈同时得电，KM_1 辅助触点闭合形成自锁；KM_1、KM_3 主触点闭合，电动机星形启动；当 KT 延时时间到时，其常闭触点断开，常开触点闭合，KM_3 线圈断电，KM_2 线圈得电自锁，KM_3 主触点断开，KM_2 主触点闭合，电动机转为三角形正常运转。当电动机正常运转时，KM_2 常闭辅助触点断开，可使 KT 线圈断电，以节约电能。需要电动机停止时，按下 SB_1 即可。

电路图中接触器 KM_2 和 KM_3 的常闭辅助触点构成互锁，保证电动机绕组只能连接成一种形式，即星形或三角形，以防止接触器 KM_2 和 KM_3 同时得电而造成电源短路，保证电路可靠工作。

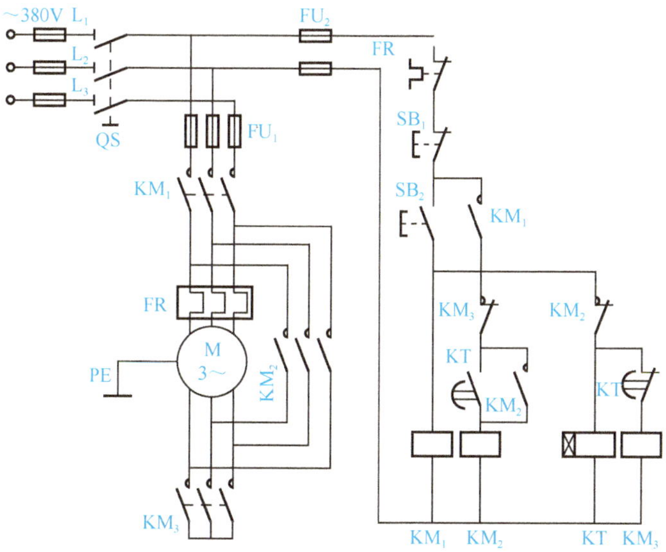

图 2-11 电动机星—角换接降压启动的控制电路

2. 自耦补偿降压启动

自耦补偿降压启动利用自耦变压器来降低启动时的电压，达到限制启动电流的目的。启动时，电源电压加在自耦变压器的高压绕组上，电动机的定子绕组与自耦变压器的低压绕组连接；当电动机的转速达到一定值时，将自耦变压器切除，电动机直接与电源相接，在正常电压下运转。

自耦变压器一次电压、电流和二次电压、电流的关系为

$$\frac{U_1}{U_2}=\frac{I_2}{I_1}=K$$

式中，K 为自耦变压器的电压比。

启动转矩正比于电压的平方，当定子每相绕组上的电压降低到直接启动的 $1/K$ 时，启动转矩将降低为直接启动的 $1/K^2$，因此启动转矩的大小可通过改变电压比 K 实现。

自耦补偿降压启动分为手动控制和自动控制两种。工厂常采用 XJ01 系列自动补偿器实现降压启动，其控制电路如图 2-12 所示。

控制电路可分为三部分：主电路、控制电路和指示灯电路。KM_1 为自耦补偿降压启动接触器，KM_2 为全压运行接触器，KA 为中间继电器，KT 为自动切换用时间继电器，HL_1 为正常运行指示灯，HL_2 为降压启动指示灯，HL_3 为电源指示灯。

电动机启动工作过程为：当电路中变压器得电时，电源指示灯 HL_3 亮。按下启动按钮 SB_2，KM_1 和 KT 线圈得电自锁，电动机经自耦变压器启动，HL_2 亮。KT 延时时间到时，其常开触点闭合，KA 线圈得电自锁，KM_1 线圈失电，KM_2 线圈得电，降压启动结束，电动机进入正常运行，HL_1 灯亮。停止时，按下 SB_1 即可。

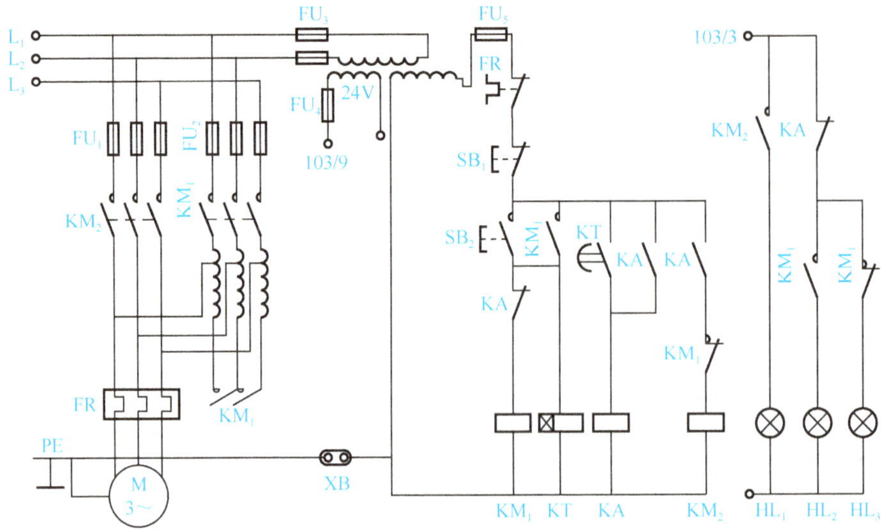

图 2-12　自耦变压器降压启动控制电路

自耦补偿降压启动适用于负载容量较大，正常运行时定子绕组连接成星形而不能采用星形—三角形启动方式的笼型异步电功机。但这种启动方式设备费用高，通常用于启动大型和特殊用途的电动机。

3. 延边三角形降压启动

（1）接线原理图　延边三角形降压启动接线原理图如图 2-13 所示。电动机的定子绕组每相都有一个中间抽头，启动时，将每相定子绕组的尾端 4、5、6 分别与中间抽头 8、9、7 相连，首端 1、2、3 接相电源，这时定子绕组一部分接成△形，另一部分接成星形，合起来像一个三角形都延长了一段的△形，故称“延边三角形”启动。当转速升高到一定值后，三相绕组改成如图 2-13（a）所示的接法，电动机正常运行。

（a）直接启动　　（b）延边三角形启动

图 2-13　延边三角形降压启动接线原理图

（2）启动电流和启动转矩的分析和计算　延边三角形降压启动当中间抽头的位置等于尾端位置时，其启动方式等同于星—角降压启动。实际上，延边三角形启动是在星—角启动的基础上发展起来的。这里就延边三角形启动时的启动电流和启动转矩不作定量分析和计算，只定性分析结果如下：设计的延边三角形启动方式的电动机定子绕组的中间抽头越靠近尾端位置，启动电流和启动转矩降低得越多。

（3）延边三角形启动设备的设计和选择　采用延边三角形启动的电动机，其绕组接法必须专门设计，设计比较复杂，其定子绕组的抽头分别为 1∶1，2∶1，5∶3 等，可根据用户要求选用，但目前还没有统一的标准系列产品。因为延边三角形启动的电动机制成后，抽头不能随意变动，从而限制了延边三角形启动方法的应用。

根据不同的实际场合，对笼型异步电动机的降压启动选用不同的降压启动方法。不同启动方式的特点比较见表 2-1。

表 2-1 笼型异步电动机启动方式比较

降压启动方法	自耦补偿降压启动	星—角转换降压启动	延边三角形降压启动
启动电压	电压下降系数×额定电压	0.577×额定电压	取决于定子绕组抽头电压 0.78×额定电压
启动电流	电压下降系数×启动电流（直）	1/3×启动电流（直）	取决于定子绕组抽头电压 0.6×启动电流（直）
启动转矩	电压下降系数的平方×启动转矩（直）	1/3×启动转矩（直）	取决于定子绕组抽头电压 0.6×启动电流（直）
启动方法的特点	电动机定子绕组经自耦变压器降压启动，启动后切除自耦变压器	电动机定子绕组启动时接成星形，启动后换接成三角形	电动机定子绕组启动时接成延边三角形，启动后换接成三角形
优、缺点	1. 启动电流小 2. 启动控制设备不能频繁启动 3. 设备较贵，但启动转矩比星—角转换方式的转矩大，故使用较多	1. 启动电流小 2. 启动转矩小 3. 可以频繁启动 4. 价格低，适用于定子绕组为三角形连接的电动机，一般用于小容量的电动机轻载启动	1. 启动电流较小 2. 启动转矩较大 3. 可以频繁启动 4. 仅适用于定子绕组有中间抽头的电动机

2.4.2 绕线型电动机的启动

绕线型电动机比直流电动机结构简单，维护方便，其转子中绕有三相绕组，通过集电环可以串接电阻或频敏变阻器，从而减小启动电流和提高启动转矩，适用于要求启动转矩高及需要调速的场合。

绕线型电动机常用的降压启动方法有转子绕组串电阻启动与转子绕组串频敏变阻器启动。

（1）转子绕组串电阻启动　如图 2-14 所示为绕线型异步电动机转子绕组串电阻启动控制电路。图中，控制电路采用直流操作，QF_1 为控制电路电源用断路器，启动、停止和调速采用主令控制器 SA 控制，KA_1、KA_2、KA_3 为过电流继电器，KT_1、KT_2 为断电延时型时间继电器。

启动前，要先将主令控制器 SA 手柄置到“0”位，则触点 SA_0 接通，然后合上断路器 QF、QF_1，于是时间继电器 KT_1、KT_2 线圈通电，它们的动断延时闭合触点瞬时打开，零位继电器 KV 线圈通电自锁，为 KM_1、KM_2、KM_3 线圈的通电做好准备。

启动时，将 SA 由“0”位推向“3”位，SA 的触点 SA_1、SA_2、SA_3 闭合，KM_1 线圈通电，主触点闭合，电动机在转子每相串两段电阻情况下启动，KM_1 的动断辅助触点断开，KT_1 线圈断电开始延时。当 KT_1 延时结束时，其动断延时闭合触点闭合，KM_2 线圈通电，一方面 KM_2 的动合主触点闭合，切除电阻 R_1；另一方面 KM_2 的动断辅助触点断开，KT_2 线圈断电开始延时。当 KT_2 延时结束时，其动断延时闭合触点闭合，KM_3 线圈通电，主触点闭合，切除电阻 R_2，电动机进入全速运转。本电路在启动过程中，通过时间继电器的控制，将转子电路中的电阻分段切除，达到限制启动电流的目的。

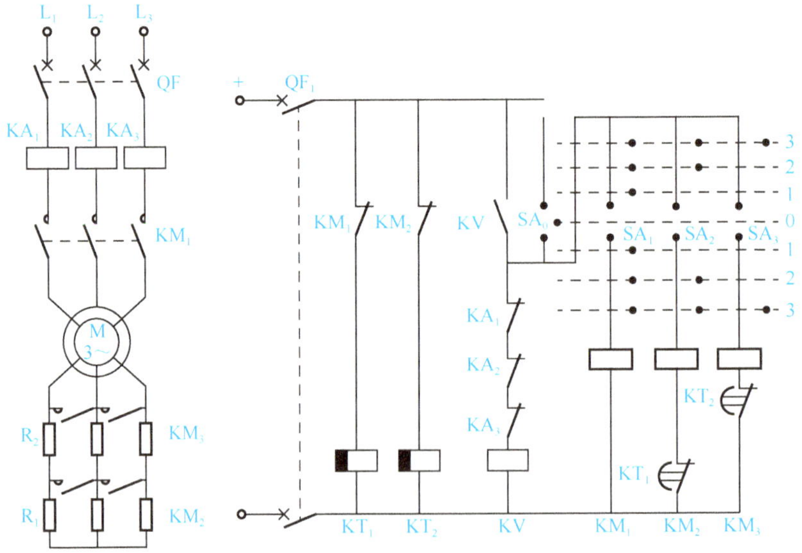

图 2-14　绕线型异步电动机转子绕组串电阻启动控制电路

当要求调速时，可将主令控制器手柄推向“1”位或“2”位。当主令控制器的手柄推向“1”位时，由图 2-14 可以看出，主令控制器的触点只有 SA_1 接通，接触器 KM_2、KM_3 均不能得电，电阻 R_1、R_2 将接入转子电路中，电动机便在低速下运行；当主令控制器的手柄推向“2”位时，电动机将在转子接入一段电阻的情况下运行，这样就实现了调速控制。

当要求电动机停车时，将主令控制器手柄拨回到“0”位，接触器 KM_1、KM_2、KM_3 均断电，电动机断电停机。

电路中的零位继电器 KV 起到失电压保护的作用，电动机每次启动前必须将主令控制器的手柄扳回到“0”位，否则电动机无法启动。KA_1、KA_2、KA_3 作过电流保护，正常时继电器不动作，动断触点闭合；若出现过电流时，其动断触点断开，KV 线圈断电，使 KM_1、KM_2、KM_3 线圈断电，起到保护作用。

（2）转子绕组串频敏变阻器启动　绕线型电动机转子串电阻启动时，在启动过程中转子电阻逐级切除，在切除的瞬间电流及转矩会突然增大，产生一定的机械冲击力。采用转子绕组串频敏变阻器启动的方法可减小启动时的冲击。

频敏变阻器实质上是一个铁芯损耗非常大的三相电抗器。频敏变阻器的阻抗能够随着电动机转速的上升、转子电流频率的下降而自动减小，所以它是绕线型异步电动机较为理想的一种启动装置，常用于较大容量的绕线型异步电动机的启动控制。

如图 2-15 所示为频敏变阻器的等效电路。图中，R_b 为绕线电阻，R 为频敏变阻器的铁损等值电阻，X 为交流电抗。由于电抗 X 和电阻 R 都是由交变磁通产生的，所以其大小都随转子电流频率的变化而变化。在电动机启动过程中，转子电流频率 f_2 与电源频率 f_1 的关系为：$f_2=sf_1$，其中 s 为转差率。当电动机转速为零时，转差率 $s=1$，即 $f_2=f_1$；当 s 随着转速上升而减小时，f_2 便下降。频敏变阻器的 X、R 与 f_2 的平方成正比。由此可见，启动开始，频敏变阻器的等效阻抗很大，限制了电动机的启动电流，随着电动机转速的升高，转子电流频率降低，等效阻抗自动减小，从而达到了自动改变电动机转子阻抗的目的，实现了平滑无级启动。当电动机正常运行时，f_2很低（5%f_1～10%f_1），其阻抗很小。另外，在启动过程中，转子等效阻抗及转子回路感应电动势都是由大到小，所以实现了近似恒转矩的启动特性。

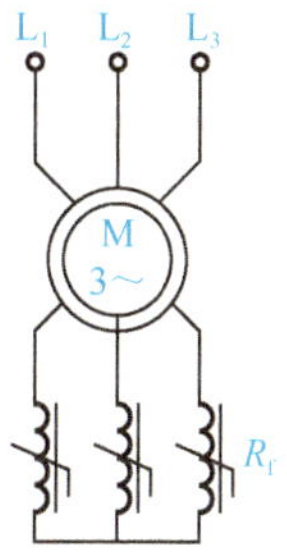

（a）电路连接图

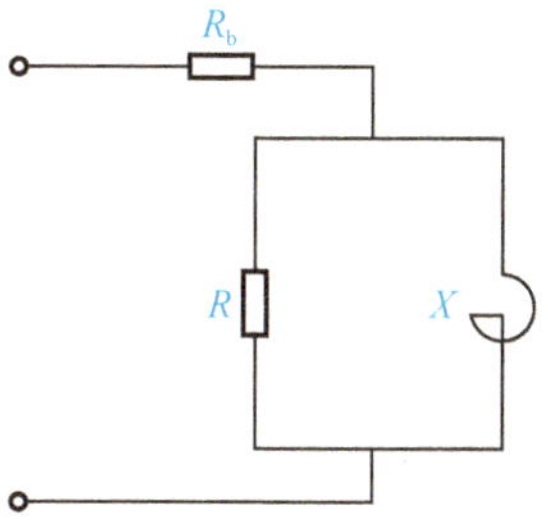

（b）等效电路

图 2-15 频敏变阻器等效电路

如图 2-16 所示为绕线型异步电动机转子串频敏变阻器启动控制电路。图中，KM_1为电路接触器，KM_2为短接频敏变阻器接触器，KT 为控制启动时间的通电延时型时间继电器，KA 为中间继电器，由于是大电流系统，所以热继电器 FR 接在电流互感器的二次侧。启动时，合上电源开关 QS，按下启动按钮 SB_2，接触器 KM_1线圈得电自锁，电动机接通三相交流电源，电动机转子串频敏变阻器启动；同时，时间继电器 KT 线圈通电开始延时。当延时结束，KT 的动合延时闭合触点闭合，KA 线圈通电并自锁，KA 的动断触点断开，热继电器 FR 投入电路作过载保护；KA 的两个动合触点闭合，一个用于自锁，另一个接通 KM_2线圈电路，KM_2动合触点闭合将频敏变阻器切除，电动机进入正常运转状态。

在启动过程中，为了避免启动时间过长而使热继电器误动作，用中间继电器 KA 的动断触点将热继电器 FR 的发热元件短接。

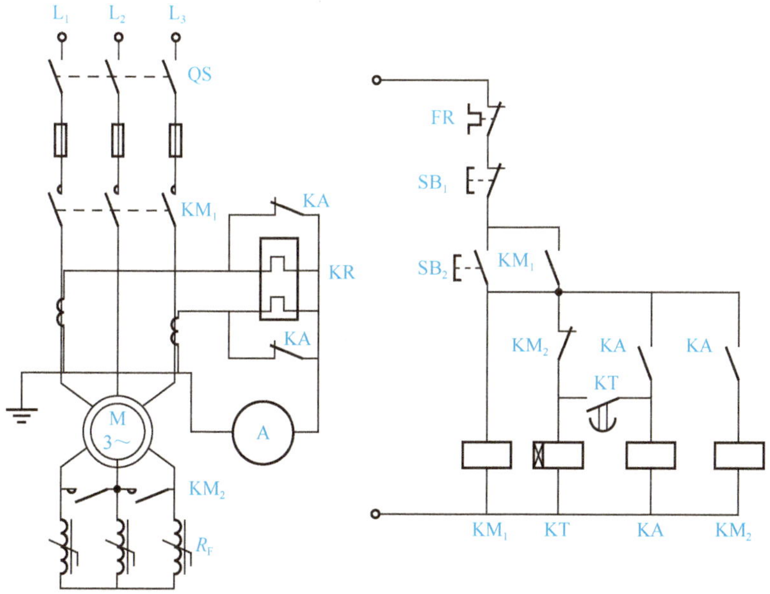

图 2-16 绕线型异步电动机转子串频敏变阻器启动控制电路

2.5　三相异步电动机的运行控制电路

三相异步电动机的运行控制主要是针对电动机的速度控制。根据三相异步电动机的转速公式 $n=(1-s)\ 60f/p$ 可知，三相异步电动机的调速方法有改变电动机定子绕组的磁极对数 p、改变电源频率 f、改变转差率 s 三种。其中，改变转差率的方法可通过调节定子电流、转子电阻，以及采用串级调速、电磁转差离合器调速等来实现。电磁调速异步电动机的调速器已做成系列化的产品，使用非常方便，串级调速和变频调速另有专门的课程介绍，本节介绍仍在广泛使用的三相异步电动机变极调速控制电路。

2.5.1　变极调速原理

三相异步电动机同步转速表达式为

$$n_0=\frac{60f}{p}$$

如果电动机的极对数 p 减少一半，则同步转速 n_0 便提高一倍，转子的额定转速 n 也接近提高一倍。下面以最常用的双速电动机为例，说明变极调速的原理。

如图 2-17 所示为变极调速原理图，每相定子绕组分成 A_1X_1 和 A_2X_2 两个线圈。其中，图 2-17（a）是两个线圈串联，可获得 4 个（$p=2$）磁极；图 2-17（b）是两个线圈反向并联，可获得 2 个（$p=1$）磁极。

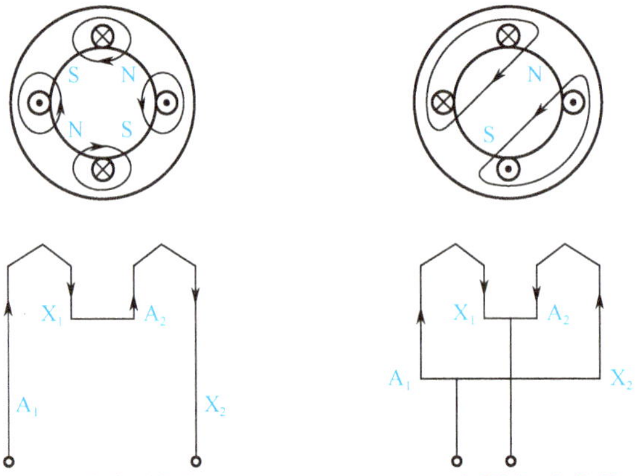

（a）两个线圈串联　　（b）两个线圈反向并联

图 2-17　变极调速原理图

如图 2-18 所示是双速电动机定子绕组接线图。其中，图 2-18（a）是三角形连接，U_1、V_1、W_1三端与电源连接，U_2、V_2、W_2三端悬空，电流方向如箭头所示，此时电动机磁极对数 $p=2$，同步转速为 1500r/min，低速运行。图 2-18（b）所示是双星形连接，U_2、V_2、W_2三端连接电源，U_1、V_1、W_1三端相连，箭头表示电流方向，此时磁极对数 $p=1$，电动机同步转速为 3000r/min，故双速电动机的高转速约等于低转速的两倍。

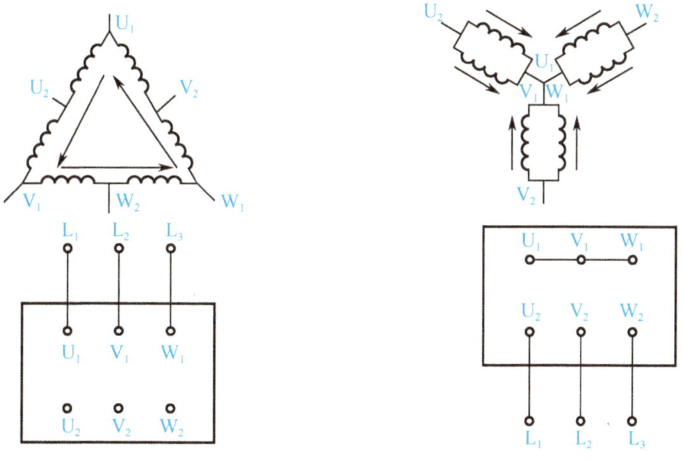

（a）三角形连接　　（b）双星形连接

图 2-18　双速电动机定子绕组接线图

2.5.2　双速电动机变速控制

如图 2-19 所示为时间继电器控制的双速电动机调速控制电路。其工作过程是：合上 QS，按下 SB_2，接触器 KM_1 得电并自锁，电动机 M 低速运行，同时时间继电器 KT 得电。当 KT 延时时间到时，KT 的延时常闭触点断开，KM_1 失电，同时 KT 的延时常开触点闭合，接触器 KM_2、KM_3 得电并自锁，M 由低速升到高速。

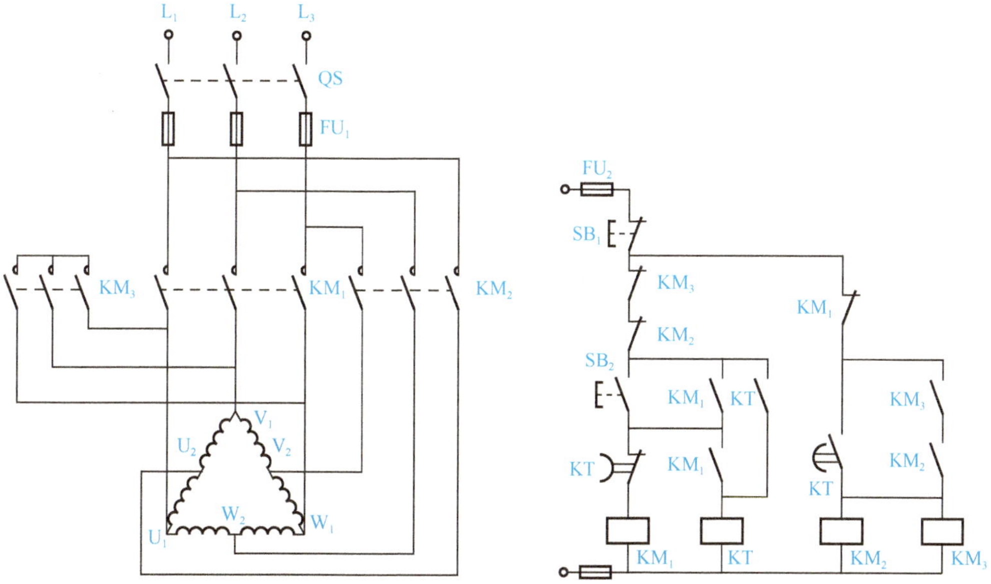

图 2.19　时间继电器控制的双速电动机调速控制电路

双星形连接的电动机额定功率约为三角形连接额定功率的 1.15 倍，近似于恒功率调速，主要适用于恒功率传动负载，如车床、铣床主轴调速等。

2.6 三相异步电动机的制动控制电路

三相异步电动机断电后，由于惯性的作用，停止时间较长。许多生产机械，如卧式车床、升降机械、加工中心等都要求能迅速停车或准确定位，这就要求对电动机进行强制停车，即制动。制动停车的方式有机械制动和电气制动两种。机械制动是利用电磁铁或液压操纵机械抱闸机构，使电动机快速停转的方法。电气制动是产生一个与电动机转动方向相反的制动转矩，常用的电气制动方法有反接制动和能耗制动两种。

2.6.1 反接制动控制

反接制动控制是在电动机切断正常运转电源的同时，改变电动机定子绕组的电源相序，使之有反转趋势而产生较大的制动力矩的方法。反接制动的实质是使电动机欲反转而制动，因此当电动机的转速接近零时，应立即切断反接制动电源，否则电动机会反转。实际控制中采用速度继电器来自动切除制动电源。

反接制动控制电路如图 2-20 所示。其主电路和正反转电路相同。由于反接制动时转子与旋转磁场的相对转速较高，约为启动时的 2 倍，致使定子、转子中的电流会很大，大约是额定值的 10 倍，因此反接制动电路增加了限流电阻 R。KM_1 为运转接触器，KM_2 为反接制动接触器，KS 为速度继电器，其与电动机联轴，当电动机的转速上升到 100r/min 的动作值时，KS 常开触点闭合，为制动做好准备。

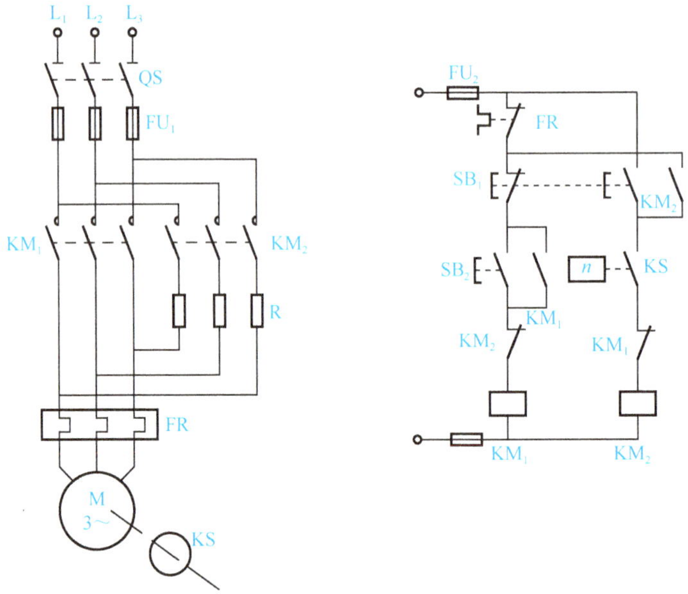

图 2-20 反接制动控制电路

反接制动分析：停车时按下停止按钮 SB_1，复合按钮 SB_1 的常闭触点先断开，切断 KM_1 线圈，KM_1 主、辅触点恢复无电状态，结束正常运行并为反接制动做好准备。随后 KM_2 线圈接通（KS 常开触点在正常运转时已经闭合），其主触点闭合，电动机改变相序进入反接制动状态，辅助触点闭合自锁持续制动。当电动机的转速下降到设定的释放值时，KS触点释放，切断KM_2线圈，反接制动结束。

一般情况下，速度继电器的释放值调整到90r/min左右，如释放值调整得太大，则反接制动不充分；如调整得太小，则不能及时断开电源而造成短时反转现象。

反接制动制动力强，制动迅速，控制电路简单，设备投资少，但制动准确性差，制动过程中冲击力强，易损坏传动部件，因此适用于10kW以下小容量的电动机及制动要求迅速、系统惯性大、不经常启动与制动的设备，如铣床、镗床、中型车床等主轴的制动控制。

2.6.2 能耗制动控制

能耗制动控制是在电动机切断交流电源的同时，给定子绕组的任意两相加一直流电源，以产生静止磁场，依靠转子的惯性转动切割该静止磁场产生制动力矩的方法。

能耗制动原理分析：如图2-21（b）所示为手动复合按钮控制的能耗制动控制电路。变压器T和整流元件UP组成整流装置，并提供制动直流电源，KM_2为制动用接触器。需电动机停止时，按下复合按钮SB_1，直到制动结束后才放开按钮。这种控制的制动时间需靠人工干预，操作不方便。

如图2-21（c）所示为时间继电器控制的能耗制动电路。KT为时间继电器，延时整定值按制动时间确定。控制电路工作过程是：合上QS，按下SB_2，KM_1得电自锁，电动机M启动运行；停止时，按下SB_1，KM_1失电，KM_2得电并自锁，同时KT也得电，电动机处于制动状态。待KT延时时间到，KM_2和KT失电，制动结束。

能耗制动作用的效果与通入的直流电流的大小和电动机转速有关，在同样的转速下，电流越大，其制动时间越短。一般取直流电流为电动机空载电流的3～4倍，过大的电流会使定子过热。直流电源中串接的可调电阻RP用于调节制动电流的大小。

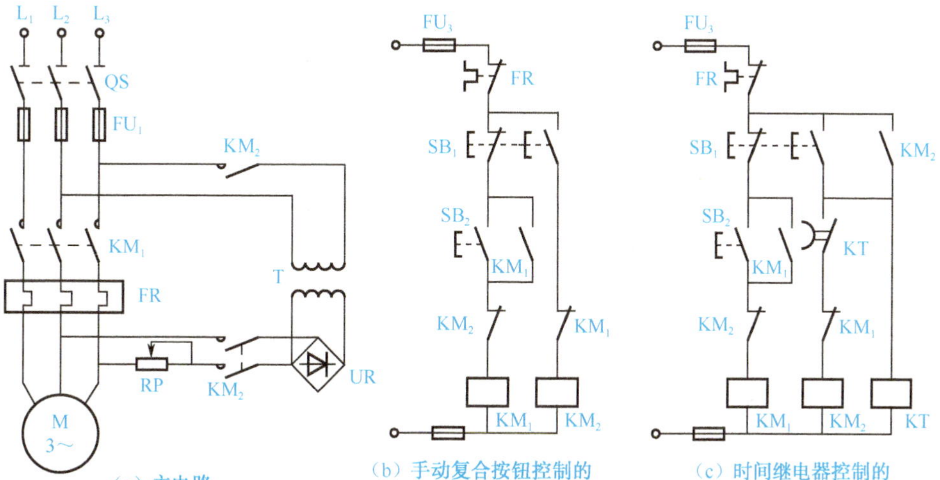

（a）主电路　　（b）手动复合按钮控制的能耗制动控制电路　　（c）时间继电器控制的能耗制动电路

图2-21 能耗制动控制电路

能耗制动平稳、准确，能量消耗小，但需附加直流电源装置，设备投资较高，制动力较弱，在低速时制动力矩小，主要用于容量较大的电动机制动或制动频繁的场合及要求制动准确、平稳的设备，如磨床、立式铣床等的控制，但不适合用于紧急制动停车。

2.7 技能训练：基本电气控制线路的安装与调试

2.7.1 三相异步电动机启动控制线路的安装与调试

【任务描述】

三相异步电动机单向启动、停止和点动控制电路是应用最广泛、最基本的控制电路，因此熟悉此电路中各电器元件的结构、工作原理、型号规格、使用方法及其在电路中所起的作用，掌握三相异步电动机单向启动、停止和点动控制的工作原理、接线方法、调试及故障排除的技能是继电—接触器控制电路分析和设计的基本要求。本任务包括以下内容。

① 分析电动机长动和点动控制电路的工作原理，如图 2-22 所示。

② 根据电气控制原理图，将电器元件进行接线，电器元件及器材见表 2-2。

③ 检查线路，通电运行。

表 2-2 电器元件及器材

序号	名称	型号	数量	序号	名称	型号	数量
1	三极断路器	DZ47—60/D16	2	6	按钮	NP2	3
2	二极断路器	DZ47—60/C16	1	7	交流接触器	CJX2－12	1
3	漏电保护器	NM1LE—100S	1	8	三相异步电动机		1
4	熔断器及熔管	RT28N—32X	5	9	导线	1.5mm²	若干
5	热继电器	NR—25	1	10	工具		1套

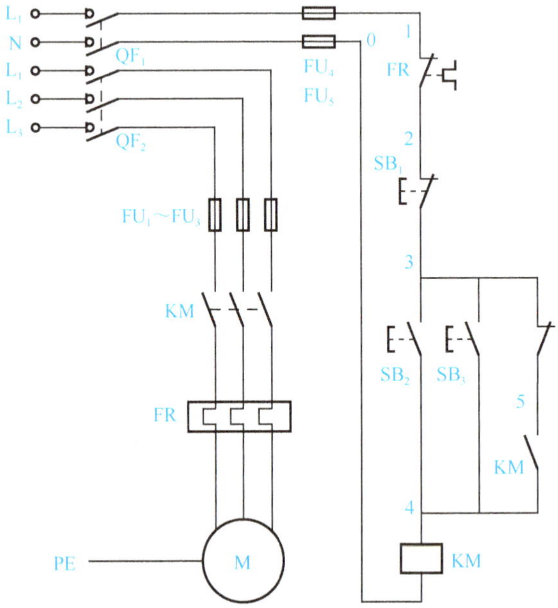

图 2-22 长动和点动电气控制原理图

【任务实施】

按照电气原理图进行电器元件安装、接线、检查、通电运行等操作，并做好过程记录（见表 2-3）。

表 2-3　三相异步电动机启动控制线路安装调试记录

序　　号	操 作 内 容	备　　注
1	按电气原理图正确连接线路	
2	根据电气原理图自查线路，签名确认	
3	指导教师检查，签名确认	
4	通电试验，操作控制按钮，观察动作结果是否符合控制要求	
5	记录试验中出现的故障及故障原因	

【故障分析】

调试成功后，分析表 2-4 中故障现象的故障原因，填写在表格中。

表 2-4　三相异步电动机启动控制线路故障原因分析表

故 障 现 象	故 障 原 因
接通电源后，不按按钮电动机即启动旋转	
按下 SB_1 后，电动机可以转动，但不能自锁	
按下 SB_3 后，电动机可以转动，但松开 SB_3 后，电动机仍继续转动	
电动机转动的方向与要求转动的方向相反	

2.7.2　三相异步电动机自动往复循环控制线路的设计

【任务描述】

自动往复运行通常是利用行程开关来控制自动往复运动的行程，并以此来控制电动机的正反转，广泛应用于各种生产机械，因此掌握三相异步电动机的自动往复控制电路的工作原理及接线方法，熟悉电路的故障分析及排除故障的方法尤为重要。本任务包括以下内容。

① 掌握简单电气控制原理图的设计方法。

② 查阅国家标准 GB5226.1—2002，根据要求进行电器元件的选型。

③ 安装电气线路，通电运行，如有故障，分析原因并排除故障。

【任务实施】

根据自动往复循环控制要求，设计电气控制原理图，进行电器元件的选型，完成电气线路的安装与接线，检查后通电运行并做好过程记录（见表 2-5）。

表 2-5　自动往复循环控制线路的安装调试记录

序　号	操 作 内 容	备　注
1	设计电气控制原理图、电器元件布置图和电气接线图	
2	查阅国家标准 GB5226.1－2002，根据实训室电动机型号和要求，填写电器元件选型表（见表 2-6）	
3	安装电器元件，接线并检查	
4	通电试验，检查是否符合控制要求	
5	记录试验中出现的故障及分析故障原因	

表 2-6　电器元件的规格型号

序　号	名　称	型　号	数　量	序　号	名　称	型　号	数　量
1	三极断路器			7	按钮		
2	二极断路器			8	交流接触器		
3	漏电保护器			9	行程开关		
4	熔断器及熔管			10	三相异步电动机		
5	热继电器						
6	导线						

思考与练习 2

2.1　如何确定三相笼型异步电动机是否可以采用直接启动法？

2.2　笼型异步电动机降压启动方法有哪几种？

2.3　为什么热继电器不能作短路保护，只能作长期过载保护？而熔断器则与之相反，为什么？

2.4　笼型异步电动机是如何改变转动方向的？

2.5　试解释能耗制动、反接制动的原理。它们各适用于什么场合？

2.6　在电动机的主电路中，既然装有熔断器，为什么还要装热继电器呢？它们各起什么作用？

2.7　自锁环节是怎样组成的？起什么作用？具有什么功能？

2.8　笼型异步电动机在什么条件下可以直接启动？试设计带有短路保护、过载保护、欠压保护的笼型电动机直接启动的主电路与控制电路。

2.9　试设计一个控制电路，要求第一台电动机启动 15s 后，第二台电动机自动启动，运行 30s 后，第二台电动机停止转动，第一台电动机继续转动 15s 后，电动机全部停止。

2.10　试设计一个控制电路，控制一台电动机。要求：① 可正反转；② 可正向点动，两处启、停控制；③ 可反接制动；④ 有短路保护和过载保护。

2.11　某水泵由笼型异步电动机拖动，采用降压启动，要求在三处都能控制启、停。试设计主电路与控制电路。

2.12　某升降台由一台笼型异步电动机拖动，采用直接启动，制动采用电磁抱闸。要求：

按下启动按钮后先松闸，经 3s 后电动机正向启动，工作台升起；再经 5s 后，电动机自动反向，工作台下降；再经 5s 后，电动机停止，电磁闸抱紧。试设计主电路与控制电路。

2. 13　某机床主轴由一台笼型异步电动机拖动，润滑油泵由另一台笼型异步电动机拖动，均采用直接启动，工艺要求如下。

① 主轴必须在油泵启动后才能启动；

② 主轴正常为正向运转，但为调试方便，要求能反向点动；

③ 主轴停止运转后，才允许油泵停止；

④ 有短路保护、过载保护及欠压保护。

试设计主电路及控制电路。

2. 14　M_1、M_2均为笼型异步电动机，可直接启动，按下列要求设计主电路及控制电路。

① M_1启动，经一定时间后 M_2自行启动；

② M_2启动后，M_1 立即停车；

③ M_2能单独停车；

④ M_1、M_2均能点动。

2. 15　设计一小车运行的控制电路，小车由异步电功机拖动，其动作过程如下。

① 小车由原位开始前进，到终端后自动停止。

② 在终端停留 2min 后，自动返回原位停止。

③ 在前进或后退途中任意位置都能停止或启动。

项目3　典型机械设备的电气控制线路

【导读】

车床、铣床、钻床和镗床均为机械加工中最为常见的机床，其控制线路更具有代表性，许多生产设备都是在它们的基础上进行改进的，因此掌握这些典型机床的电气控制系统的构成和原理，可以为专用生产设备的设计、制造或原有设备的技术改造奠定基础。

【应知】

※ 掌握C650型车床等典型机床的组成与运动规律及电气控制要求；

※ 掌握XA6132型万能铣床等典型机床电气控制电路的工作原理与电气故障分析方法。

【应会】

☆ 能够识读及分析Z3040型摇臂钻床等典型机床的电气原理图和安装接线图；

☆ 会安装、检修C650型车床等典型机床电气控制线路；

☆ 能排除XA6132型万能铣床等典型机床的常见电气故障。

3.1　C650型车床电气控制线路

车床是应用最为广泛的一种机床。车床虽然控制简单，但是很多车床的主轴电动机都要求能够正反转，进给多数是由主轴动力分出来的，只有少数机床为了提高机床效率，刀架的快速运动由一台单独的进给电动机来拖动。车床一般都设有交流电动机拖动的冷却泵，以实现刀具切削时的冷却，有的还专门设置一台润滑泵对系统进行润滑。普通车床的外形结构如图3-1所示。

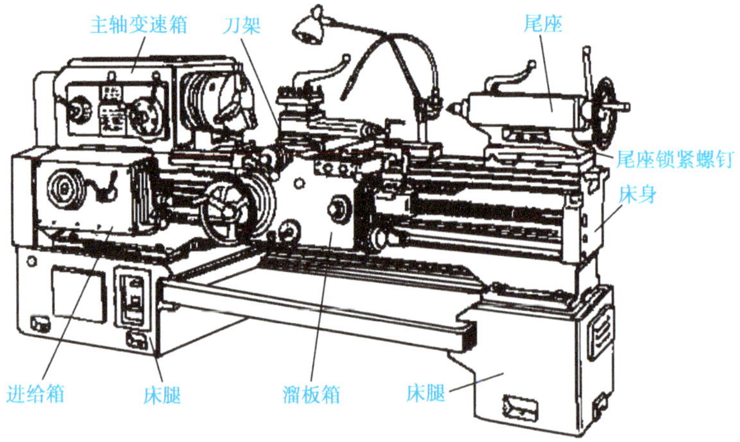

图3-1　普通车床的外形结构

普通车床主要由床身、主轴变速箱、进给箱、溜板箱、导轨、刀架、尾座、丝杠和光杠等部分组成。

下面以 C650 型车床的控制线路为例进行介绍。

如图 3-2 所示为 C650 型车床电气原理图，图中 M_1 为主轴及进给电动机，拖动主轴和工件的旋转，并通过进给机构实现车床的进给运动；M_2 为冷却泵电动机，拖动冷却泵输出冷却液；M_3 为溜板箱快速移动电动机，拖动溜板箱实现快速移动。

3.1.1 C650 型车床电气线路概述

低压断路器 QF 用做车床控制电路的总开关，兼有电流脱扣器的短路保护功能。FU_1 为主轴电动机 M_1 的短路保护用熔断器；FR_1 为其过载保护用热继电器；R 为限流电阻，在主轴点动时，限制启动电流，在停车反接制动时，又起限制过大的反向制动电流的作用；KM_1、KM_2 为正、反转接触器，KM_3 为用于短接电阻 R 的接触器，由它们的主触点控制主轴电动机 M_1。

主轴电动机 M_1（30kW）不要求频繁启动，采取直接启动方式，要求供电变压器的容量足够大。

图中，KM_4 为接通冷却泵电动机 M_2 的接触器，FR_2 为 M_2 过载保护用热继电器，KM_5 为接通快速移动电动机 M_3 的接触器，由于 M_3 点动短时运转，故不设置热继电器。

3.1.2 C650 型车床控制电路分析

主轴电动机的点动调整控制：当按下点动按钮 SB_2 不松手时，接触器 KM_1 线圈得电，KM_1 主触点闭合，电网电压经限流电阻只通入主电动机 M_1，从而减小了启动电流。由于中间继电器 KA 未得电，故虽然 KM_1 的辅助常开触点（7 区）已闭合，但不自锁，因而当松开 SB_2 后，KM_1 线圈随即断电，进行反接制动，主轴电动机 M_1 停转。

1. 主轴电动机的正反转控制

正转控制：规定站在轴端看，电动机顺时针旋转为正转，如果转向不对，应停车改变相序后再操作。当按下正向启动按钮 SB_3 时，KM_3 通电，其主触点闭合，短接限流电阻 R，另有一个常开辅助触点 KM_3（11 区）闭合，使得 KA 通电吸合，KA（8 区）闭合，使得 KM_3 在 SB_3 松手后也保持通电，进而 KM_1 也保持通电。另一方面，当 SB_3 尚未松开时，由于 KA 的另一常开触点 KA（7 区）已闭合，故使得 KM_1 通电，其主触点闭合，主电动机 M_1 全压启动运行，KM_1 的辅助常开触点 KM_1（7 区）也闭合。这样，当松开 SB_3 后，由于 KA 的两个常开触点 KA（7 区）和 KA（8 区）均保持闭合，KM_1（7 区）也闭合，故可形成自锁通路，从而使得 KM_1 保持通电。图中 SB_6 为反向启动按钮，反向启动过程与正向时类似，不再赘述。

2. 主轴电动机的反接制动

该车床采用反接制动方式，用速度继电器 KS 进行检测和控制。点动、正转、反转停车时均有反接制动。

假设原来主轴电动机 M_1 正转运行着，则 KS 的正向常开触点 KS（9 区）闭合，而反向常开触点 KS（8 区）依然断开着。当按下总停按钮 SB_1 后，原来通电的 KM_1、KM_3 和 KA 随即断电，它们的所有触点均被释放而复位。然而，当 SB_1 松开后，M_1 由于惯性转速还很高，KS（9 区）仍闭合，所以反转接触器 KM_2 立即通电吸合，这样，主电动机 M_1 就被串电阻反接制

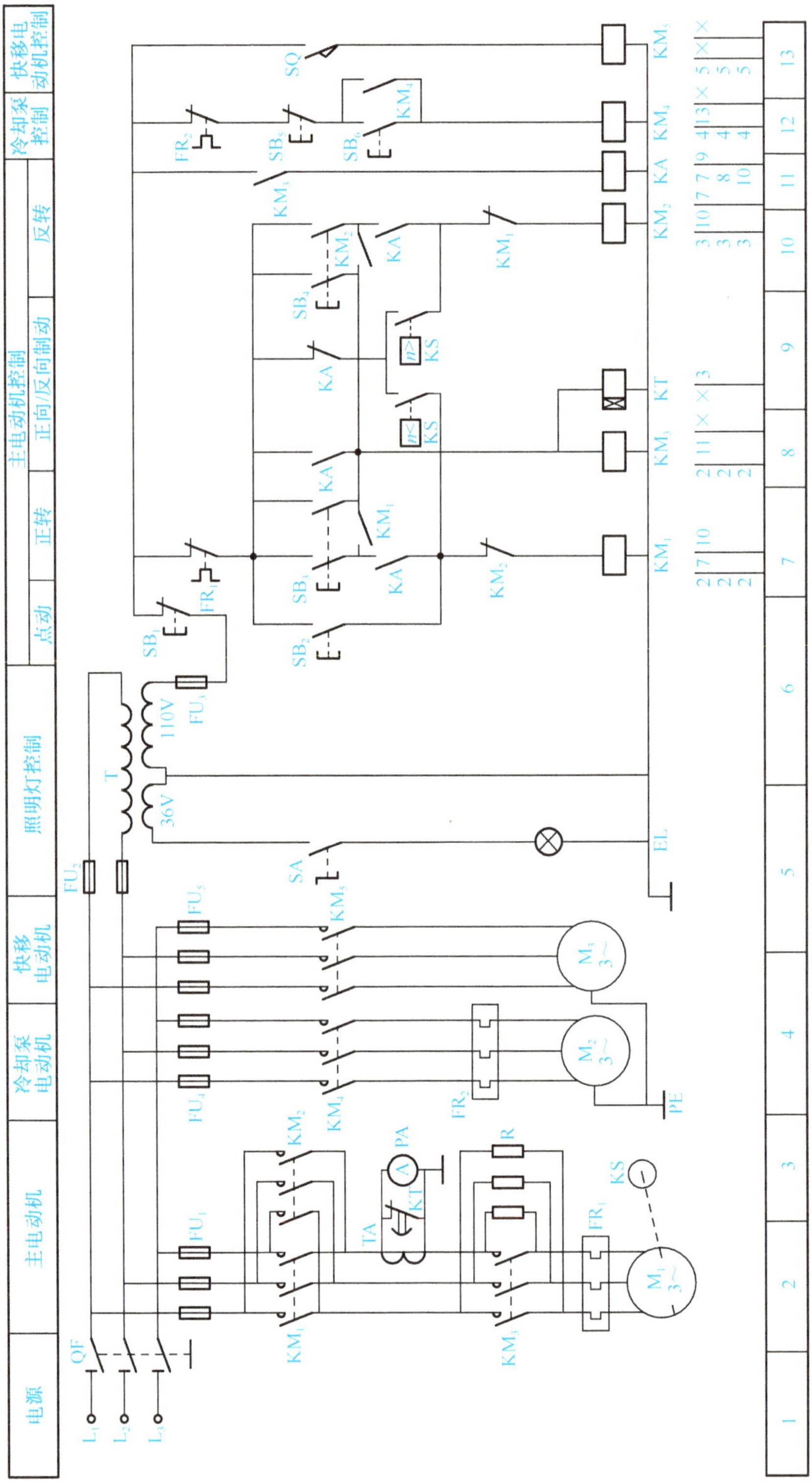

图3-2　C650型车床电气原理图

动，正向转速很快降下来，当降到很低时（$n<100$r/min），KS 的正向常开触点 KS（9 区）断开复位，从而切断了上述电流通路。至此，正向反接制动就结束了。

点动时反接制动过程和反向时反接制动过程不再赘述。

3. 刀架的快速移动

在操作时，先将快速进给手柄扳到所需移动方向，即可接通相应的传动机构和离合器，转动刀架手柄，行程开关 SQ 被压动而闭合，使得快速移动接触器 KM_5 通电，快速移动电动机 M_3 启动运转，当刀架手柄复位时，M_3 随即停转。

4. 冷却泵控制

冷却泵电动机 M_2 的控制由接触器 KM_4 及启停按钮 SB_6 和 SB_5 所在的电路实现。主轴电动机启动后，此时按下按钮 SB_6 使得接触器 KM_4 线圈得电，电动机 M_2 全压启动。停车时，按下 SB_5 使接触器 KM_4 失电，电动机 M_2 失电自动停车。

5. 保护电路

电路电源开关是带有开关锁的断路器 QF。车床接通电源时需用钥匙开关操作，再合上 QF，增加了安全性。电动机 M_1 和 M_2 分别由热继电器 FR_1 和 FR_2 实现电动机过载保护；断路器 QF 可以起到电路的过电流、欠电压保护；熔断器 FU_1～FU_5 可以实现各部分电路的短路保护。

6. 照明灯的控制

将照明控制开关 SA 旋到“开”位置，“照明”指示灯 EL 亮，将开关旋到“关”位置，指示灯 EL 灭。

3.2 XA6132 型万能铣床电气控制线路

铣床的种类很多，有立式铣床、卧式铣床、龙门铣床和仿形铣床等。它们的加工范围和使用性能各不相同，一般中小型铣床都采用笼型电动机拖动，多数铣床的主轴和进给分别由单独的电动机拖动，铣床主轴的旋转运动称为主运动，有顺铣和逆铣两种方式。为了提高效率，要求主轴停止迅速，所以要求主轴电动机有正反转功能且有制动控制部分，并且可以实现空行程的快速移动。铣床有六种进给运动方式：工作台前、后（横向）运动，工作台左、右（纵向）运动，工作台上、下运动（垂直）。铣床主要由床身、悬梁、刀杆支架、工作台、上下溜板和升降台等几部分组成，如图 3-3 所示为 X62W 型万能铣床的外形结构，床身固定在底座上，内装主轴电动机及传动、变速机构；铣床上部有水平导轨，悬梁可沿导轨水平移动，用以调整铣刀的位置；刀杆支架装在悬梁上，可在悬梁上水平移动；升降台可沿床身上的垂直导轨上下移动；下溜板在升降台的水平导轨上可作平行于主轴轴线方向的横向移动；工作台安装在上溜板上，可在下溜板导轨上作水平方向垂直于主轴轴线的纵向移动。

此外，溜板可绕垂直轴线左、右旋转 45°，所以工作台还能在倾斜方向进给以加工螺旋槽。该铣床还可以安装圆工作台以扩大铣削能力。

常用的卧式万能铣床有 X62W 和 XA6132 等型号，XA6132 与 X62W 的结构形式和电气控制原理基本相同。XA6132 型万能铣床在 X62W 的基础上增设了三个电磁离合器装置，分别用于工作台工步进给传动、快速进给传动和主轴制动。下面以 XA6132 型万能铣床为例分析铣床的控制线路特点。

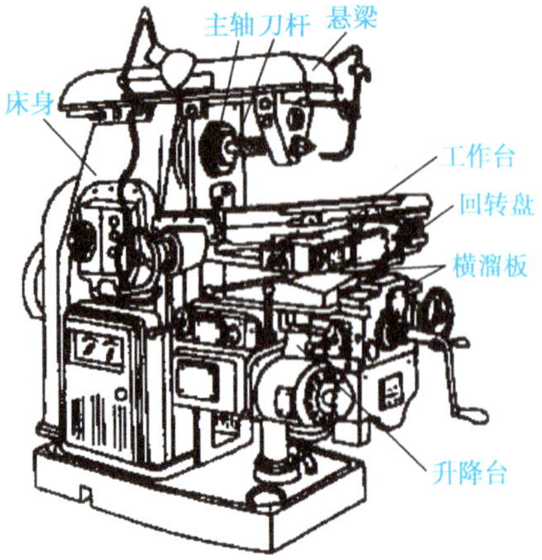

图 3-3　X62W 型万能铣床的外形结构

3.2.1　XA6132 型万能铣床电气线路概述

XA6132 型万能铣床的电气原理图如图 3-4 所示，铣床控制电路分为主电路、控制电路、直流电路（电磁离合器）和照明电路等部分。

低压断路器 QF 用作万能铣床控制电路的总开关，兼有电流脱扣器的短路保护功能。熔断器 FU_1 用于进给电动机 M_3 和变压器一次侧的短路保护，热继电器 FR_1～FR_3 用于电动机 M_1～M_3 的过载保护。控制变压器 T_1、T_2 二次侧提供 110V、48V、36V 三组电源，分别供给控制电路和照明负载，其中，48V 电源经整流后供给直流电磁离合器和电磁制动器电磁线圈的工作电路。

根据加工工艺要求，该机床应该具备以下电气联锁措施。

① 为防止刀具和机床的损坏，要求只有主轴旋转后才允许有进给运动和进给方向的快速移动。

② 为降低加工工件表面粗糙度，只有进给停止后主轴才能停止或两者同时停止，该机床在电气上采用了主轴和进给同时停止的方式。

③ 六个方向的进给运动同一时间只有一种运动发生，该机床采用了机械操纵手柄和行程开关相配合的方法，实现了六个方向上的进给互锁。

④ 主轴运动和进给运动采用变速孔盘来进行速度选择，两种运动要求变速时能够瞬时冲动。

3.2.2　XA6132 型万能铣床控制电路分析

1. 主轴电动机 M_2 的控制

针对主轴电动机（7.5kW，1450r/min）的正反转不需要经常变换的特点，采用切换开关 SA_4 选择主轴电动机 M_2 的转动方向，停止按钮 SB_1、SB_2 用于主轴电动机 M_2 的两地停止控制，启动按钮 SB_3、SB_4 用于主轴电动机 M_2 的两地启动控制，位置开关 SQ_5 用于主轴电动机 M_2 的变速点动控制，旋钮开关 SA_2（9 区）用于上刀制动。

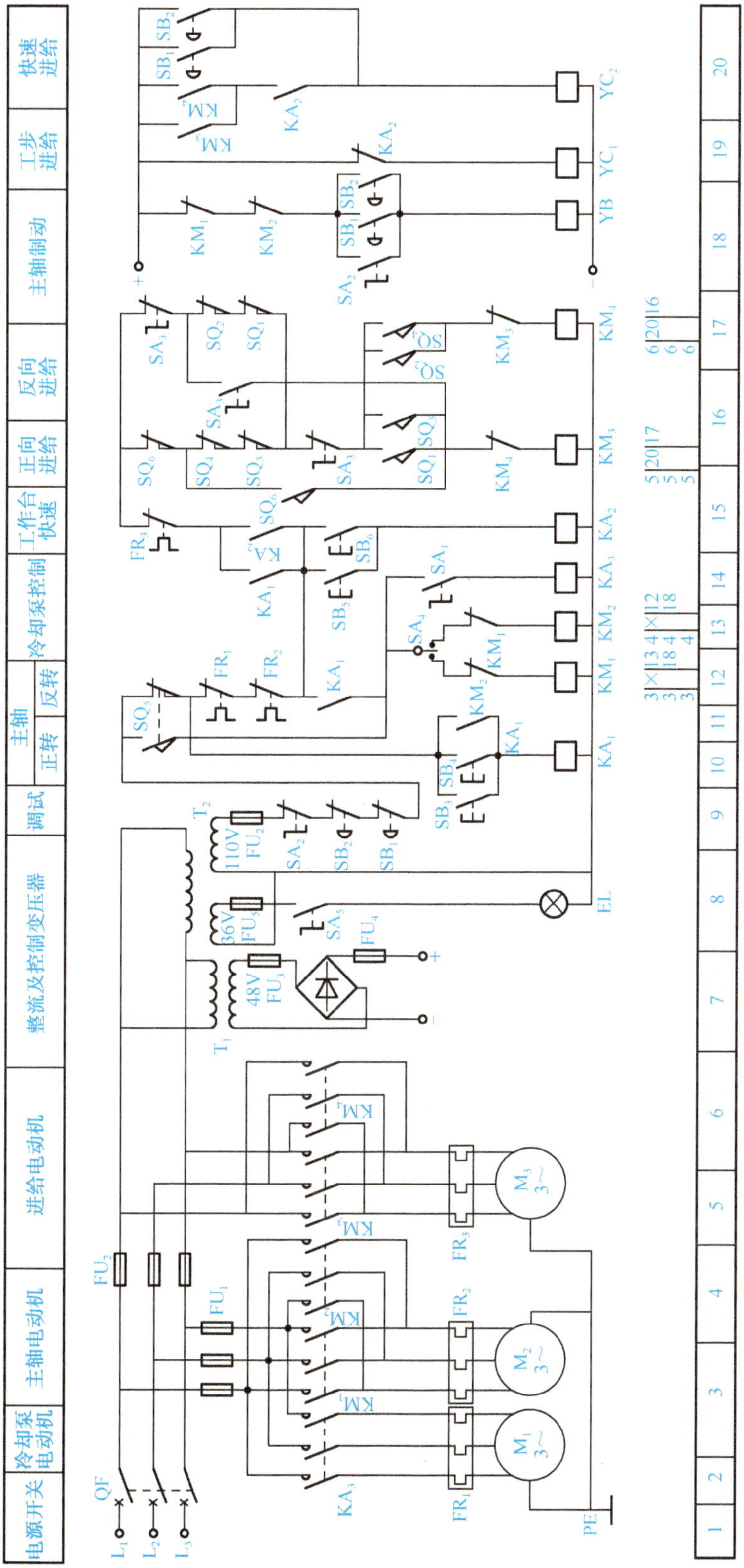

图3-4 XA6132万型能铣床电气原理图

主轴电动机的正转启动控制：切换开关 SA_4 合向“正转”，按下启动按钮 SB_3 或 SB_4，中间继电器 KA_1 线圈通电自锁，接触器 KM_1 线圈通电吸合，主轴电动机 M_2 正转。

主轴电动机 M_2 的制动控制：按下停止按钮 SB_1 或 SB_2，接触器 KM_1 线圈断电，打开自锁回路，切断电动机 M_1、M_2、M_3 供电电源。同时直流供电电路的电磁制动离合器 YB 线圈通电，主轴电动机 M_2 进行电磁制动停车；快进电磁铁 YC_2 线圈通电，进给电动机 M_3 迅速停转。松开按钮 SB_1 或 SB_2，电磁制动器 YB、YC_2 线圈断电，制动过程结束。

主轴电动机 M_2 的上刀制动：进行上刀和换刀操作时，转动旋钮开关 SA_2，其常闭触点切断 KA、KM_1、KM_2 的线圈电路，其常开触点使主轴电磁制动器线圈 YB 通电，主轴电磁制动，保证上刀和换刀的顺利进行。

主轴变速冲动：主轴变速可以在主轴不转动时进行，也可以在主轴转动时进行。主轴变速时拉出变速离合器手柄，变速手柄拉出的过程中瞬间压动位置开关 SQ_5，其常闭触点切断接触器 KM_1 线圈电路，使主轴电动机 M_2 断电。然后转动变速手轮选择转速，转速选定后将变速手柄复位，变速手柄复位的过程中又瞬间压动位置开关 SQ_5，SQ_5 的常闭触点断开自锁回路、常开触点接通接触器 KM_1 线圈电路，主轴电动机 M_2 作瞬时冲动（点动）。主轴电动机的瞬间冲动用以调整齿轮位置，齿轮进入正常啮合状态时，变速手柄可以推回原位，位置开关 SQ_5 复位，接触器 KM_1 线圈失电，主轴电动机 M_2 停止，变速冲动过程结束。主轴传动齿轮没有正常啮合时，变速手柄不能推回原位，应立即将手柄拉出，以免 SQ_5 没能及时复位，造成电动机转速上升，在齿轮没有啮合好的情况下打坏齿轮。重复进行复位瞬间冲动操作，直至变速手柄完全复位，齿轮正常啮合工作。

2. 冷却泵电动机 M_1 的控制

主轴电动机转动时 KA_1 常开触点（11 区）闭合，转动旋钮开关 SA_1（14 区），使中间继电器 KA_3 线圈通电，最终使冷却泵电动机 M_1 转动工作。停止时，转动旋钮开关 SA_1，可以直接使中间继电器 KA_3 线圈断电，从而停止冷却泵电动机 M_1。

3. 工作台电动机 M_3 的控制

如图 3-4 所示，根据工作台的顺序与互锁控制要求，工作台电动机用中间继电器 KA_1 的常开触点做顺序控制，用旋钮开关 SA_3 的常开触点选择圆形与矩形工作台。矩形升降式工作台设有纵向和十字两个操作手柄，各个操作手柄在机械上分别接通各自的机械传动链，并通过挡铁压动位置开关接通相应的控制电路，使工作台电动机 M_3 正转或者反转，以带动工件实现上下、左右、前后的三维空间移动，两个操作手柄实现的动作互锁。

（1）矩形工作台纵向进给控制　矩形工作台的纵向操纵手柄有左、中、右三个位置，操纵手柄扳向左、右位置时，连接电动机 M_2 与矩形工作台的纵向传动链，并压下位置开关 SQ_1 或 SQ_2，接通接触器 KM_2 或 KM_3 的线圈电路，使工作台电动机 M_3 正转或反转，矩形工作台向左或向右进给。

纵向操作手柄在右侧位置时，连接纵向机械传动链的同时压下位置开关 SQ_1，使接触器 KM_3 线圈通电，进给电动机 M_3 正转，工作台向右移动。KM_3 线圈工作电流的路径是：经 SQ_6、SQ_4、SQ_3、SA_3 的常闭触点→SQ_1 常开触点→KM_4 互锁常闭触点→KM_3 线圈。其中变速冲动的位置开关 SQ_6 的常闭触点在正常工作时闭合，矩形工作台操作时旋钮开关 SA_3 为常态，十字操纵手柄在零位时位置开关 SQ_4 和 SQ_3 为原态（常闭触点闭合）。矩形工作台的纵向进给只能在无升降、横向和圆工作台操作时进行，否则纵向进给将停止，从而实现了各进给方向的互锁。

纵向操作手柄扳向左侧位置时，压下位置开关 SQ_2，接触器 KM_4 线圈通电，进给电动机 M_3 反转，工作台向左移动。流过 KM_4 线圈电流的路径请自行分析。

矩形工作台的两端装有限位撞块，当工作台向右或向左移动到终点时，撞块撞击手柄，使纵向操纵手柄回到中间位置（零位），纵向机械离合器脱开，位置开关 SQ_1 或 SQ_2 复位，实现工作台的终点停车。

(2) 矩形工作台横向和升降运动控制　矩形工作台的横向和升降运动设有两套机械联动的十字操纵手柄，在前、后位置连接横向机械传动链，在上、下位置连接垂直机械传动链。手柄扳向下（垂直）或右（横向）时，连接各自机械传动链的同时，压下位置开关 SQ_3，使 KM_3 线圈通电，电动机 M_3 正转，根据所连接机械传动链的不同，工作台实现向下（垂直）或向前（横向）运动。手柄扳向上或左时，压下位置开关 SQ_4，使接触器 KM_4 线圈通电，电动机 M_3 反转，根据所连接机械传动链的不同，工作台实现向上（垂直）或向后（横向）运动。

操作十字操纵手柄，压下位置开关 SQ_3，流过接触器 KM_3 线圈电流的路径：经旋钮开关 SA_3 的常闭触点、SQ_2、SQ_1、SA_3 常闭触点→SQ_3 常开触点→KM_4 互锁常闭触点→KM_3 线圈。其电流路径要求旋钮开关 SA_1 在矩形位置（常态），纵向手柄在中间零位（SQ_1、SQ_2 为原态）。若此时扳动纵向操纵手柄或转动旋钮开关 SA_1，则接触器 KM_3 线圈将断电，进给电动机 M_3 停止工作，从而保证了系统的互锁要求。

矩形工作台作横向和垂直运动，当工作台移到极限位置时，固定在床身上的限位挡块撞击十字手柄，使十字手柄回到中间位置，横向与垂直方向的机械传动链脱开，位置开关 SQ_3、SQ_4 均不受压，进给电动机 M_3 停转，工作台在进给终点停车。

(3) 工作台快速移动　工作台在工步进给过程中，接触器 KM_3 或 KM_4 线圈通电，按下快速移动按钮 SB_5 或 SB_6，中间继电器 KA_2 线圈通电，其常闭触点使进给电磁离合器的电磁铁 YC_1 线圈失电，其常开触点使快进电磁离合器的电磁 YC_2 线圈通电，工作台沿进给方向快速进给。松开按钮 SB_5 或 SB_6，中间继电器 KA_2 线圈失电，电磁离合器的电磁铁 YC_1 线圈通电、YC_2 线圈失电，工作台恢复工步进给。

如图 3-4 所示，中间继电器 KA_2 常开触点与 KA_1 常开触点并联，可以在主轴电动机 M_2 不工作时手动操作工作台快速移动。

(4) 圆形工作台回转运动　转动圆形和矩形工作台的选择旋钮开关 SA_3，控制电流经位置开关 SQ_1～SQ_4 的常闭触点使接触器 KM_3 线圈通电，电动机 M_3 正转，圆形工作台回转。此时要求纵向和十字操作手柄均在中间零位，否则接触器 KM_3 线圈不能通电，回转运动将停止，满足系统的互锁保护要求。

(5) 工作台电动机 M_3 的变速冲动　工作台的变速冲动原理与主轴变速冲动相同。拉出变速手轮选择转速，然后将变速手轮复位，在变速手轮复位过程中瞬间通电冲动。变速手轮复位后，位置开关 SQ_6 复位，一次变速冲动结束。与主轴变速冲动操作相同，一次不到位，需要立即拉出变速手轮，再次重复进行复位操作，直至齿轮啮合良好进入正常工作状态。

3.3 Z3040 型摇臂钻床电气控制线路

钻床可进行钻孔、扩孔、绞丝、锪平面及攻丝等多种形式的加工，因此要求机床的主轴运动和进给运动有较大的调速范围。钻床的种类很多，常见的有台式钻床、立式钻床、卧式钻床、摇臂钻床及专用钻床。台式钻床和立式钻床的电气控制线路相对简单，本节以 Z3040 型摇臂钻床为例，介绍摇臂钻床电气控制系统的工作原理。摇臂钻床的结构如图 3-5 所示，它由底座、立柱、摇臂、主轴箱、主轴和工作台组成。摇臂可绕立柱旋转 360°，也可沿外立柱上下移动。主轴箱由主传动电动机、主轴和主轴传动机构、进给和变速机构及机床的操作机构等部分组成，主轴箱安装在摇臂的水平导轨上，通过手轮操作可使主轴箱沿摇臂水平导轨作径向运动。主轴和钻头由主轴电动机带动旋转，并可在垂直方向上进行纵向进给。

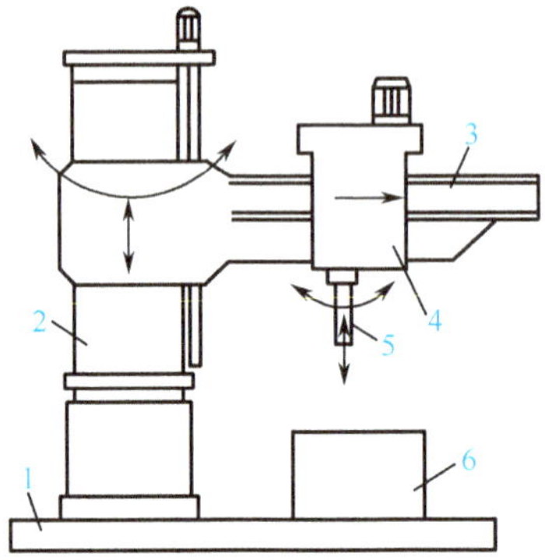

1—底座；2—立柱；3—摇臂；4—主轴箱；5—主轴；6—工作台

图 3-5 摇臂钻床的结构

Z3040 型摇臂钻床最大钻孔直径为 40mm，跨距为 1200mm。它的主轴旋转运动和进给运动由一台交流异步电动机拖动。调速可以通过采用多速电动机或者配合变速箱来实现，这样可以简化单一调速带来的复杂结构。摇臂钻床不仅要求主轴有旋转运动，还要求摇臂有上升、下降运动，以及能够与立柱松开和夹紧，因此摇臂的上升和下降由一台电动机控制，松开和夹紧由另一台电动机控制。摇臂的回转和主轴箱的移动通常采用手动方式。摇臂钻床的冷却往往是由一台电动机带动冷却泵来完成的。

3.3.1 Z3040 型摇臂钻床电气线路概述

Z3040 型摇臂钻床的电气原理图如图 3-6 所示。电源由低压断路器 QF 引入，兼有电流脱扣器的短路保护功能，FU_1 用作系统的短路保护，主电动机 M_1 由接触器 KM_2、KM_3 控制正反转；接触器 KM_4、KM_5 的主轴点控制液压泵电动机 M_3 正反转；热继电器 FR_1 ～ FR_3 分别为电动机 M_1 ～ M_3 的过载保护，冷却泵电动机 M_4 的工作由组合开关 SA_1 控制为短期工作，因此不设计过载保护。

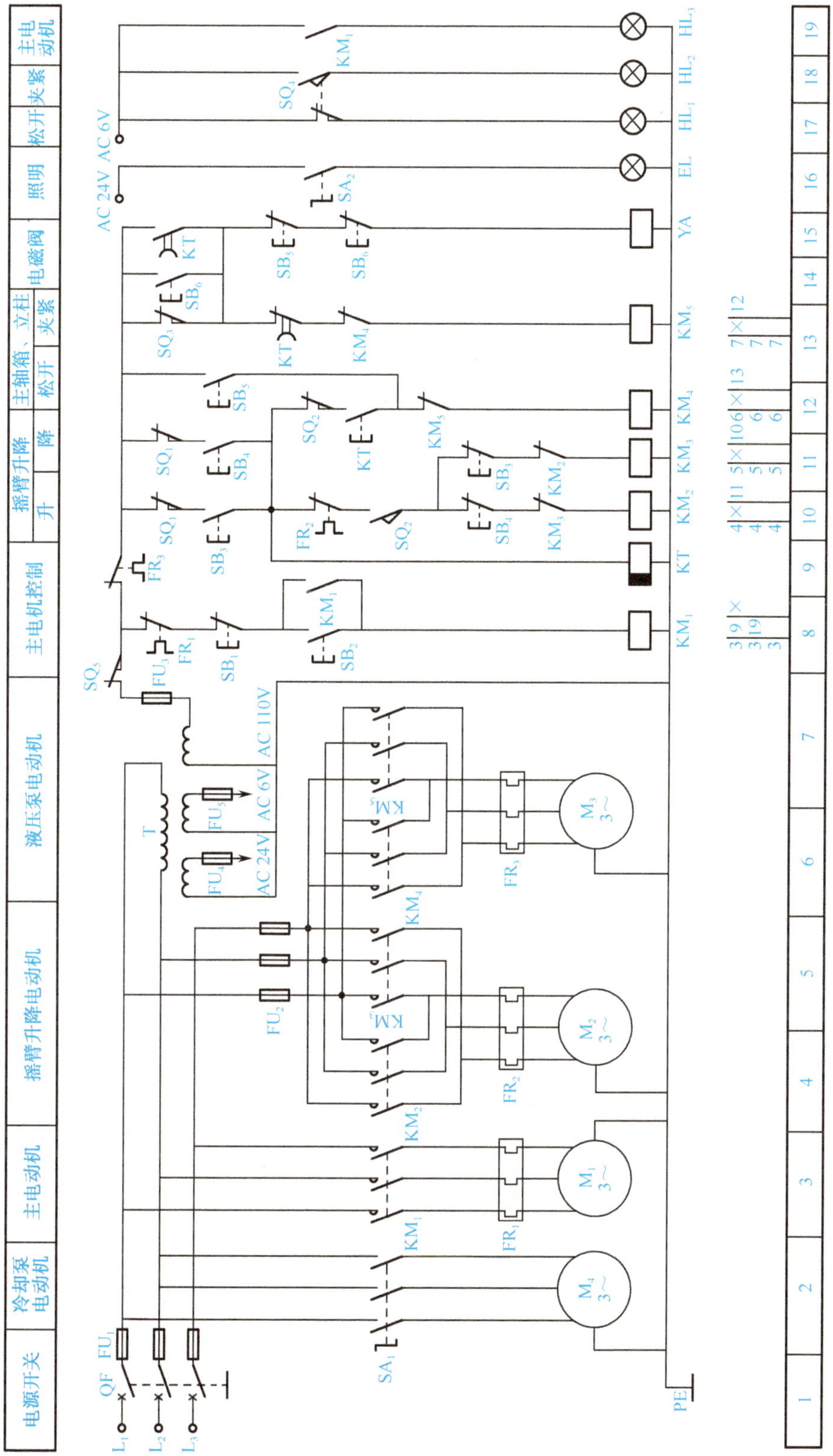

图3-6 Z3040型摇臂钻床电气原理图

3.3.2 Z3040型摇臂钻床控制电路分析

1. 主电动机M_1的控制

SB_2为主电动机M_1的启动按钮，SB_1为主电动机M_1的停止按钮。热继电器FR_1的常闭触点在电动机M_1过载时切断接触器KM_1线圈电流，KM_1的主触点将电动机M_1主电路的电源分断。主轴电动机工作时，KM_1的常开辅助触点使信号灯HL_3通电作运行指示。

2. 摇臂升降电动机M_2的控制

摇臂的升降运动必须在摇臂完全放松的条件下进行，升降过程结束后应将摇臂夹紧固定，故摇臂升降运动的动作过程为：摇臂放松→摇臂升/降→摇臂夹紧。

摇臂上升与下降控制的工作过程如下。

按下升/降控制按钮SB_3/SB_4，断电延时时间继电器KT线圈得电，接触器KM_4线圈得电。同时，电磁铁YA线圈得电，液压夹紧机构实现摇臂的放松，行程开关SQ_3复位（摇臂夹紧时压下），松至压下行程开关SQ_2，接触器KM_4线圈断电（摇臂放松过程结束），接触器KM_2/KM_3线圈得电，摇臂上升或下降。至需要高度后，松开按钮SQ_3/SQ_4，KM_2/KM_3线圈断电，摇臂升/降过程停止，时间继电器KT线圈断电延时。延时时间到，其常闭延时闭合触点闭合，接触器KM_5线圈得电（电磁铁YA线圈得电），摇臂作夹紧运动；KT常开延时断开触点断开，行程开关SQ_3投入工作。摇臂夹紧后，压下行程开关SQ_3，接触器KM_5线圈和电磁铁YA线圈断电，摇臂升降运动结束。SQ_1为摇臂上升和下降的限位保护开关。

3. 液压泵电动机M_3的控制

根据液压回路原理，电磁换向阀YV的电磁铁YA线圈不通电时，液压泵电动机M_3的正反转使主轴箱和立柱同时放松或夹紧。具体操作如下。

按下按钮SB_5，接触器KM_4线圈得电，液压泵电动机M_3正转（YA不通电），主轴箱和立柱的夹紧装置放松，完全放松后位置开关SQ_4不受压，指示灯HL_1亮，表示主轴箱和立柱的放程结束。HL_1放松指示状态下，可手动操作外立柱带动摇臂沿内立柱作回转运动，以及主轴箱沿摇臂长度方向作水平移动。

按下按钮SB_6，接触器KM_5得电，主轴箱和立柱的夹紧装置夹紧，夹紧后压下位置开关SQ_4，指示灯HL_2作夹紧指示，松开按钮SB_6，接触器KM_5断电，主轴箱和立柱的夹紧状态保持。在HL_2夹紧指示状态下，可以进行孔加工（此时不能手动移位）。

4. 照明灯的控制

将照明控制开关SA_2旋到“开”位置，“照明”指示灯亮，将开关旋到“关”位置，指示灯灭。

3.4 T68型卧式镗床电气控制线路

镗床是机械加工中使用比较广泛的机床设备，分为卧式镗床和坐式镗床两种，主要用来加工精确的孔和各孔间相互位置要求较高的零件，而这些工件的加工对于钻床来说是难以实现的。

T68型卧式镗床是镗床中应用较广的一种，主要用于钻孔、镗孔及加工端平面等，使用一些附件后，还可以车削螺纹。本节以 T68 型卧式镗床为例讨论镗床的电气控制原理。

T68 型卧式镗床主要由床身、前立柱、镗头架（用来安装镗杆和花盘）、工作台、后立柱和尾架等部分组成，如图 3-7 所示。机加工时，工件固定在工作台上，在镗杆或花盘上固定的刀具旋转，同时刀具或工作台进给作切削加工。

镗床的主运动为镗杆和花盘的旋转运动，进给运动为工作台前后、左右及主轴箱和尾架的上下运动。镗杆的进出和花盘上刀具溜板作垂直于主轴轴线方向的径向进给运动。花盘溜板除了能作工步自动进给外，还可以进行快速移动。其他辅助运动还有工作台的回转、后立柱的水平移动等。

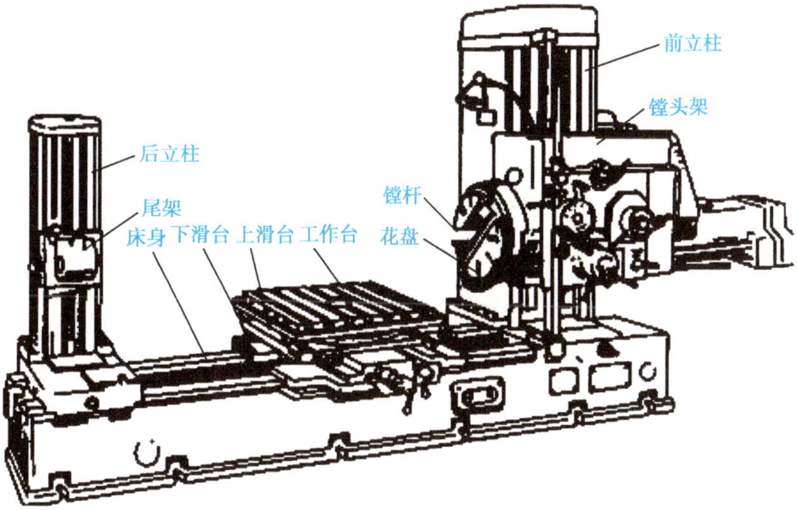

图 3-7　T68 型卧式镗床的外形结构

3. 4. 1　T68 型卧式镗床电气线路概述

T68 型卧式镗床的电气原理图如图 3-8 所示。接触器 KM_1 和 KM_2 的主触点控制主电动机 M_1 的正反转，接触器 KM_3 的主触点在低速时将定子绕组接成三角形，接触器 KM_4、KM_5 的主触点在高速时将定子绕组接成星形。采用三角形和双星形接法的电动机工作时，主轴断电制动型电磁铁 YB 线圈得电，松开抱闸，电动机运转；停转时，电动机 M_1 断电，电磁铁 YB 线圈断电，电动机作抱闸制动，迅速停车。主电路的热继电器 FR_1 用做电动机 M_1 的过载保护。接触器 KM_6 和 KM_7 的主触点控制快速移动电动机 M_2 的正反转，由于快速移动电动机 M_2 点动操作，短时运行，因此电路不设过载保护。

根据加工工艺要求，该机床应该具备以下特点及要求。

① 双速主电动机。机床的主运动和进给运动用同一台双速电动机（5. 5/7. 5kW，1440/2980r/min）来拖动。机械齿轮变速和电动机变极调速相结合，既可获得较宽的调速范围，又简化了机械传动机构。

② 机加工时，主轴刀具作旋转运动，镗杆带动刀具作主轴进给运动或工作台带动工件作进给运动只允许选择其一，要求主轴进给和工作台进给互锁，以避免机床和刀具的损坏。

③ 为保证变速后齿轮的良好啮合，主轴变速和进给变速时主电动机缓慢转动。

④ 各进给部分的快速移动采用快速移动电动机 M_2（2. 2kW）拖动。

3.4.2 T68型卧式镗床控制电路分析

1. 主电动机 M_1 的启动控制

主电动机的启动方法有正、反向的高、低速启动和正、反向点动控制。高速启动时，为减小启动电流，先低速启动，然后切换到高速启动并运行。控制按钮 SB_3、SB_2 为高低速正、反向启动按钮，SB_4、SB_5 为正、反向点动控制按钮。下面以正向启动和点动为例分别讨论电路低速、高速及点动启动的控制原理。

正向点动启动：主电动机变速手柄在低速位置，位置开关 SQ_1 为原态。按下启动按钮 SB_3，接触器 KM_1 线圈通电自锁，接触器 KM_3 线圈得电，断电制动电磁铁 YB 线圈得电，电动机 M_1 松闸作低速启动和运行。

正向高速启动：变速手柄在高速位置，压下位置开关 SQ_1。按下启动按钮 SB_3，接触器 KM_1 线圈通电自锁，通电延时型时间继电器 KT 线圈得电，接触器 KM_3 线圈得电，断电制动电磁铁 YB 线圈通电，电动机 M_1 松闸作低速启动；时间继电器 KT 线圈通电的同时开始延时，延时时间到后，接触器 KM_3 线圈断电，接触器 KM_4 和 KM_5 线圈通电（电磁铁 YB 维持通电），电动机 M_1 高速启动、运行。

正向点动：按下正向点动按钮 SB_4，接触器 KM_1 线圈得电（无自锁），位置开关 SQ_1 为原态，接触器 KM_3 线圈得电，制动电磁铁 YB 线圈得电，电动机 M_1 松闸作低速点动。松开按钮 SB_4，接触器 KM_1、KM_3 及 YB 线圈失电，主电动机 M_1 抱闸制动，停止工作。

主轴电动机反向高低速启动和点动的控制按钮分别为 SB_2 和 SB_5，控制过程的分析方法与正向类似。

2. 主电动机 M_1 的停车制动

主电动机转动过程中按下停止按钮 SB_1，接触器 KM_1 或 KM_2 线圈断电，KM_3 或 KM_4 和 KM_5 线圈断电，电磁铁 YB 线圈断电。主电动机 M_1 抱闸制动，迅速停车。

3. 主轴（刀具）进给和工作台（工件）进给的互锁

主轴进给手柄扳到进给位置，压下限位开关 SQ_3，工作台进给手柄扳到进给位置时压下限位开关 SQ_4，若两个手柄均扳到进给位置，SQ_3、SQ_4 的常闭触点都断开，切断控制电路，故不会出现主轴和工作台同时进给的情况，实现了两者之间的互锁要求。

4. 主轴或进给变速控制

镗床主轴或进给变速时，主电动机可获得自动低速正向启动，以利于齿轮啮合。该机床的主轴和进给变速是在主电动机运转中进行的。

拉出主轴变速孔盘或进给变速手柄，限位开关 SQ_2 受压断开，接触器 KM_3 或 KM_4、KM_5 线圈断电，时间继电器 KT 断电，电磁铁 YB 线圈断电，主电动机 M_1 抱闸制动、停转。选择好主轴转速后，推回变速孔盘，则 SQ_2 复位闭合，接触器 KM_3 线圈通电，主电动机 M_1 自动低速转动。若齿轮未啮合好，变速孔盘推不上，只要拉出主轴变速孔盘或进给变速手柄，位置开关 SQ_2 受压断开，则主电动机 M_1 停转。来回推拉，可以使电动机 M_1 产生变速冲动，直至变速孔盘或手柄推回原位，齿轮正确啮合为止。

5. 快速移动控制

快速移动电动机 M_2 拖动镗床各部件快速移动，快速手柄扳到正向或反向快速位置时，压动限位开关 SQ_5 或 SQ_6，接触器 KM_6 或 KM_7 线圈得电，电动机 M_2 正向或反向转动，运动部件形成所选方向的快速移动。

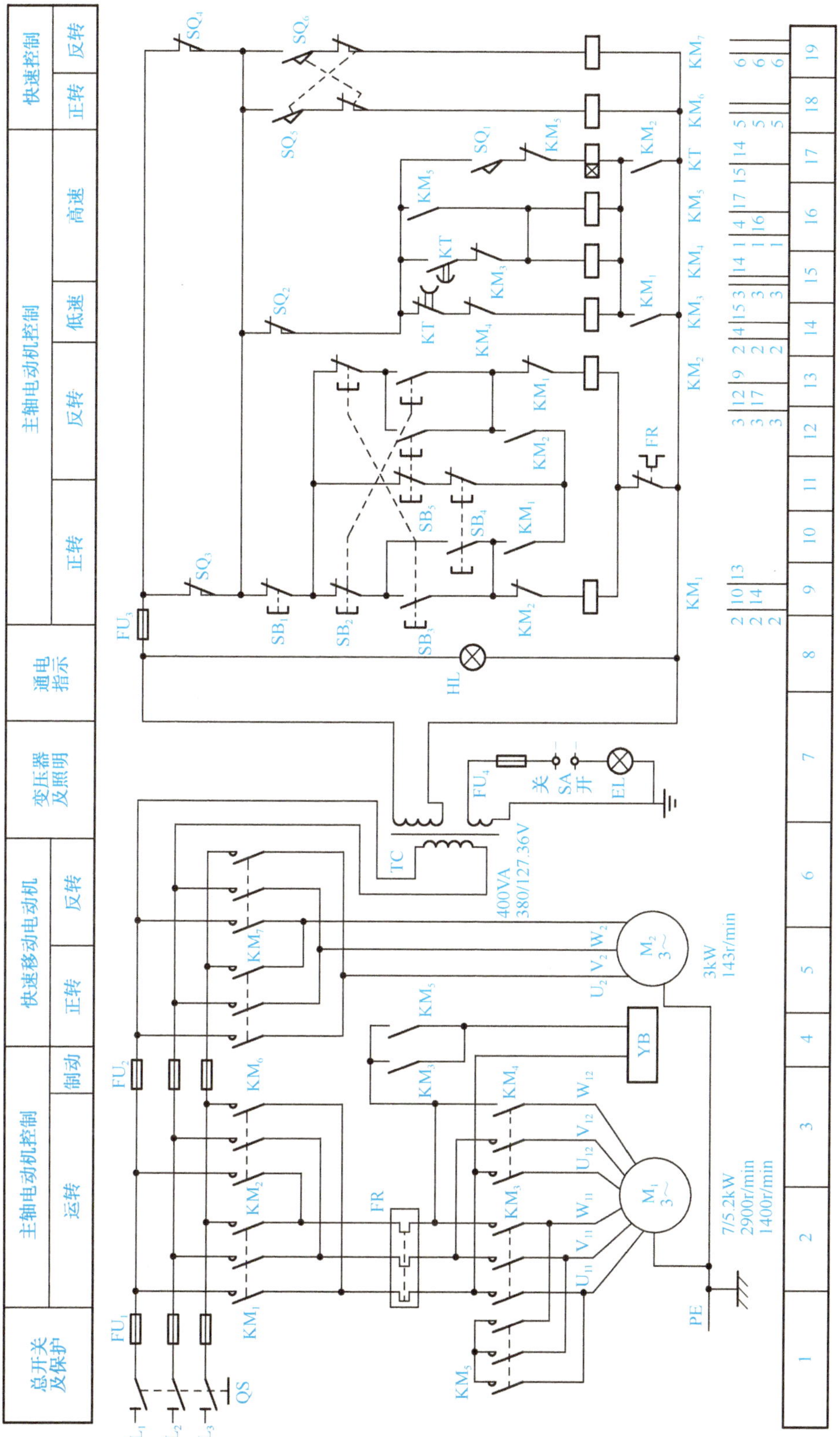

图3-8 T68型卧式镗床电气原理图

3.5 技能训练：典型机械设备电气线路的安装与故障排除

3.5.1 XA6132 型万能铣床电气控制线路的检修

□【任务描述】

自动往复运行通常是利用行程开关来控制自动往复运动的行程，并由此来控制电动机的正反转。它广泛应用于各种生产机械，因此掌握三相异步电动机的自动往复控制线路的工作原理及接线方法，熟悉线路的故障分析及故障排除的方法尤为重要。

□【任务实施】

① 教师预先在 XA6132 型万能铣床电气线路上设置故障 2～4 处；

② 用通电试验方法发现故障现象，逐一记录在表 3-1 中；

③ 对故障现象进行故障分析，并在图 3-9 所示的 XA6132 型万能铣床电气原理图上用虚线标出最小故障范围；

④ 按照电气原理图排除 XA6132 型万能铣床主电路或控制电路中的人为设置故障点，并将故障原因记录在表 3-1 中。

表 3-1 故障现象及原因分析

序 号	故 障 现 象	原 因 分 析
1		
2		
3		
4		

3.5.2 机械设备的电气测绘

□【任务描述】

电气测绘是根据现有的电气控制电路、机械控制电路和电气装置进行现场测绘，经过整理后绘出安装接线图和控制原理图。电气测绘是维修电工的重要技能之一，也是维修电工考证中技能测试的重要内容。电气测绘的原则是先测绘主电路，再测绘控制电路；先测绘输入端，再测绘输出端；先测绘主干线，再依次按节点测绘各支路；先简单后复杂，最后要逐个回路进行校验。本任务主要是根据实训室已有机床设备或机床控制线路进行其电气线路的测绘。

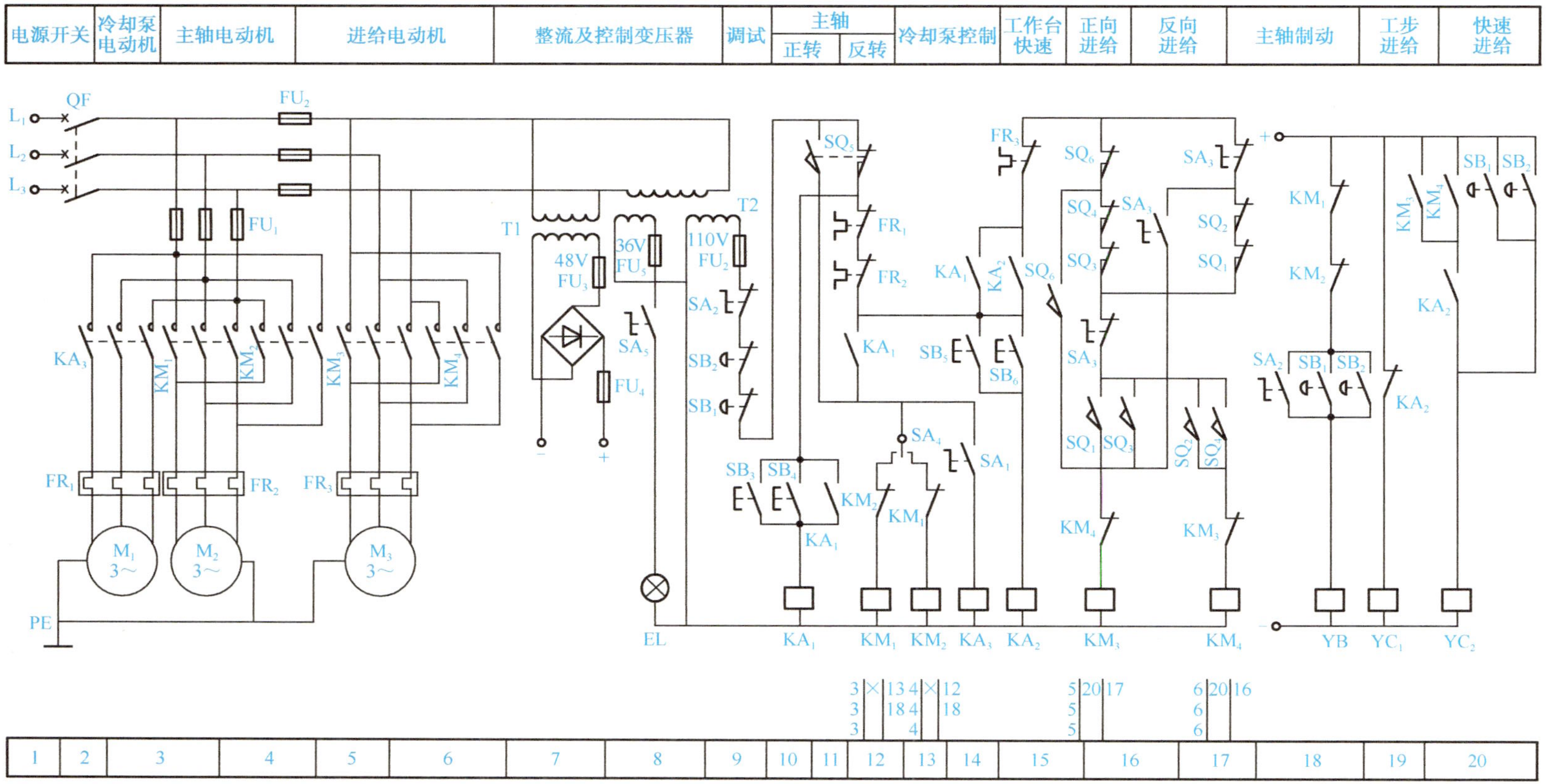

图3-9 XA6132型万能铣床电气原理图（实训用）

【任务实施】

1. 准备电工常用工具、万用表、绘图工具、绘图纸、圆珠笔等。
2. 了解机械设备的基本结构和运动形式。
3. 通电试车，进一步熟悉机械运动情况。
4. 绘制接线图。利用万用表、电工常用工具正确测量机械设备电气控制线路，然后按国家电气绘图规范及标准，正确绘出电气接线图。
5. 绘制电路图。依据绘出的电气接线图，按国家绘图规范及标准，正确绘出电路图。
6. 简述原理。依据绘出的电路图，简述电气控制电路的工作原理。

思考与练习 3

3.1 线圈电压为 220V 的交流接触器误接入 380V 的交流电源，会发生什么问题？为什么？

3.2 交流接触器在运行中，有时在线圈断电后衔铁仍复位不了，电动机不能停止，这时应如何处理？故障原因在哪里？应如何排除故障？

3.3 电动机的启动电流很大，当电动机启动时，热继电器会不会动作？为什么？

3.4 既然在电动机的主电路中装有熔断器，为什么还要装热继电器呢？装了热继电器是否就可以不装熔断器？为什么？

3.5 分析本项目中的车床控制电路原理图，试问在热继电器 FR_1 上串联电阻 R 是不是串电阻启动？为什么？

3.6 对于铣床的电气控制，为什么圆形工作台的旋转运动和进给运动不能同时进行呢？如果同时进行，结果会怎么样？

项目4 可编程控制器基础

【导读】

可编程控制器是在继电器控制和计算机技术的基础上，逐渐发展起来的以微处理器为核心，集微电子技术、自动化技术、计算机技术、通信技术为一体，以工业自动化控制为目标的控制装置。由于具有使用方便、节省人力、修改容易等优点，所以已广泛应用于各种控制系统中。本项目重点介绍可编程控制器的特点、结构、工作原理及S7—200系列PLC的内部元器件及主要技术指标。

【应知】

※ 了解PLC相对于继电器和工控机的特点；
※ 了解PLC的结构及工作原理；
※ 掌握S7—200系列PLC的主要技术指标；
※ 掌握PLC编程手册的查阅方式。

【应会】

☆ 能简述PLC的工作原理；
☆ 能准确识别常见PLC的品牌及型号；
☆ 能说出S7—200系列PLC的主要技术指标；
☆ 能简述主流PLC的市场定位。

4.1 PLC的特点和应用

可编程控制器（Programmable Controller）简称PLC，它经历了可编程矩阵控制器PMC、可编程顺序控制器PSC、可编程逻辑控制器PLC（Programmable Logic Controller）和可编程控制器PC几个不同时期，为了与个人计算机（PC）相区别，现在仍然沿用PLC的叫法。1987年，国际电工委员会（International Electrical Committee）颁布的PLC标准草案中对PLC作了如下定义："PLC是一种专门为在工业环境下应用而设计的数字运算操作的电子装置。它采用可以编制程序的存储器，在其内部存储执行逻辑运算、顺序运算、计时、计数和算术运算等操作的指令，并能通过数字式或模拟式的输入和输出，控制各种类型的机械或生产过程。PLC及其有关的外围设备都应该按易于与工业控制系统形成一个整体，易于扩展其功能的原则而设计。"

1968年，美国通用汽车公司提出了取代继电器控制装置的要求。1969年，美国数字设备公司研制出了第一台可编程逻辑控制器PDP—14，在美国通用汽车公司的生产线上试用成功，首次将程序化的手段应用于电气控制，这是第一代可编程逻辑控制器，是世界上公认的第一台PLC。20世纪70年代，随着微电子技术的发展，尤其是PLC采用通信微处理器之后，这种控制器就不再局限于当初的逻辑运算了，功能得到进一步增强。进入20世纪80年代，随着大规模和超大规模集成电路的迅猛发展，以16位和少数32位微处理器构成的微机化PLC，使PLC的功能增强，工作速度更快，体积更小，可靠性更高，成本更低，编程和故障检测更为灵活、方便。

4.1.1 PLC的特点

与继电器等其他控制元件相比，PLC具有以下特点。

（1）可靠性高，抗干扰能力强　PLC用软件代替大量的中间继电器和时间继电器，仅剩下与输入和输出有关的少量硬件，接线可减少到继电器控制系统的1/10～1/100，因触点接触不良造成的故障大为减少。高可靠性是电气控制设备的关键性能。PLC采用现代大规模集成电路技术和严格的生产工艺制造，内部电路使用了先进的抗干扰技术，具有很高的可靠性，如三菱公司生产的F系列PLC，平均无故障时间高达30万小时，一些使用冗余CPU的PLC的平均无故障工作时间则更长。从PLC的机外电路来说，使用PLC构成的控制系统与同等规模的继电—接触器系统相比，电气接线及开关触点已减少到数百甚至数千分之一，故障也就大大降低。此外，PLC带有硬件故障自检功能，出现故障时可及时发出报警信息。在应用软件中，应用者还可以编入外围器件的故障自诊断程序，使系统中除了PLC以外的电路及设备也获得故障自诊断保护。

（2）功能完善，适用性强　PLC发展到今天，已经形成了大、中、小各种规模的系列化产品，并且已经标准化、系列化、模块化，配备有品种齐全的各种硬件装置供用户选择。用户能灵活方便地进行系统配置，组成不同功能、不同规模的系统。PLC的安装接线也很方便，一般用接线端子连接外部接线。PLC有较强的带负载能力，可直接驱动一般的电磁阀和交流接触器，可以用于各种规模的工业控制场合。除了逻辑处理功能以外，现代PLC大多具有完善的数据运算能力，可用于各种数字控制领域。近年来，PLC的功能单元大量涌现，使PLC渗透到了位置控制、温度控制、CNC等各种工业控制中，加上PLC通信能力的增强及人机界面技术的发展，使用PLC组成各种控制系统变得非常容易。

（3）编程简单，使用方便　PLC作为通用工业控制计算机，具有接口简单、编程语言易于为工程技术人员接受的特点。梯形图语言的图形符号与表达方式和继电器电路图相当接近，只用PLC的少量开关量逻辑控制指令就可以方便地实现继电器电路的功能，为不熟悉电子电路、不懂计算机原理和汇编语言的人使用计算机从事工业控制打开了方便之门。

（4）通用性好，易于改造　由PLC构成的控制系统其设计、安装、调试工作量小，维护方便，容易改造。PLC的梯形图程序一般采用顺序控制设计法，这种编程方法较规律，很容易掌握。对于复杂的控制系统，梯形图的设计时间比设计继电器系统电路图的时间要少得多。PLC用存储逻辑代替接线逻辑，大大减少了控制设备外部的接线，使控制系统设计及建造的周期大为缩短，同时维护也变得容易起来。更重要的是，PLC使同一设备经过改变程序而改变生产过程成为可能，这很适合多品种、小批量的生产场合。

(5) 体积小，质量轻，能耗低　目前的超小型 PLC 底部尺寸已小于 100mm，仅相当于几个继电器的大小，因此可将开关柜的体积缩小到原来的 1/2～1/10。它的质量小于 150g，功耗仅数瓦。由于体积小很容易装入机械内部，因此是实现机电一体化的理想控制设备。

4.1.2 PLC 的性能指标

PLC 的性能指标主要包括：存储容量、I/O 点数、扫描速度、指令的功能与数量、内部元件的种类与数量、特殊功能单元及可扩展能力等。

(1) 存储容量　存储容量是指用户程序存储器的容量。用户程序存储器的容量大，可以编制出复杂的程序。一般来说，小型 PLC 的用户存储器容量为几千字，而大型 PLC 的用户存储器容量为几万字。

(2) I/O 点数　I/O 点数是 PLC 可以接收的输入信号和输出信号的总和，是衡量 PLC 性能的重要指标。I/O 点数越多，外部可接的输入设备和输出设备就越多，控制规模就越大。

(3) 扫描速度　扫描速度是指 PLC 执行用户程序的速度，是衡量 PLC 性能的重要指标。一般以扫描 1K 字用户程序所需的时间来衡量扫描速度，通常以 ms/K 字为单位。PLC 用户手册一般给出执行各条指令所用的时间，可以通过比较各种 PLC 执行相同操作所用的时间来衡量扫描速度的快慢。

(4) 指令的功能与数量　指令功能的强弱、数量的多少也是衡量 PLC 性能的重要指标。编程指令的功能越强、数量越多，PLC 的处理能力和控制能力也就越强，用户编程也越简单和方便，越容易完成复杂的控制任务。

(5) 内部元件的种类与数量　在编制 PLC 程序时，需要用到大量的内部元件来存放变量、中间结果、保持数据、定时计数、模块设置和各种标志位等信息。这些元件的种类与数量越多，表示 PLC 的存储和处理各种信息的能力越强。

(6) 特殊功能单元　特殊功能单元种类的多少与功能的强弱是衡量 PLC 产品的一个重要指标。近年来，各 PLC 厂商非常重视特殊功能单元的开发，特殊功能单元种类日益增多，功能越来越强，使 PLC 的控制功能日益扩大。

(7) 可扩展能力　PLC 的可扩展能力包括 I/O 点数的扩展、存储容量的扩展、联网功能的扩展、各种功能模块的扩展等。在选择 PLC 时，经常需要考虑 PLC 的可扩展能力。

4.1.3 PLC 的应用

目前，PLC 在国内外已广泛应用于钢铁、石油、化工、电力、建材、机械制造、汽车、轻纺、交通运输、环保及文化娱乐等各个行业，使用情况大致可归纳为以下几类。

(1) 开关量的逻辑控制　这是 PLC 最基本、最广泛的应用领域，它取代传统的继电器电路，实现逻辑控制和顺序控制，既可用于单台设备的控制，也可用于多机群控及自动化流水线，如注塑机、印刷机、组合机床、包装生产线、电镀流水线等。

(2) 模拟量控制　在工业生产过程中，有许多连续变化的量，如温度、压力、流量、液位和速度等，它们都是模拟量，为了使 PLC 能够处理模拟量，必须实现模拟量和数字量之间的 A/D 转换及 D/A 转换。PLC 厂家都生产配套的 A/D 和 D/A 转换模块，使 PLC 可以用于模拟量控制。

(3) 运动控制　PLC 可以用于圆周运动或直线运动的控制。从控制机构配置来说，早期直接用于开关量 I/O 模块连接位置传感器和执行机构，现在一般使用专用的运动控制模块，如可驱动步进电动机或伺服电动机的单轴或多轴位置控制模块等。

（4）过程控制　过程控制是指对温度、压力、流量等模拟量的闭环控制。作为工业控制计算机，PLC 能编制出各种各样的控制算法程序，完成闭环控制。PID 调节是一般闭环控制系统中用得较多的调节方法，大中型 PLC 都有 PID 模块，目前许多小型 PLC 也具有此类功能模块。过程控制在冶金、化工、热处理、锅炉控制等场合有非常广泛的应用。

（5）数据处理　现代 PLC 具有数学运算（含矩阵运算、函数运算、逻辑运算）、数据传送、数据转换、排序、查表、位操作等功能，可以完成数据的采集、分析及处理。这些数据可以与存储在存储器中的参考值比较，完成一定的控制操作，也可以利用通信功能传送到别的智能装置，或将它们打印制表。数据处理一般用于大型控制系统，如无人控制的柔性制造系统；也可用于过程控制系统，如造纸、冶金、食品工业中的一些大型控制系统。

（6）通信及联网　PLC 通信含 PLC 之间的通信及 PLC 与其他智能设备之间的通信。随着计算机控制技术的发展，工厂自动化网络发展得很快，各 PLC 厂商都十分重视 PLC 的通信功能，纷纷推出各自的网络系统。新近生产的 PLC 都具有通信接口，通信非常方便。

4.2　PLC 的结构及工作原理

4.2.1　PLC 的结构

从结构上分，PLC 分为整体式和组合式（模块式）两种。整体式 PLC 包括 CPU 板、I/O 板、显示面板、内存块、电源等，这些元素组合成一个不可拆卸的整体。组合式（模块式）PLC 包括 CPU 模块、I/O 模块、内存、电源模块、底板或机架，这些模块可以按照一定的规则组合配置。

PLC 实质上是一种专用于工业控制的计算机，其硬件结构与微型计算机基本相同，主要由中央处理器（CPU）、存储器（RAM、ROM）、输入/输出（I/O）单元、电源、通信接口、I/O 扩展接口等组成，这些单元都是通过内部的总线进行连接的，PLC 的硬件结构如图 4-1 所示。

1. 电源

PLC 的电源用于为 PLC 各模块的集成电路提供工作电源，在整个系统中起着十分重要的作用。如果没有一个良好、可靠的电源系统，PLC 是无法正常工作的，因此 PLC 的制造商对电源的设计和制造也十分重视。一般交流电压波动在 10%（或 15%）范围内，可以不采取其他措施而将 PLC 直接连接到交流电网上去，同时，有的 PLC 还为输入电路提供 24V 的工作电源。PLC 的电源输入类型有交流电源（220V AC 或 110V AC）和直流电源（常用的为 24V DC）。

2. 中央处理单元

中央处理单元（CPU）是 PLC 的控制中枢，是 PLC 的核心，每套 PLC 至少有一个 CPU。它按照 PLC 系统程序赋予的功能接收并存储从编程器输入的用户程序和数据；检查电源、存储器、I/O 及定时器的状态，并能诊断用户程序中的语法错误。当 PLC 投入运行时，首先它以扫描的方式接收现场各输入装置的状态和数据，并分别存入 I/O 映像区，然后从用户程序存储器中逐条读取用户程序，经过命令解释后按指令的规定执行逻辑或算术运算，把结果送入 I/O 映像区或数据寄存器内。待所有的用户程序执行完毕后，将 I/O 映像区中的各输出状态或输出寄存器内的数据传送到相应的输出装置，如此循环运行，直到停止运行。为了进一步提高 PLC 的可靠性，近年来对大型 PLC 还采用双 CPU 构成冗余系统，或采用三个 CPU 的表决式系统，这样即使某个 CPU 出现故障，整个系统仍能正常运行。CPU 的运行速度和内存容量是 PLC 的重要参数，它们决定着 PLC 的工作速度、I/O 数量及软件容量等。

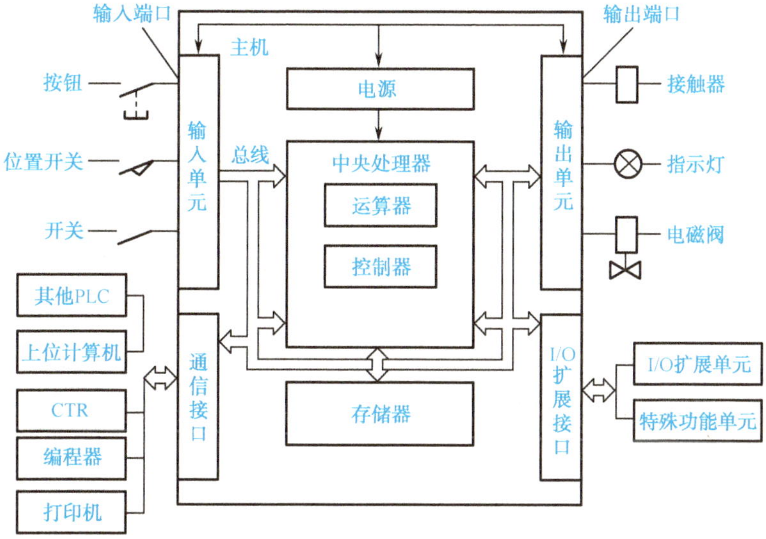

图 4-1 PLC 的硬件结构

3. 存储器

存储器分为系统程序存储器和用户存储器。系统程序存储器用于存放系统程序，包括管理程序、监控程序及对用户程序做编译处理的解释编译程序，一般用只读存储器 ROM 来存放 PLC 的系统程序。用户存储器分为用户程序存储区和工作数据存储区，由随机存取存储器（RAM）组成。

4. 输入/输出接口

PLC 与电气回路的接口是通过输入/输出部分（I/O）完成的。I/O 模块集成了 PLC 的 I/O 电路，其输入暂存器反映输入信号状态，输出点反映输出锁存器状态。输入模块将电信号变换成数字信号进入 PLC 系统，输出模块则正好相反。I/O 分为开关量输入（DI）、开关量输出（DO）、模拟量输入（AI）、模拟量输出（AO）等模块。

常用的 I/O 开关量按电压水平分，有 220V AC、110V AC 和 24V DC；按隔离方式分，有继电器隔离和晶体管隔离。常用的 I/O 模拟量按信号类型分，有电流型（4～20mA，0～20mA）、电压型（0～10V，0～5V，－10～10V）等；按精度分，有 12bit，14bit，16bit 等。除了上述通用 I/O 外，还有特殊 I/O 模块，如热电阻、热电偶、脉冲等模块。按 I/O 点数确定模块规格及数量，I/O 模块可多可少，但其最大数受 CPU 所能管理的基本配置的能力，即受最大的底板或机架槽数的限制。

5. 通信模块

PLC 一个显著的特点就是具有通信功能，通信模块有很多类型，常见的有串口模块（RS—232、RS—485、RS—422）和以太网通信模块（以太网、Profibus－DP 通信模块等）。

目前主流的 PLC 一般都具有 RS—485（或 RS—232）通信接口，以便连接编程设备、监视器、打印机等外围设备，或连接诸如变频器、温控仪等简单控制设备进行简单的主从式通信，实现“人 - 机”或“机 - 机”之间的对话。一些先进的 PLC 上还具有工业网络通信接口，可以与其他的 PLC 或计算机相连，组成分布式工业控制系统，实现更大规模的控制。另外，还可以与数据库软件相结合，实现控制与管理相结合的综合控制。

6. 外部设备

（1）编程设备　编程器是 PLC 开发应用、监测运行、检查维护不可缺少的设备，用于系统编程、系统设定、监控 PLC 及 PLC 所控制的系统的工作状况等，编程器不直接参与现场控制。小型编程器一般是手持型编程器，目前大部分编程器都由计算机（运行编程软件）充当。

（2）人机界面　最简单的人机界面是指示灯和按钮，液晶屏（或触摸屏）式的一体式操作员终端应用越来越广泛，由计算机（运行组态软件）充当人机界面已非常普及。

（3）其他外部设备　根据需要，PLC 还可配置其他外部设备，如盒式磁带机、打印机、EPROM 写入器及高分辨率大屏幕彩色图形监控系统（用于显示或监视有关部分的运行状态）等。

4.2.2　PLC 的工作原理

PLC 采用“顺序扫描，不断循环”的工作方式。PLC 的扫描工作过程可分为输入采样、程序执行和输出刷新三个阶段，并进行周期性循环。

PLC 在运行时，CPU 根据用户按控制要求编制好并存于用户存储器中的程序，按指令步序号（或地址号）作周期性循环扫描。如果无跳转指令，则从第一条指令开始逐条顺序执行用户程序，直到程序结束，然后重新返回第一条指令，开始下一轮新的扫描。在每次扫描过程中，还要完成对输入信号的采样和对输出状态的刷新等工作，周而复始。

每次扫描都是集中对输入信号进行采样，集中对输出信号进行刷新。当输入端口关闭，程序处于执行阶段时，输入端有新状态，新状态不能被读入。只有程序进行下一次扫描时，新状态才被读入。由于采用集中采样、集中输出的方式，因此 PLC 存在输入/输出滞后的现象，即输入/输出响应延迟。扫描周期的长短由 CPU 执行指令的速度、指令本身占用的时间及指令条数共同决定。

4.3　S7—200 系列 PLC 的内部元器件及主要技术指标

4.3.1　S7—200 系列 PLC 的内部元器件

1. S7—200 系列 PLC 的数据存储器

S7—200 系列 PLC 的内部元器件的功能相互独立，在数据存储器区中都有一个对应的地址，可依据存储器地址来存取数据。

（1）数据长度　数据占用的连续位数称为数据长度。

位（bit）指二进制的一位，是最基本的存储单位，只有“0”和“1”两种状态。在PLC中，每一位可对应一个继电器。若继电器线圈得电，相应位的状态为“1”；若继电器线圈失电或断开，相应位的状态为“0”。8位二进制数构成一个字节（Byte），其中第7位为最高位（MSB），第0位为最低位（LSB）。两个字节构成一个字（Word），在PLC中，字又称为通道，一个字有16位，即一个通道由16个继电器组成。两个字构成一个汉字，即双字（Double Word），在PLC中由32个继电器组成。

（2）数据类型及数据范围　在S7—200系列PLC中，数据存储器中存放数据的类型主要有布尔逻辑型（BOOL）、整数型（INT）和实数型（REAL）。布尔逻辑型数据是由“0”和“1”构成的字节型无符号整数；整数型数据包括16位单字和32位双字的带符号整数；实数型数据又称浮点型数据，用32位的单精度数表示。每种数据类型都有一定的范围，见表4-1。

表4-1　数据类型及相关整数的范围

数据类型	无符号整数		有符号整数	
	十进制	十六进制	十进制	十六进制
B（字节）8位值	0～255	0～FF	－128～127	80～7F
W（字）16位值	0～65535	0～FFFF	－36768～36767	8000～7FFF
D（双字）32位值	0～4294967295	0～FFFFFFFF	－2147483648～2147483647	80000000～7FFFFFFF

编程时经常会使用常数，常数的数据长度可为字节、字和双字。在机器内部的数据都以二进制的形式存储，但常数的书写可以采用二进制、十进制、十六进制、ASCII码或浮点数（实数）等多种形式。几种常数的表示方法见表4-2。注意，表中的“#”为常数的进制格式说明符，如果常数无任何格式说明符，则系统默认为十进制数。

表4-2　常数的表示方法

进　制	书写格式	举　例
十进制	十进制数值	2562
十六进制	16#十六进制数值	16#4E5F
二进制	2#二进制数值	2#1010 0110 1101 0001
ASCII码	“ASCII码文本”	“Text”
实数	ANSI/IEEE 754—1985标准	（正数）＋1.175495E－38到＋3.402823E＋38
		（负数）＋1.175495E－38到＋3.402823E＋38

PLC的硬件结构是软件编程的基础，S7—200系列PLC各编程元器件及操作数的有效编程范围见表4-3和表4-4。

表 4-3　S7—200 系列 PLC 存储器范围及特性

描　　述	CPU221	CPU222	CPU224	CPU226	CPU226XM
用户程序大小	2KW	2KW	4KW	4KW	8KW
用户数据大小	1KW	1KW	2. 5KW	2. 5KW	5KW
输入映像寄存器	I0. 0～I15. 7	I0. 0～I15. 7	I0. 0～I15. 7	I0. 0～I15. 7	I0. 0～I15. 7
输出映像寄存器	Q0. 0～Q15. 7	Q0. 0～Q15. 7	Q0. 0～Q15. 7	Q0. 0～Q15. 7	Q0. 0～Q15. 7
模拟量输入（只读）	—	AIW0～AIW30	AIW0～AIW62	AIW0～AIW62	AIW0～AIW62
模拟量输出（只写）	—	AQW0～AQW30	AQW0～AQW62	AQW0～AQW62	AQW0～AQW62
变量存储器（V）	VB0～VB2047	VB0～VB2047	VB0～VB5119	VB0～VB5119	VB0～VB10239
局部存储器（L）	LB0～LB63	LB0～LB63	LB0～LB63	LB0～LB63	LB0～LB63
位存储器（M）	M0. 0～M31. 7	M0. 0～M31. 7	M0. 0～M31. 7	M0. 0～M31. 7	M0. 0～M31. 7
特殊存储器（SM）只读	SM0. 0～SM179. 7 SM0. 0～SM29. 7	SM0. 0～SM299. 7 SM0. 0～SM29. 7	SM0. 0～SM549. 7 SM0. 0～SM29. 7	SM0. 0～SM549. 7 SM0. 0～SM29. 7	SM0. 0～SM549. 7 SM0. 0～SM29. 7
定时器	256（T0～T255）	256（T0～T255）	256（T0～T255）	256（T0～T255）	256（T0～T255）
有记忆接通延迟 1ms	T0，T64	T0，T64	T0，T64	T0，T64	T0，T64
有记忆接通延迟 10ms	T1～T4， T65～T68	T1～T4， T65～T68	T1～T4， T65～T68	T1～T4， T65～T68	T1～T4， T65～T68
有记忆接通延迟 100ms	T5～T31， T69～T95	T5～T31， T69～T95	T5～T31， T69～T95	T5～T31， T69～T95	T5～T31， T69～T95
接通/关断 延迟 1ms	T32，T96	T32，T96	T32，T96	T32，T96	T32，T96
接通/关断 延迟 10ms	T33～T36， T97～T100	T33～T36， T97～T100	T33～T36， T97～T100	T33～T36， T97～T100	T33～T36， T97～T100
接通/关断 延迟 100ms	T37～T63， T101～T255	T37～T63， T101～T255	T37～T63， T101～T255	T37～T63， T101～T255	T37～T63， T101～T255
计数器	C0～C255	C0～C255	C0～C255	C0～C255	C0～C255
高速计数器	HC0，HC3～HC5	HC0，HC3～HC5	HC0～HC5	HC0～HC5	HC0～HC5
顺控继电器（S）	S0. 0～S31. 7	S0. 0～S31. 7	S0. 0～S31. 7	S0. 0～S31. 7	S0. 0～S31. 7
累加寄存器	AC0～AC3	AC0～AC3	AC0～AC3	AC0～AC3	AC0～AC3
跳转/标号	0～255	0～255	0～255	0～255	0～255
调用/子程序	0～63	0～63	0～63	0～63	0～127
中断程序	0～127	0～127	0～127	0～127	0～127
正/负跳变	256	256	256	256	256

续表

描述	CPU221	CPU222	CPU224	CPU226	CPU226XM
PID 回路		0～7	0～7	0～7	0～7
端口	端口 0	端口 0	端口 0	端口 0，1	端口 0，1

表 4-4 S7—200 系列 PLC CPU 的操作数范围

存储方式		CPU221	CPU222	CPU224	CPU226	CPU226XM
位存取（字节．位）						
	I	0.0～15.7	0.0～15.7	0.0～15.7	0.0～15.7	0.0～15.7
	Q	0.0～15.7	0.0～15.7	0.0～15.7	0.0～15.7	0.0～15.7
	V	0.0～2047.7	0.0～2047.7	0.0～8191.7	0.0～10239.7	0.0～10239.7
	M	0.0～31.7	0.0～31.7	0.0～31.7	0.0～31.7	0.0～31.7
	SM	0.0～165.7	0.0～299.7	0.0～549.7	0.0～549.7	0.0～549.7
	S	0.0～31.7	0.0～31.7	0.0～31.7	0.0～31.7	0.0～31.7
	T	0～255	0～255	0～255	0～255	0～255
	C	0～255	0～255	0～255	0～255	0～255
	L	0.0～63.7	0.0～63.7	0.0～63.7	0.0～63.7	0.0～63.7
字节存取	IB	0～15	0～15	0～15	0～15	0～15
	QB	0～15	0～15	0～15	0～15	0～15
	VB	0～2047	0～2047	0～8191	0～10239	0～10239
	MB	0～31	0～31	0～31	0～31	0～31
	SMB	0～165	0～299	0～549	0～549	0～549
	SB	0～31	0～31	0～31	0～31	0～31
	LB	0～63	0～63	0～63	0～63	0～63
	AC	0～3	0～3	0～3	0～255	0～255
	KB（常数）	KB（常数）	KB（常数）	KB（常数）	KB（常数）	KB（常数）
字存取	IW	0～14	0～14	0～14	0～14	0～14
	QW	0～14	0～14	0～14	0～14	0～14
	VW	0～2046	0～2046	0～8190	0～10238	0～10238
	MW	0～30	0～30	0～30	0～30	0～30
	SMW	0～164	0～298	0～548	0～548	0～548
	SW	0～30	0～30	0～30	0～30	0～30
	T	0～255	0～255	0～255	0～255	0～255
	C	0～255	0～255	0～255	0～255	0～255
	LW	0～62	0～62	0～62	0～62	0～62
	AC	0～3	0～3	0～3	0～3	0～3
	AIW	0～30	0～30	0～62	0～62	0～62
	AQW	0～30	0～30	0～62	0～62	0～62
	KB（常数）	KB（常数）	KB（常数）	KB（常数）	KB（常数）	KB（常数）

续表

存储方式		CPU221	CPU222	CPU224	CPU226	CPU226XM
双字存取	ID	0～12	0～12	0～12	0～12	0～12
	QD	0～12	0～12	0～12	0～12	0～12
	VD	0～2044	0～2044	0～8188	0～10236	0～10236
	MD	0～28	0～28	0～28	0～28	0～28
	SMD	0～162	0～296	0～546	0～546	0～546
	SD	0～28	0～28	0～28	0～28	0～28
	LD	0～60	0～60	0～60	0～60	0～60
	AC	0～3	0～3	0～3	0～3	0～3
	HC	0～5	0～5	0～5	0～5	0～5
	KD（常数）	KD（常数）	KD（常数）	KD（常数）	KD（常数）	KD（常数）

（3）数据存储器的编址方式　数据存储器的编址方式主要是对位、字节、字、双字进行编址。

① 位编址。位编址的方式为“（区域标志符）字节地址.位地址”，如 I0.1，Q1.0，V3.5。

② 字节编址。字节编址的方式为“（区域标志符）B 字节地址”，如 IB0 表示输入映像寄存器 I0.0～I0.7 这 8 位组成的字节；QB0 表示输出寄存器 Q0.0～Q0.7 这 8 位组成的字节。

③ 字编址。字编址的方式为“(区域标志符）W 起始字节地址”，最高有效字节为起始字节，如 VW0 表示由 VB0 和 VB1 这两个字节组成的字。

④ 双字编址。双字编址的方式为“（区域标志符）D 起始字节地址”，最高有效字节为起始字节，如 VD10 表示由 VB10、VB11、VB12 和 VB13 这 4 个字节组成的双字。

2. S7—200 系列 PLC 的内部元器件简介

PLC 通过程序的运行实施控制的过程实质上就是对存储器中数据进行操作或处理的过程。根据使用功能的不同，把存储器分为若干个区域和种类，这些由用户使用的内部存储单元统称为软元件。各软元件有其不同的功能，有固定的地址。软元件的数量决定了可编程控制器的规模和数据处理能力，每一种 PLC 的软元件是有限的。

为了理解方便，把 PLC 内部许多位地址空间的软元件定义为内部继电器（软继电器）。但要注意把这种继电器与传统电气控制电路中的继电器区别开来。这些软继电器的最大特点是其线圈的通断实质上就是其对应存储器位的置位与复位，在电路（梯形图）中使用其触点实质上就是对其所对应的存储器位的读操作，因此其触点可以无限次使用。

编程时，用户只需要记住软元件的地址即可。每个软元件都有一个地址与之对应，软继电器的地址编排采用“区域号＋区域内编号”的方式，即 PLC 内部根据软元件功能的不同，分成了许多区域，如输入/输出继电器、辅助继电器、定时器、计数器、顺序控制继电器、特殊标志继电器等，分别用 I/Q、M、T、C、S、SM 等来表示。

（1）数字量输入继电器（I）　输入继电器也就是输入映像寄存器，每个 PLC 的输入端子都对应有一个输入继电器，它用于接收外部的开关信号。输入继电器的状态唯一地由其对应的输入端子的状态决定，在程序中不能出现输入继电器线圈被驱动的情况。当外部的开关信号接通 PLC 相应输入端子的回路时，对应的输入继电器线圈“得电”，在程序中其常开触点闭合，常闭触点断开。这些触点可以在编程时任意使用，使用数量（次数）不受限制。

所谓输入继电器的线圈“得电”，事实上并非真的有输入继电器的线圈存在，这只是一个存储器的操作过程。在每个扫描周期的开始，PLC对各输入点进行采样，并把采样值存入输入映像寄存器。PLC在接下来的本周期各阶段不再改变输入映像寄存器中的值，直到下一个扫描周期的输入采样阶段。

需要特别注意的是，输入继电器的状态唯一地由输入端子的状态决定，输入端子接通，则对应的输入继电器得电动作；输入端子断开，则对应的输入继电器断电复位。在程序中任何试图改变输入继电器状态的做法都是错误的。

数字量输入继电器用“I”表示，输入映像寄存器区属于位地址空间，范围为I0.0～I15.7，可进行位、字节、字、双字操作。实际输入点数不能超过这个数量，未用的输入映像寄存器区可以当其他编程元件使用，如可以用做通用辅助继电器或数据寄存器，但这只有在寄存器的整个字节的所有位都未占用的情况下才可做他用，否则会出现错误的执行结果。

（2）数字量输出继电器（Q） 输出继电器也就是输出映像寄存器，每个PLC的输出端子对应都有一个输出继电器。当通过程序使得输出继电器线圈“得电”时，PLC上的输出端开关闭合，它可以作为控制外部负载的开关信号。同时在程序中其常开触点闭合，常闭触点断开。这些触点可以在编程时任意使用，使用次数不受限制。

数字量输出继电器用“Q”表示，输出映像寄存器区属于位地址空间，范围为Q0.0～Q15.7，可进行位、字节、字、双字操作。实际输出点数不能超过这个数量，未用的输出映像区可做他用，用法与输入继电器相同。在PLC内部，输出映像寄存器与输出端子之间还有一个输出锁存器，在每个扫描周期的输入采样、程序执行等阶段，并不把输出结果信号直接送到输出锁存器，而只是送到输出映像寄存器中，只有在每个扫描周期的末尾才将输出映像寄存器中的数据几乎同时送到输出锁存器中，对输出点进行刷新。

（3）通用辅助继电器（M） 通用辅助继电器类似于电气控制系统中的中间继电器，在PLC中没有输入/输出端与之对应，因此通用辅助继电器的线圈不直接受输入信号的控制，其触点也不能直接驱动外部负载，所以，通用辅助继电器只能用于内部逻辑运算。

通用辅助继电器用“M”表示，通用辅助继电器区属于位地址空间，范围为M0.0～M31.7，可进行位、字节、字、双字操作。

（4）特殊标志继电器（SM） 有些辅助继电器具有特殊功能或存储系统的状态变量、有关的控制参数和信息等，称为特殊标志继电器。用户可以通过特殊标志来沟通PLC与被控对象之间的信息，如可以读取程序运行过程中的设备状态和运算结果等，利用这些信息实现一定的控制动作。用户也可通过直接设置某些特殊标志继电器位来使设备实现某种功能。

特殊标志继电器用“SM”表示，特殊标志继电器区根据功能和性质不同具有位、字节、字和双字操作方式。其中，SMB0、SMB1为系统状态字，只能读取其中的状态数据，不能改写，可以位寻址。系统状态字中部分常用的标志位说明如下。

SM0.0：始终接通；

SM0.1：首次扫描为1，以后为0，常用来对程序进行初始化；

SM0.2：当机器执行数学运算的结果为负时，该位被置1；

SM0.3：开机后进入RUN方式，该位将ON一个扫描周期；

SM0.4：该位提供一个周期为1min的时钟脉冲，30s为1，30s为0；

SM0.5：该位提供一个周期为1s的时钟脉冲，0.5s为1，0.5s为0；

SM0.6：该位为扫描时钟脉冲，本次扫描为1，下次扫描为0；

SM1.0：当执行某些指令，其结果为0时，将该位置1；

SM1.1：当执行某些指令，其结果溢出或为非法数值时，将该位置1；

SM1.2：当执行数学运算指令，其结果为负数时，将该位置1；

SM1.3：试图除以0时，将该位置1。

(5) 变量存储器（V）　变量存储器用来存储变量，它可以存放程序执行过程中控制逻辑操作的中间结果，也可以使用变量存储器来保存与工序或任务相关的其他数据。

变量存储器用“V”表示，变量存储器区属于位地址空间，可进行位操作，但更多的是用于字节、字、双字操作。变量存储器也是S7—200系列PLC中空间最大的存储区域，所以常用来进行数学运算和数据处理，存放全局变量数据。

(6) 局部变量存储器（L）　局部变量存储器用来存放局部变量。局部变量与变量存储器所存储的全局变量十分相似，主要区别是全局变量是全局有效的，而局部变量是局部有效的。全局有效是指同一个变量可以被任何程序（包括主程序、子程序和中断程序）访问；而局部有效是指变量只和特定的程序相关联。

S7—200系列PLC提供64字节的局部存储器，其中60个可以用作暂时存储器或给子程序传递参数。主程序、子程序和中断程序在使用时都可以有64字节的局部存储器供使用。不同程序的局部存储器不能相互访问。机器在运行时，根据需要动态地分配局部存储器，在执行主程序时，分配给子程序或中断程序的局部变量存储器是不存在的，当子程序调用或出现中断时，需要为之分配局部存储器，新的局部存储器可以是曾经分配给其他程序块的同一个局部存储器。

局部变量存储器用“L”表示，局部变量存储器区属于位地址空间，可进行位操作，也可以进行字节、字、双字操作。

(7) 顺序控制继电器（S）　顺序控制继电器用在顺序控制和步进控制中，它是特殊的继电器。

顺序控制继电器用“S”表示，顺序控制继电器区属于位地址空间，可进行位操作，也可以进行字节、字、双字操作。

(8) 定时器（T）　定时器是重要的编程元件，用于累计时间的增量。大部分自动控制系统都需要用定时器进行定时控制，灵活地使用定时器可以编制出动作要求复杂的控制程序。

定时器的工作过程与继电—接触器控制系统的时间继电器类似。使用时要提前输入时间预置值，当定时器的输入条件满足且开始计时时，当前值从0开始按一定的时间单位增加；当定时器的当前值达到预置值时，定时器动作，此时它的常开触点闭合，常闭触点断开，利用定时器的触点可以按照延时时间要求实现各种控制规律。

(9) 计数器（C）　计数器用来累计内部事件的次数。它可以用来累计内部任何编程元件动作的次数，也可以通过输入端子累计外部事件发生的次数，它是应用非常广泛的编程元件，经常用来对产品进行计数或进行特定功能的编程。使用时要提前输入它的设定值（计数的个数）。当输入触发条件满足时，计数器开始累计其输入端脉冲电位跳变（上升沿或下降沿）的次数；当计数器计数达到预定的设定值时，其常开触点闭合，常闭触点断开。

(10) 模拟量输入映像寄存器（AI）、模拟量输出映像寄存器（AQ）　模拟量输入电路用于实现模拟量/数字量（A/D）之间的转换，而模拟量输出电路则用于实现数字量/模拟量（D/A）之间的转换。

在模拟量输入/输出映像寄存器中，数字量的长度为 1 字长（16 位），且从偶数号字节进行编址来存取转换前后的模拟量值，如 0、2、4、6、8。编址内容包括元件名称、数据长度和起始字节的地址，模拟量输入映像寄存器用 AI 表示，模拟量输出映像寄存器用 AQ 表示，如 AIW10、AQW4 等。

PLC 对这两种寄存器的存取方式有所不同，模拟量输入寄存器只能作读取操作，而模拟量输出寄存器只能作写入操作。

（11）累加器（AC） S7—200 系列 PLC 提供 4 个 32 位累加器，分别为 AC0、AC1、AC2、AC3。累加器（AC）是用来暂存数据的寄存器，它可以用来存放数据，如运算数据、中间数据和结果数据等，也可用来向子程序传递参数，或从子程序返回参数。使用时只表示出累加器的地址编号，如 AC0。

累加器可进行读、写两种操作。累加器的可用长度为 32 位，但实际使用时，数据长度取决于进出累加器的数据类型。

（12）高速计数器（HC） 高速计数器的工作原理与普通计数器基本相同，它用来累计比主机扫描速率更快的脉冲。高速计数器的当前值为双字长（32 位）的整数，且为只读值。

高速计数器的数量很少，编址时只用名称 HC 和编号，如 HC2。

3. S7—200 系列 PLC 元器件的寻址方式

S7—200 系列 PLC 元器件的寻址方式分为直接寻址和间接寻址两种。

PLC 将信息存储在存储器中，存储单元按字节进行编址，无论所寻址的是何种数据类型，通常应指出它所在存储区域内的字节地址。每个单元都有唯一的地址，这种直接指出元件名称的寻址方式称为直接寻址。

按位寻址时的格式为：Ax. y，使用时必须指定元件名称、字节地址和位号，如图 4-2 所示。

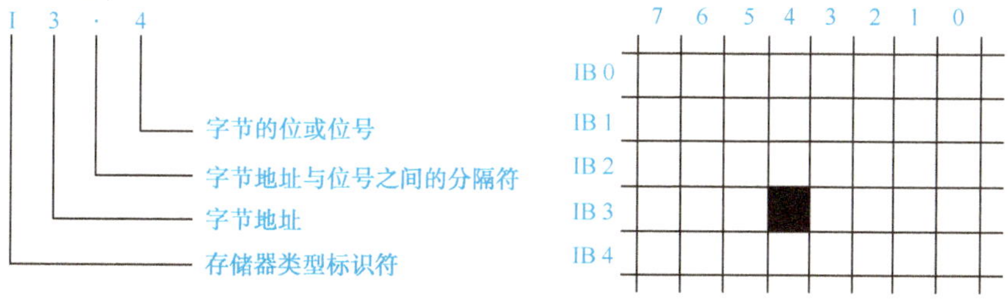

图 4-2 存储器中位数据表示方法（字节、位寻址）

可以进行位寻址的编程元件有：输入继电器（I）、输出继电器（Q）、通用辅助继电器（M）、特殊标志继电器（SM）、局部变量存储器（L）、变量存储器（V）和顺序控制继电器（S）。

存储区内另有一些元件是具有一定功能的器件，由于元件数量很少，所以不用指出它们的字节，而是直接写出其编号。这类元件包括：定时器（T）、计数器（C）、高速计数器（HC）和累加器（AC）。其中，T、C 和 HC 的地址编号中各包含两个相关变量信息，如 T10，既表示 T10 的定时器位状态，又表示此定时器的当前值。

还可以按字节编址的形式直接访问字节、字和双字数据，使用时需指明元件名称、数据类型和存储区域内的首字节地址。如图 4-3 所示是以变量存储器为例分别存取三种长度数据的比较。

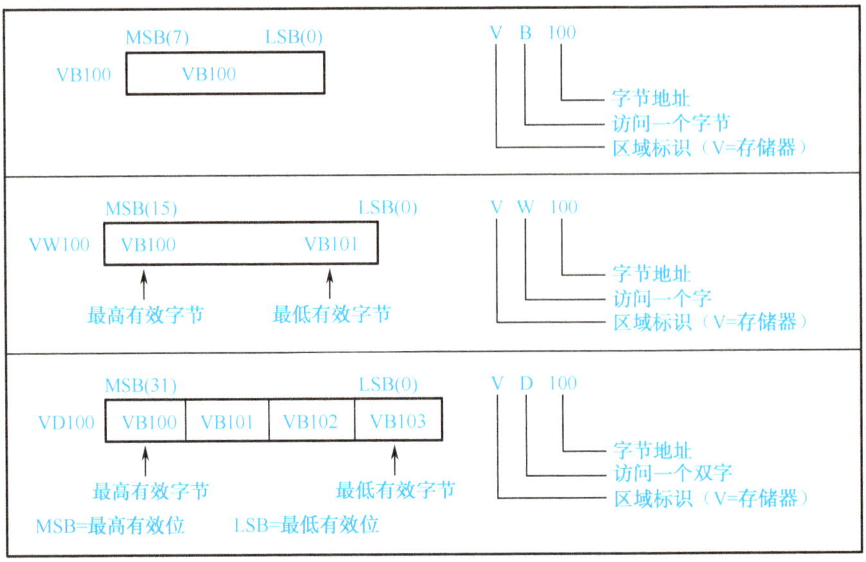

图 4-3 存取三种长度数据的比较

可以用此方式进行编址的元件有：输入继电器（I）、输出继电器（Q）、通用辅助继电器（M）、特殊标志继电器（SM）、局部变量存储器（L）、变量存储器（V）、顺序控制继电器（S）、模拟量输入映像寄存器（AI）和模拟量输出映像寄存器（AQ）。

间接寻址是指用指针来访问存储区数据。指针以双字的形式存储其他存储区的地址，只能用 V 存储器、L 存储器或者累加器寄存器（AC1、AC2、AC3）作为指针。要建立一个指针，必须以双字的形式，将需要间接寻址的存储器地址移动到指针中。指针也可以作为参数传递到子程序中。

PLC 允许指针访问的存储区有：I、Q、V、M、S、AI、AQ、SMT（仅限于当前值）和 C（仅限于当前值）。不能用间接寻址方式访问单独的位，也不能访问 HC 或者 L 存储区。

要使用间接寻址，应该用“&”符号加上要访问的存储区地址来建立一个指针。指令的输入操作数应该以“&”符号开头来表明是存储区的地址，而不是其内容将移动到指令的输出操作数（指针）中。

当指令中的操作数是指针时，应该在操作数前面加上“*”号。如图 4-4 所示，输入“*AC1”指定 AC1 是一个指针，MOVW 指令决定了指针指向的是一个字长的数据。在本例中，存储在 VB200 和 VB201 中的数值被移动到累加器 AC0 中。

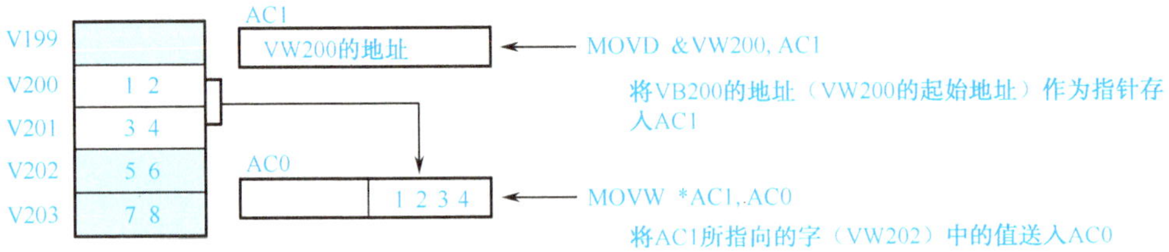

图 4-4 创建和使用指针

间接寻址中的指针可以改变数值，如图 4-5 所示。由于指针是一个 32 位的数据，因此要用双字指令来改变指针的数值。简单的数学运算，如加法指令或者递增指令，可用于改变指针的数值。

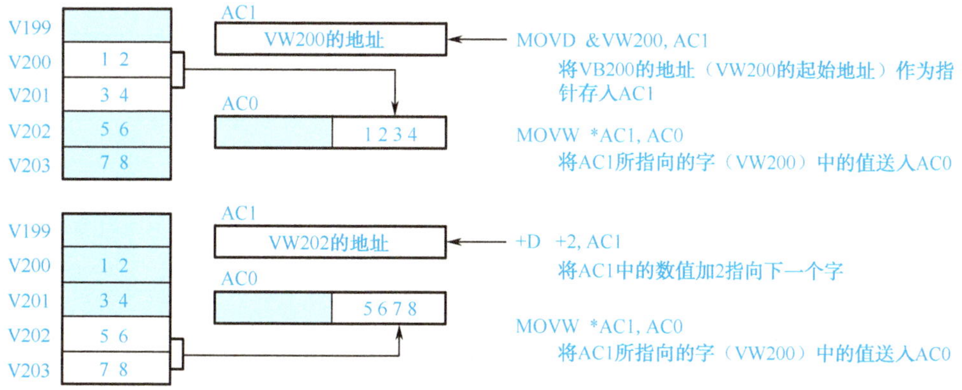

图 4-5 间接寻址中的指针改变

值得注意的是，要按照所访问的数据长度使用不同的指令，当访问字节时，使用递增指令使指针值加 1；当访问字或者计数器、定时器的当前值时，用加法或者递增指令使指针值加 2；当访问双字时，使用加法或者递增指令使指针值加 4。

4.3.2 S7—200 系列 PLC 的主要技术指标

技术指标是选用 PLC 的依据，S7—200 系列 PLC 产品主机的主要技术指标见表 4-5。

表 4-5 S7—200 系列 PLC 的主要技术指标

技术指标	CPU221	CPU222	CPU224	CPU226
外型尺寸/mm	90×80×62	90×80×62	120.5×80×62	190×80×62
存储器				
用户程序	2048 字	2048 字	4096 字	4096 字
用户数据	1024 字	1024 字	2560 字	2560 字
用户存储器类型	EEPROM	EEPROM	EEPROM	EEPROM
数据后备（超级电容）	50h	50h	50h	50h
输入/输出				
本机 I/O	6 入/4 出	8 入/6 出	14 入/10 出	24 入/16 出
可扩展模块数量	无	2	7	7
数字量 I/O 映像区	（128 入/128 出）	（128 入/128 出）	（128 入/128 出）	（128 入/128 出）
模拟量 I/O 映像区	无	16 入/16 出	32 入/32 出	32 入/32 出
布尔指令执行速度	0.37 μs/指令	0.37 μs/指令	0.37 μs/指令	0.37 μs/指令
主要内部继电器				
I/O 映像寄存器	128I 和 128Q	128I 和 128Q	128I 和 128Q	128I 和 128Q
内部通用继电器	256	256	256	256
计数器/定时器	256/256	256/256	256/256	256/256
字入/字出	无	16/16	32/32	32/32
顺序控制继电器	256	256	256	256

续表

附加功能				
内置高速计数器	4H/2W（20kHz）	4H/2W（20kHz）	6H/4W（20kHz）	6H/4W（20kHz）
模拟量调节电位器	1	1	2	2
高速脉冲输出	2（20kHz，DC）	2（20kHz，DC）	2（20kHz，DC）	2（20kHz，DC）
通信中断	1发送/2接收	1发送/2接收	1发送/2接收	1发送/2接收
硬件输入中断	4，输入滤波器	4，输入滤波器	4，输入滤波器	4，输入滤波器
定时中断	2（1～255ms）	2（1～255ms）	2（1～255ms）	2（1～255ms）
实时时钟	有（时钟卡）	有（时钟卡）	有（内置）	有（内置）
口令保护	有	有	有	有
通信功能				
通信口数量	1（RS—485）	1（RS—485）	1（RS—485）	2（RS—485）
支持协议 0号口 1号口	PPI，DP/T 自由口 N/A	PPI，DP/T 自由口 N/A	PPI，DP/T 自由口 N/A	PPI，DP/T 自由口 （同0号口）
PPI主站点到点	NETR/NETW	NETR/NETW	NETR/NETW	NETR/NETW

4.4 技能训练：可编程控制器的认识

4.4.1 S7系列PLC的比对认知

【任务描述】

了解西门子系列PLC的结构及工作原理，熟练西门子系列PLC的主要应用领域，查阅PLC相关网站，比对不同系列PLC的主要参数。

【任务实施】

通过PLC相关网站及相关资料的学习和查阅，填写表4-6。

表4-6 西门子系列PLC的结构类型和主要应用领域

名　称	结构类型	主要应用领域
SIMATIC S7—400		
SIMATIC S7—300		
SIMATIC S7—1200		
S7—200		

4.4.2 S7—200 系列 PLC 的认知

【任务描述】

了解 S7—200 系列 PLC 的结构及工作原理，熟练掌握 S7—200 系列 PLC 的主要参数，查阅 PLC 手册，比对不同型号 PLC 的各种参数。

【任务实施】

查阅《S7—200 编程手册》和西门子中国官方网站，参照实训室 PLC 实物填写表 4-7。

表 4-7 实训室 PLC 型号及其主要参数

名　称	参　数	名　称	参　数
CPU 型号		输入映像寄存器范围	
外形尺寸/mm		输出映像寄存器范围	
用户存储器类型		变量存储器	
可扩展模块数量		局部存储器	
布尔指令执行速度		位存储器	
通信口数量		定时器范围	
用户程序大小		计数器范围	
用户数据大小		累加寄存器范围	

思考与练习 4

4.1 PLC 有哪些特点？
4.2 比较 PLC 控制系统和继电器控制系统的优缺点。
4.3 简述 PLC 扫描周期及 PLC 的工作过程。
4.4 PLC 由哪几个主要部分组成？各部分的作用是什么？
4.5 PLC 有哪些主要技术指标？
4.6 什么是间接寻址？如何使用间接寻址？
4.7 什么是直流、交流输入单元？什么是晶体管型、晶闸管型、继电器型输出单元？
4.8 简述各种类型输出单元的特点和使用场合。
4.9 列写出 5 种 PLC 内部（软）继电器，并说明其在控制逻辑中的主要作用。

项目5 PLC的编程与通信

□【导读】

SIMATIC S7—200 编程软件是西门子公司为 S7—200 系列可编程控制器编制的工业编程软件集合，其中 STEP - Mirco/WIN 是基于 Windows 的应用软件。本项目主要介绍编程软件的安装、功能、硬件连接和使用方法，并结合具体实例介绍用户程序的输入、编辑、调试及监控运行的方法。

□【应知】

※ 掌握 STEP - Mirco/WIN 编程软件的安装及参数设置；

※ 熟悉 STEP - Mirco/WIN 编程软件的主要编程功能；

※ 熟悉 PLC 的通信配置及在线运行与监控。

□【应会】

☆ 会使用 S7—200 系列 PLC 的 STEP - Mirco/WIN 编程软件进行程序的编辑、上传和下载；

☆ 会进行 PLC 通信配置；

☆ 会使用符号定义、状态表显示、交叉引用等功能。

5.1 STEP 7 编程软件概述

STEP 7 编程软件用于西门子系列工控产品，包括 SIMATIC S7、M7、C7 和基于 PC 的 WinAC 的编程、监控和参数设置，是 SIMATIC 工业软件的重要组成部分。

① STEP 7 - Micro/WIN 用于应用 S7—200 的简单单站；

② STEP 7 Mini 用于应用 S7—300 和 C7—620 的简单单站；

③ STEP 7 用于带有各种功能的 S7—300/400，M7 和 C7。

本项目主要介绍适用于 S7—200 的 STEP 7 - Micro/WIN 编程软件。该软件主要协助用户开发应用程序，除了具有创建程序的功能外，还有一些文档管理等工具性功能，可以直接通过软件设置 PLC 的工作方式、参数和运行监控等。

5.1.1 STEP 7-Micro/WIN 的安装

STEP 7 - Micro/WIN 是基于 Windows 的软件工具包，可在 Windows9x，Windows2000

及 WindowsNT 等环境下使用。

在 Windows 操作系统下，启用该软件的自动安装程序（即直接单击 setup. exe），按照屏幕上弹出的指示信息逐步操作，其间会有安装路径、使用语言等内容的选择，用户只需按照提示选择即可。安装完成后，在桌面上会生成一个快捷图标，直接单击该快捷图标，或者按照“开始”→“Simatic”→“STEP 7 Micro/WIN”的路径，即可启动 STEP 7 Micro/WIN 编程软件。

如果系统上已安装有某个版本的 STEP 7，安装过程中会提示是否“中断安装”或“继续”。选择“中断安装”，可以在退出安装程序后，卸载旧版本软件，重新安装 STEP 7 新版本软件；选择“继续”，则直接用新版本软件覆盖旧版本软件。

STEP 7 软件有联机和离线两种工作方式。联机是指直接与 PLC 连接，允许两者之间进行通信，如上传或下载用户程序和组态数据等。离线则是指不直接与 PLC 连接，所有程序及参数暂时存在磁盘中，联机后再下载至 PLC。

5.1.2 STEP 7 Micro/WIN 主界面

STEP 7 Micro/WIN 主界面如图 5-1 所示。与传统的 Windows 窗口相似，界面包括菜单栏、工具栏、浏览栏、指令树、程序编辑器窗口、输出窗口和状态栏等部分。

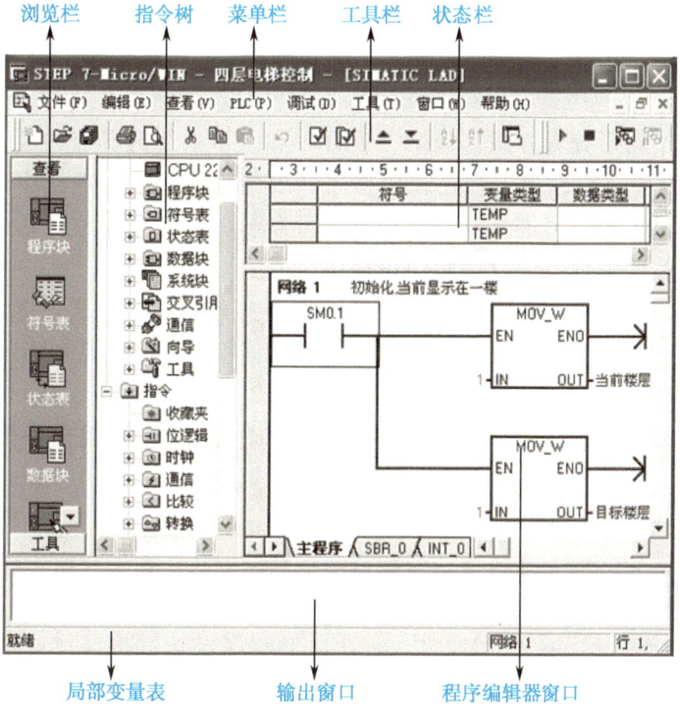

图 5-1 STEP 7 Micro/WIN 主界面

菜单栏包括文件（File）、编辑（Edit）、查看（View）、PLC、调试（Debug）、工具（Tool）、窗口（Windows）和帮助（Help）共 8 个主菜单项，菜单栏提供了使用鼠标或键盘进行操作的主要方式。几乎所有的软件功能都可以在菜单栏上找到操作的方法。

工具栏将最常用的操作以按钮的形式置于主窗口，提供给用户最便利的鼠标访问方式。用户可以根据需要和习惯定制工具栏的内容和外观。本软件提供三组工具——标准、调试和指令，可用如下方法选择：单击“查看”→“工具栏”→“标准”、“调试”、“指令”，选中的工具将出现在工具栏中。

浏览栏提供快速切换用户窗口的控制按钮，包括“查看”项和“工具”项两部分。“查看”项有程序块、符号表、状态表、数据块、系统块、交叉引用和通信按钮。单击任意按钮，可打开此拉钮对应的窗口。“工具”项提供程序设计向导，包括指令向导、文本显示向导、位置控制向导等。在浏览栏单击“工具”项，出现如图 5-2 所示的“程序设计向导”选择界面，单击“指令向导”按钮，出现如图 5-3 所示的“指令向导”界面，可进一步进行选择。

图 5-2 “程序设计向导”选择界面

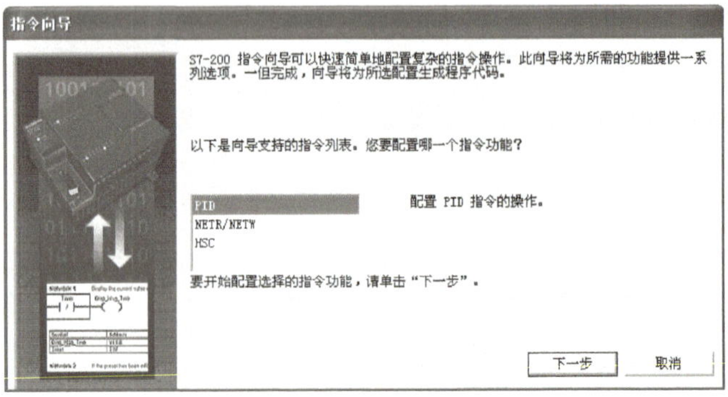

图 5-3 “指令向导”界面

指令树提供一个树形查看方式，包括“项目”和“指令”两部分内容。软件启动后自动生成项目 1，默认程序块中包含主程序、子程序和中断程序。单击项目中的内容，可打开相应的窗口，右击项目内容，可进行打开、插入、重命名、删除等操作。通过选择“指令”部分的内容，可以在程序编辑器窗口编辑用户程序。

程序编辑器窗口由局部变量表和程序编辑窗口两部分组成。如果需要，可以拖动二者之间的分割条，扩大程序编辑窗口并覆盖局部变量表。编程工作将主要在程序编辑窗口完成。

输出窗口主要用来显示程序编译的结果信息。

状态栏用来提供执行 STEP 7 - Micro/WIN 的状态信息，显示目前操作的信息。

5.1.3 定制 STEP 7-Micro/WIN

STEP 7 - Micro/WIN 提供了许多访问和显示信息的方法。这里介绍一些重新安排 STEP 7 - Micro/WIN 工作区组件的方法，用户可根据不同需求和习惯自行选择。

在菜单栏选择“查看”→“工具栏”，弹出工具栏子菜单，包括“标准”、“调试”、“公用”、“指令”、“全部还原”共 5 项。进一步选择，以决定“工具栏”中的显示内容，如图 5-4 所示。

通过右击“指令树”中指令文件夹或其中的指令内容，可以选择隐藏指令树。

在程序编辑窗口与局部变量表的分割条上放置光标，拖动分割条可以改变局部变量表的大小。如果程序没有子程序或中断程序，则可以拖动程序编辑器盖住局部变量表。

在菜单栏选择“窗口”→“层叠”、“垂直”或“水平”，窗口排列会随选择的不同而改变。

单击浏览栏中各个功能按钮，可以弹出相应的程序编辑窗口供编辑或查看，指令树中相应的文件夹也可达到同样的目的。

在菜单栏中选择“工具”→“客户自定”，打开“自定义”对话框，如图 5-5 所示。根据需要添加工具按钮或命令按钮来定制用户窗口。

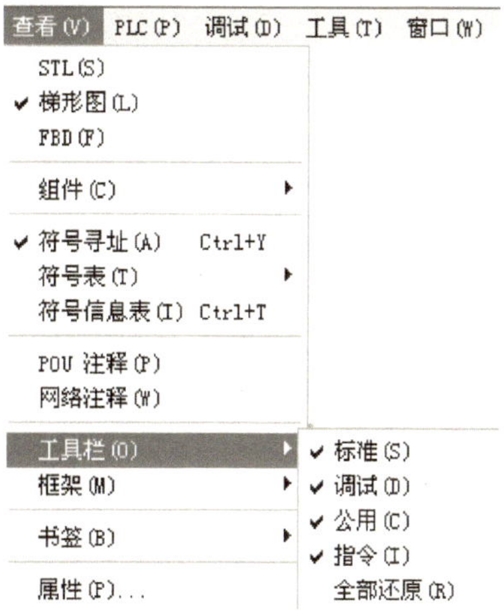

图 5-4 “工具栏”子菜单

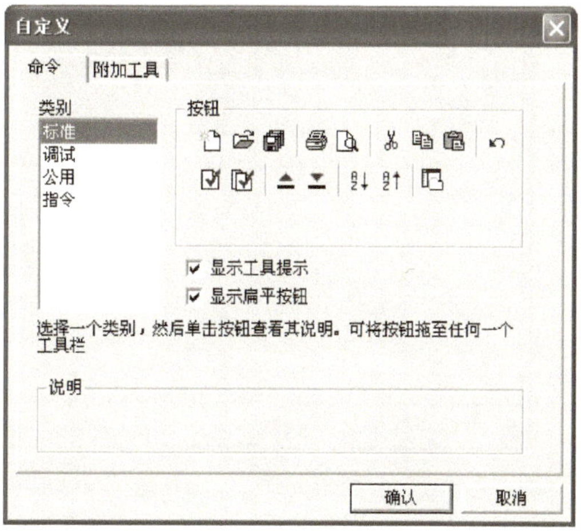

图 5-5 “自定义”对话框

在菜单栏中选择“工具”→“选项”，在不同的标签下进行相关内容的设定，以满足用户的个性化需要，如图 5-6 和图 5-7 所示。

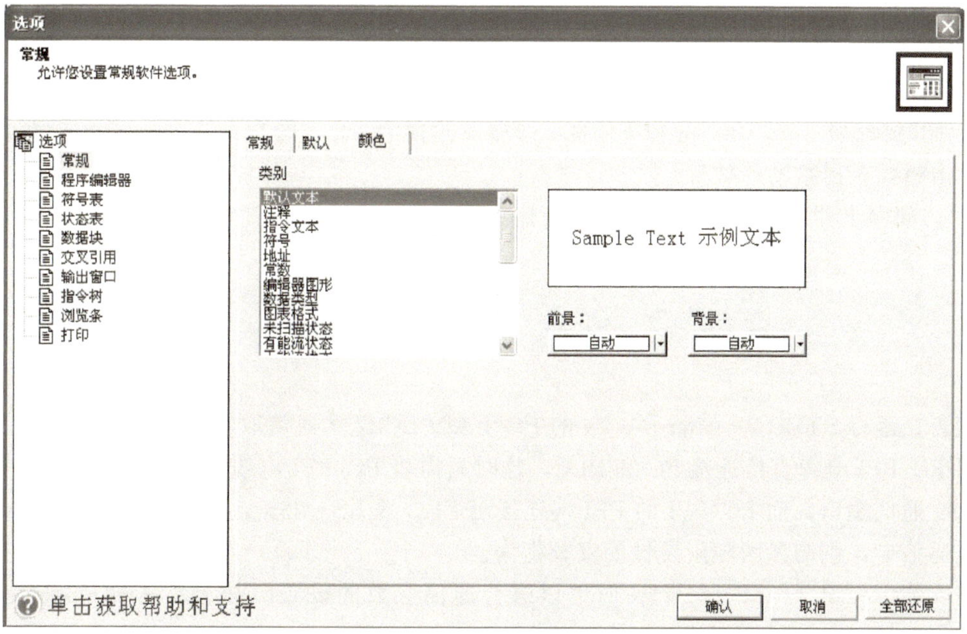

图 5-6 “选项”对话框（一）

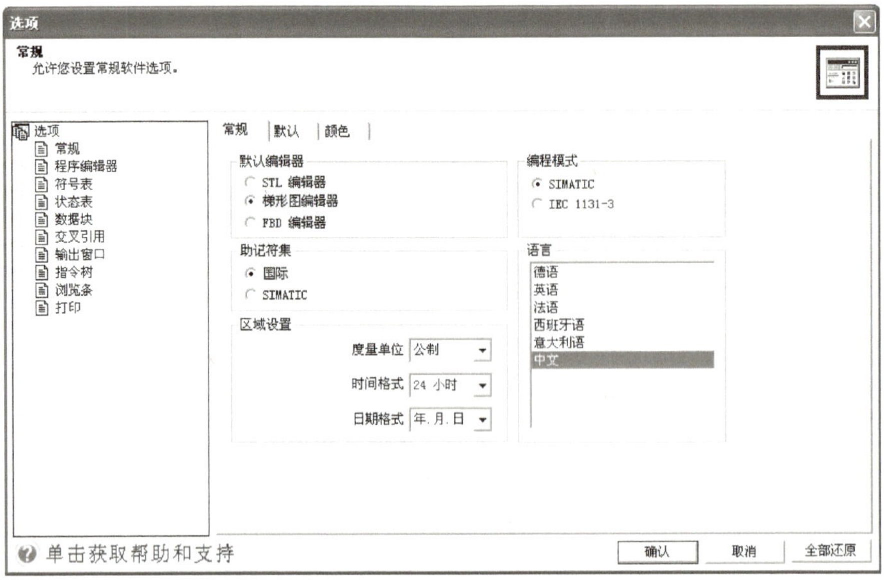

图 5-7 "选项"对话框（二）

5.1.4 使用帮助

STEP 7 - Mico/WIN 提供了多种形式的帮助，用户通过使用联机帮助和在线帮助可以对软件的基本内容及相关信息有全面和及时的了解，是熟练掌握软件的一条捷径。使用帮助有以下几种方法。

① 选择菜单项或打开对话框，按"F1"键，打开帮助主题。

② 选择"帮助"菜单，调出目录及索引浏览器。

③ 同时按移位（Shift）键和 F1 键，选取"这是什么?"的帮助主题，当光标变成问号时，单击想要获得帮助的项目。

④ 访问网上西门子网站或相关网站的信息。

5.2 硬件连接及参数设置

能否在运行 STEP 7 - Micro/WIN 的 PC 上和 PLC 建立通信取决于系统的硬件配置，可以使用 PC/PPI 电缆直接连接 PC 和 PLC，这时只需将 PC/PPI 电缆的 PC 端连接至计算机的 RS - 232 通信端口，而 PC/PPI 的 PPI 端连接至 PLC 的 RS - 485 通信端口。如果使用调制解调器或通信卡，则需参考随附硬件的安装指南。

在安装 STEP 7 - Micro/WIN 时可以进行通信参数的设置。对于简单的 PC/PPI 连接，使用软件默认的通信协议即可。

通过软件运行主界面可以查看默认参数，方法如下：选择"浏览栏"→"查看"→"通信"按钮，或选择"查看"→"组件"→"通信"，或在"指令树"中选择"通信"，弹出"通信"对话框，如图 5-8 所示。默认设置中，本地地址为 0，传输速率为 9.6kbps，帧长度为 11 位。

通信参数可以在编程前设置，也可以在下载程序时设置。在建立通信或进行通信设置前，应根据 PLC 的类型进行范围检查，必须保证 STEP 7 - Micro/WIN 中的 PLC 类型选择与 PLC 的实际类型相符。如果尚未选择 PLC 类型就打开新项目开始编辑程序，STEP 7 - Micro/WIN 编辑器及编译器只对指令、地址及 S7—200 PLC 型号均支持的 PLC 特征进行编程，而对于程序中使用的不被支持的 PLC 特征，在下载项目时将会被拒绝。

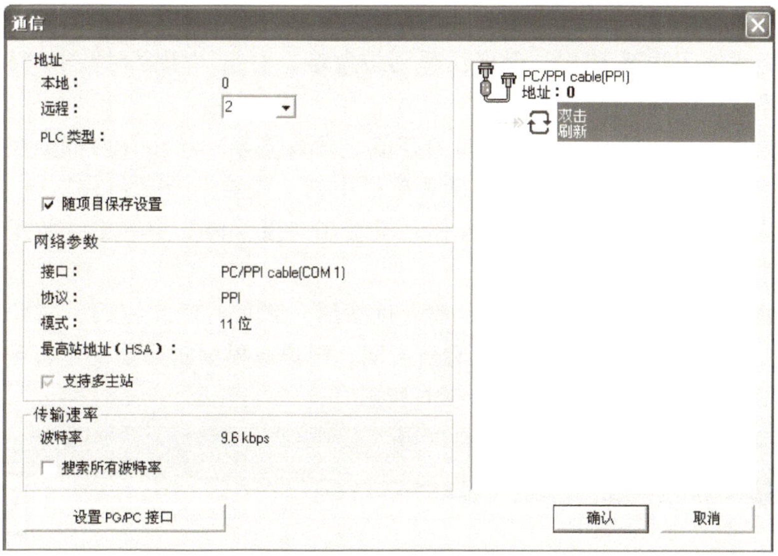

图 5-8 "通信"对话框

选择菜单栏中的"PLC"→"类型"，打开"PLC 类型"对话框；或者在"指令树"中右击项目名称，弹出"类型"按钮，单击打开"PLC 类型"对话框，如图 5-9 所示。可在下拉列表中选择 PLC 类型或直接从 PLC 读取。通过选择 PLC 类型，可以启动 STEP 7 - Micro/WIN 的指令及参数检查功能，帮助检查创建程序时发生的编程错误。指令树上可能会有部分指令出现红色标记 X，表示该指令不适用于本类型 PLC。

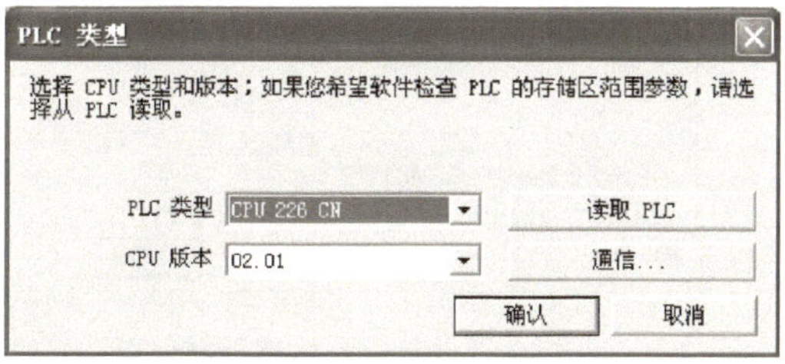

图 5-9 "PLC 类型"对话框

5.3 STEP 7-Micro/WIN 主要编程功能

5.3.1 编程元素及项目组件

PLC 的控制程序由主程序、子程序和中断程序组成。

主程序是写控制程序指令的地方，其中的指令按顺序执行，每次 CPU 扫描循环执行一次。

子程序和中断程序是程序的可选部分，存放在分开的块中。STEP 7 - Micro/WIN 为每个控制程序在程序编辑器窗口中提供分开的制表符，帮助组织程序。主程序总是从第一个制表符开始，后面是子程序或中断程序。

一个项目包括的基本组件有程序块、数据块、系统块、符号表、状态表和交叉引用等。

程序块由可执行的代码和注释组成，可执行代码由一个主程序与多个子程序和中断程序组成。代码被编译并下载至 PLC，程序注释则被忽略。右击“指令树”中“程序块”按钮，可以插入子程序或中断程序。

数据块由数据组成的模块（包含初始内存值、常数值等）和注释两部分组成。数据被编译并且下载到 PLC，注释则被省略。选择菜单栏中的“查看”→“组件”→“数据块”，或者直接在“浏览栏”中单击“数据块”按钮，或者在“指令树”中单击“数据块”按钮，均可以打开数据块对话框进行操作。

系统块由通信端口、断电数据保持、输入过滤器、背景时间、密码、脉冲捕捉位和输出表等选项组成。不同的 PLC 支持的选项有所不同，用户应根据实际情况进行配置。系统块信息也将下载到 PLC。系统块对话框如图 5-10 所示。

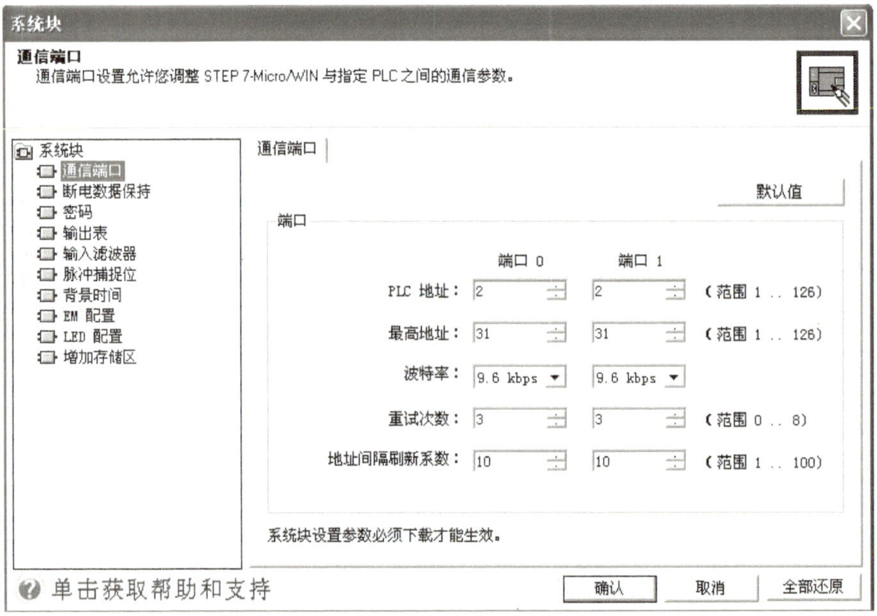

图 5-10 “系统块”对话框

单击“浏览栏”中的“系统块”按钮，或者选择“查看”→“组件”→“系统块”菜单命令，或者单击“指令树”中的“系统块”按钮，均可以查看并编辑系统块。可通过下载一个改动过的系统块，为 PLC 提供新的系统配置，也可以上传一个现有的系统块，使当前项目配置与 PLC 匹配。

符号表是程序员使用符号编址的一种表，它可以使程序逻辑更容易理解。下载到 PLC 中的执行程序将变换所有的符号为绝对地址，符号表信息并不下载到 PLC 中。单击“浏览栏”上的“符号表”按钮，可打开符号表。

状态表在 PLC 执行程序时，用于观察操作数的当前数值信息。状态表也不下载到 PLC

中，而只是监控PLC。单击“浏览栏”上的“状态表”按钮，或者选择菜单栏“窗口”→“状态表”，或者在“指令树”中双击“状态表”按钮，均可打开状态表。

交叉引用可以查看程序的交叉引用及元件使用信息，包括交叉引用信息、字节使用信息和位使用信息，可使PLC编程所用的资源一目了然。

在运行模式下进行程序编辑时，还可以查看程序当前正在使用的编译号码（EU、ED），交叉引用及使用信息不下载至PLC。单击“浏览栏”中的“交叉引用”按钮，或者选择菜单栏“查看”→“组件”→“交叉引用”按钮，或者在“指令树”中双击“交叉引用”按钮，均可打开“交叉引用”对话框，对话框底部的标签如图5-11所示。单击“交叉引用”窗口底部的标签，可以分别查看交叉引用表、字节使用表或位使用表。注意，必须进行编译后才能显示交叉引用。

图5-11 “交叉引用”对话框底部标签

5.3.2 编写梯形图程序

1. 打开项目

(1) 打开新项目 在菜单栏中选择“文件”→“新建”，系统会自动建立新项目。

(2) 打开现有项目

① 选择“文件”→“打开”，弹出“打开文件”对话框，选择项目路径及项目名称，单击“确定”按钮，打开现有项目。

② 在“文件”菜单底部会列出最近使用过的项目名称，选择“文件”→“文件名”，直接打开文件。

③ 在Windows资源管理器或“我的电脑”中找到要打开的项目，直接打开即可。

打开项目后，就可以进行编程了，编程工作将在特定的编程器中进行，本书以梯形图为例介绍相关操作。

图5-12 指令树

2. 输入指令

输入梯形图指令可以通过指令树、工具条等方式进行。指令树包含了几乎所有的编程指令，而工具条则是将最常见的指令以按钮的形式置于主界面。指令树与工具条如图5-12和图5-13所示。

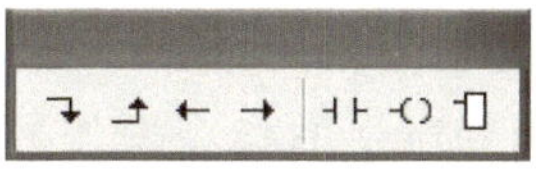

图5-13 工具条

(1) 画线 用工具条上的“水平”和“垂直”按钮，或者按“Ctrl”键+“←”、“→”、“↑”、“↓”箭头键，从左侧的电源母线开始画线，连接逻辑组件以构成网络。

(2) 选择指令

① 将“指令树”中的指令直接拖到需要输入指令的位置，释放鼠标即可。

② 在程序编辑器窗口，将光标放在需要的位置，此时会出现一个“选择方框”，然后在“指令树”中双击需要的指令，就实现了输入指令的操作。

③ 在程序编辑器窗口，将光标放在需要的位置，当“选择方框”出现时，单击工具栏按钮，或者使用适当的功能键（F4＝触点、F6＝圈、F9＝方框）插入一个通用指令，然后在通用指令的记忆区域上选择需要的指令，也可实现指令输入操作。

(3) 插入或覆盖指令　在一个指令之上放入一个新指令，程序编辑器要移动旧指令，为新指令腾出地方，称为插入。在一个指令之上放入新指令，程序编辑器删除旧指令，用新的指令替换，称为覆盖。可以用键盘上的插入键（Insert）在插入和覆盖两种编辑方式之间切换。

当用相同类型的方框覆盖一个指令时，对旧参数做的任何赋值都保留到新参数上，即如果第二个指令与第一个指令有同样数目的能流输入和输入地址参数、能流输出和输出地址参数，进行覆盖时保留参数赋值不变。

3. 创建逻辑网络

常见的逻辑组件有触点、线圈、方框、标号及连接线等，网络就是由这些部分组成的。通过拖放鼠标或使用“Shift”键及上、下箭头键，可选择多个相邻网络，然后剪切、复制、粘贴或删除所选网络内容。还可以通过工具栏按钮、菜单栏“编辑”命令或右击鼠标使用快捷菜单选项，进行单元、指令、地址及网络的编辑操作。

梯形图构造逻辑网络时须注意以下几点。

① 网络必须以某一触点开始，但不能以触点结束。

② 线圈不能作为网络的开始，线圈只能用来终止逻辑网络。

③ 一个网络可以有多个线圈，但必须在网络的并行分支上，而不能在一个网络的水平线上。

④ 如果某一方框中有ENO，那么能流将扩展到方框以外，可在方框后面放置更多的指令。在网络的同级串联电路中，可以有若干ENO方框；如果方框没有ENO，则不能在它后面放任何指令。

⑤ 可以将程序编辑窗口设想为一个小的单元，每个单元是一个放指令的区域，或者绘制一条线段。一个网络最多能被垂直和水平地分为32个单元。

在网络中，如果元件只是串联连接，并无分叉，则视为顺序输入，这种网络被称为串联网络，串联网络比较简单，只需依次输入各编程元件即可。如果网络有分叉，则需要组成复杂结构的并联网络。在网络交汇处，同样可以使用指令工具条上的编程按钮，或者从指令树中输入指令进行编程。

4. 输入地址

在梯形图中输入指令时，参数最初用问号表示，如“??.?”或“????”，表示参数未赋值。可以用绝对数值或符号方式标明程序中的指令操作数。绝对引用是指用内存区的位或字节位置标识地址，符号引用则是指使用数字、字形的字符组合标识地址。如果有未赋值的参数，程序将不能正确编译。

① 输入常数（如100）或绝对地址（如I0.1）。只需用光标或输入键选择输入地址区域，直接在指令地址区域里输入需要的值即可。

② 输入符号地址。在指令的地址区域输入符号名称，如果是全局符号，需要使用符号表（SIMATIC模式）或全局变量表（IECll31—3模式）把符号名输入到内存地址中，可以在任

何时候进行符号赋值；如果是局部变量，则需要使用程序编辑器窗口顶端的局部变量表，如图 5-14 所示，在“符号”列输入符号名。局部变量不必输入地址，程序编辑器会自动地格式化地址值。STEP 7 - Micro/WIN 的局部变量表需要硬件的支持，系统中必须有 CPU221 以上的 PLC 才能使用局部变量表。

5. 输入程序注释

在梯形图编辑器中有两级注释：网络注释和项目组件注释。

① 网络注释。每段网络都有一个网路标题和网络注释，如图 5-15 所示。网络标题和网络注释是对网络进行的文字说明或备注。网络注释可以隐藏，网络标题在程序编辑器内是可见的。

	符号	变量类型	数据类型	注释
		TEMP		
		TEMP		
		TEMP		
		TEMP		

图 5-14　局部变量表

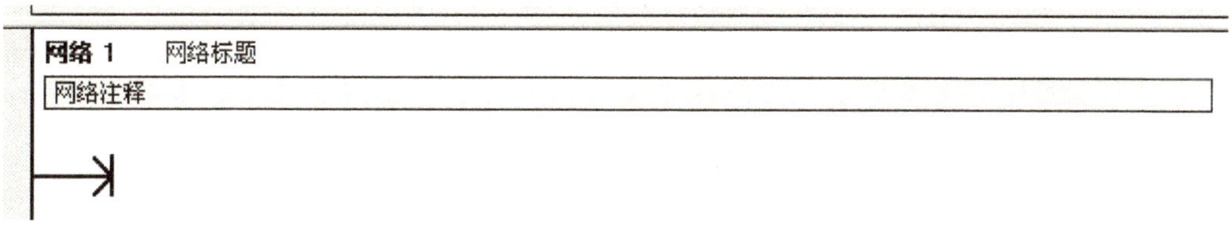

图 5-15　网络注释

② 项目组件注释。右击编程软件底部的程序名称标签，弹出快捷菜单，选择“属性”选项，打开“属性”选项对话框（如图 5-16 所示为“主程序”的属性对话框），可查看该程序创建时间和修改时间，还可以设置更改程序名称、作者及密码保护等内容。

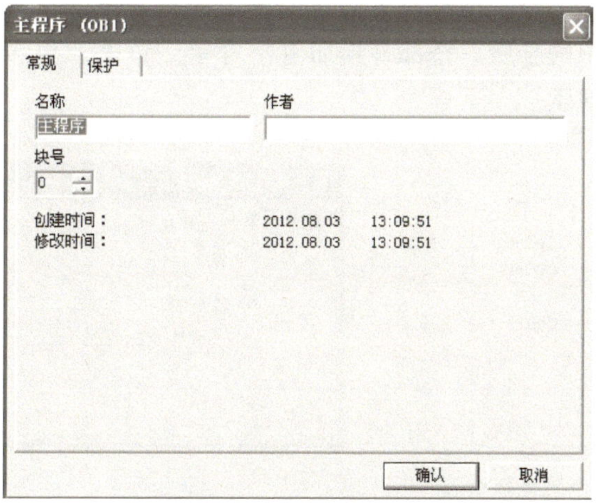

图 5-16　“属性”对话框

6. 常用编辑方法

程序元素可以是单元、指令、地址及网络，编辑方法与普通的文字处理软件相似。在程序编辑器上单击时，出现一个方框，显示选定的对象，通过工具栏按钮或“编辑”菜单命令或右击使用快捷菜单选项（如图 5-17～图 5-19 所示），均可实现对选定对象的剪切、复制、粘贴和删除等操作。

单击网络标题时，方框会在标题区域出现，但选取的快捷菜单命令将作用于整个网络，而不只限于标题。

在程序编辑器对话框、局部变量表、符号表、状态表、交叉引用标签、数据块里可以使用“查找”、“替换”及“转至”功能。“查找”功能可以定位指定的字符串；“替换”功能允许替换指定的字符串；“转至”功能可以实现快速地由指定网络或行跳到其他位置。

在菜单栏上进行“编辑”→“查找”操作，弹出“查找/替换/转到”对话框，在字段里输入要搜索的字符串，若要找下一个出现的搜索字符串，则单击“查找下一项”按钮。还可以进一步定义搜索，单击“更多选项”按钮，设定搜索描述，如查找方向、大小写匹配、范围等。

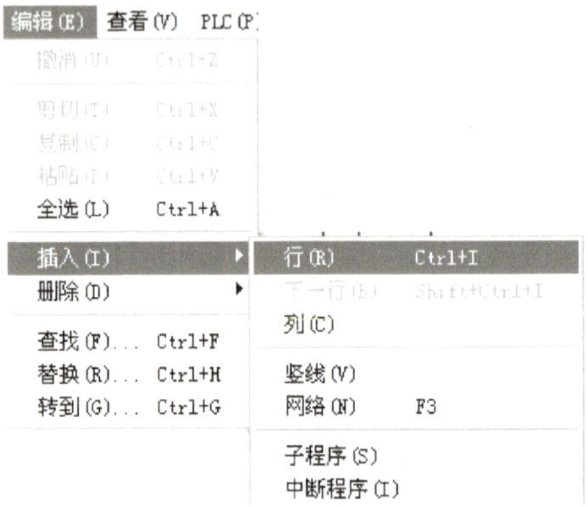

图 5-17 “编辑”菜单

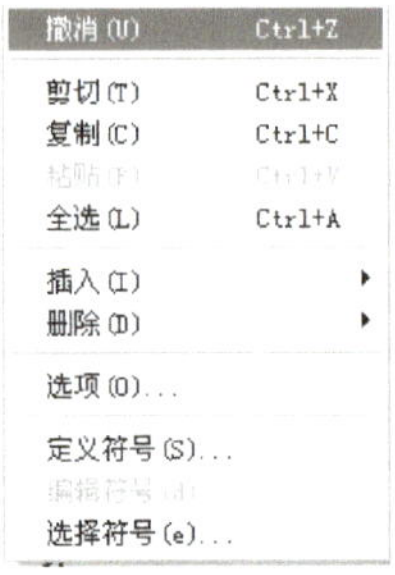

图 5-18 右击参数弹出的快捷菜单

在“替换”选项卡（如图 5-20 所示）中输入想要用于替换搜索结果的字符串。单击“替换”按钮，系统将查找到的字符串替换为替换内容中的字符串。单击“全部替换”按钮，将省去逐一检验每个字符串的步骤，全部替换所有字符串。单击“更多选项”按钮，可以设定搜索条件，进一步进行搜索。

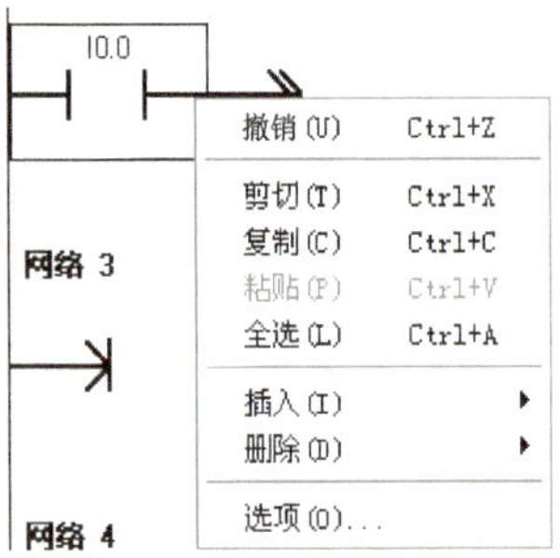

图 5-19 右击指令弹出的快捷菜单

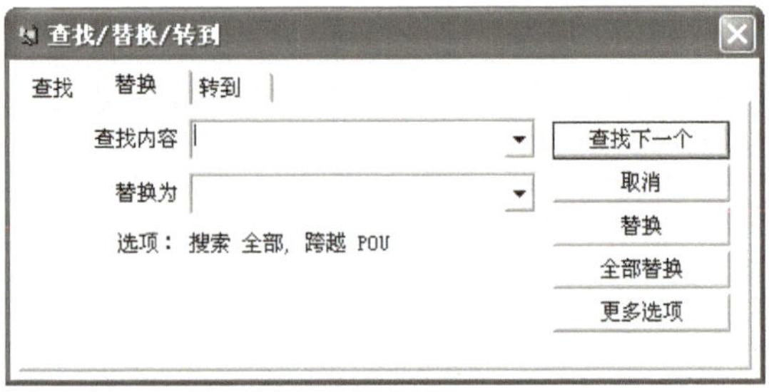

图 5-20 “替换”选项卡

在“转至”选项卡中，直接输入要转入的网络号码即可实现快速跳转。

在程序编辑器中编程时，窗口默认字体颜色为黑色（用户可在图 5-6 所示窗口中自行定制）。当地址或符号赋值合法时，字体颜色正常显示；当输入有错误时，窗口通过颜色变化提示。默认情况下，字体下面显示红色波浪线时，表示此值超出范围或指令类型不匹配；输入指令和地址时文本自动变红，表示不合语法；字体下面显示绿色波浪线时，表示变量或符号的使用未经定义。STEP 7 - Micro/WIN 允许在定义变量和符号之前写程序，可随时将数值加到局部变量或符号表中，可以使用定义符号对话框消除未定义的符号。如果在一行程序前出现 X 号，表示该行有语法遗漏或是不合法行，则编译将不通过。

7. 编译与保存

可选择菜单栏中的“PLC”→“编译”按钮，或者工具栏上的“编译”按钮，编译当前被激活的编辑器中的程序。

若选择“PLC”→“全部编译”，则按照顺序编译程序块（主程序、全部子程序、全部中断程序）、数据块、系统块等全部块。使用“全部编译”与哪一个窗口是活动的无关。编译结束后，输出窗口显示编译信息。

可以通过工具栏的“保存”按钮、“文件”菜单中的“保存”和“另存为”命令进行程序保存。“保存”允许快速保存源程序的任何变化。初次保存项目时，系统提示是否修改名称和目录的默认值。“另存为”则允许修改当前的项目名称或目录位置。首次建立项目时，STEP 7 - Micro/WIN 的默认名称为“Project1. mwp”，此项目名可以修改。

5.3.3 数据块编辑

数据块编辑器是一种自由格式文本编辑器。键入一行后，按回车键，数据块编辑器对输入行进行格式化并重新显示。数据块编辑器接受大小写字母并允许用逗号、标签号或空格作为地址及数据值的分隔符号。数据块只允许对 V 内存（变量内存区）进行初始数据赋值，可以对 V 内存的字节、字或双字赋值。典型的数据块行内容包括起始地址及一个或多个数据值，注释为可选项。数据块的第一行必须包含明确的地址赋值，后面的行可包含明确或隐含的地址赋值。当在单地址赋值后面输入多个数据值或输入只包含数据值的一行时，由编辑器进行地址赋值，编辑器根据先前的地址分配及数据值尺寸（字节、字或双字），进行适当赋值。

数据块内的一行最多能够包含 250 个字符数据，加上（可选）地址说明。当输入包含错误的行时，会立即在数据块左边显示输入错误，也有一些错误只在编译后才显示。可使用剪切、复制及粘贴命令在 STEP 7 - Mico/WIN 中向外传输数据块内容。数据块需要下载至 PLC 后才起作用。数据块窗口如图 5-21 所示。

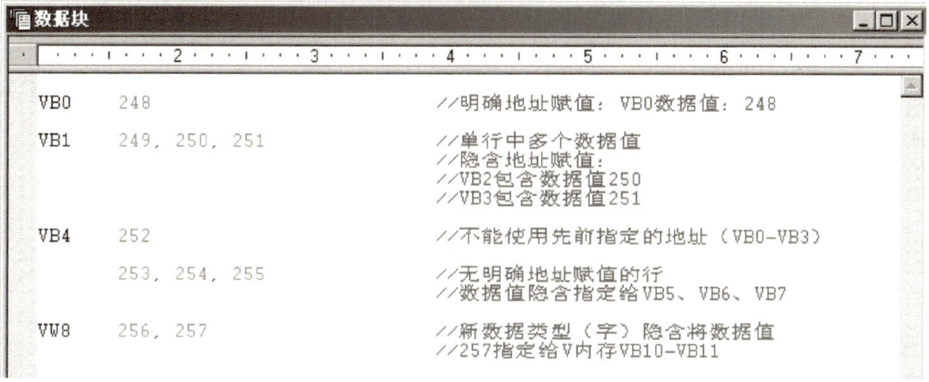

图 5-21 “数据块”窗口

5.3.4 符号表操作

如果选择了符号寻址，则需要对绝对地址建立一个符号表。

1. 符号赋值

打开符号表，在“符号”列输入符号名，符号名最大允许长度为23个字符。在“地址”列和“注释”列分别键入地址和注释（注释为可选项）。“符号表”窗口如图5-22所示。

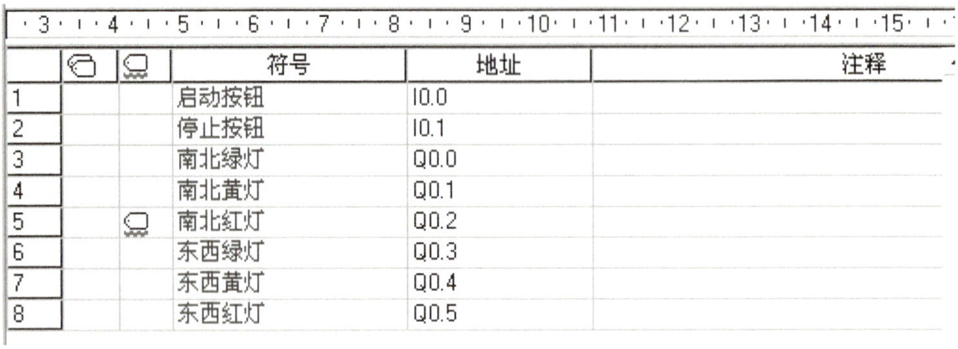

			符号	地址	注释
1			启动按钮	I0.0	
2			停止按钮	I0.1	
3			南北绿灯	Q0.0	
4			南北黄灯	Q0.1	
5			南北红灯	Q0.2	
6			东西绿灯	Q0.3	
7			东西黄灯	Q0.4	
8			东西红灯	Q0.5	

图5-22 “符号表”窗口

2. 创建额外的符号表

① 右击“指令树”中的“符号表”文件夹，选择快捷菜单命令“插入符号表”。

② 打开“符号表”窗口，选择“编辑”菜单；或者右击弹出快捷菜单，选择“插入”→“表”。插入新符号表后，新的符号表标签将出现在符号表窗口的底部。

3. 插入新行

在符号表窗口，选择菜单命令“编辑”→“插入”→“行”，在当前位置插入新行；或者右击符号表内某单元，选择快捷菜单命令中的“插入”→“行”，插入新行；或者将光标置于最后一行的任意单元内，按向下箭头键，可在符号表底部插入新行。

4. 对符号表排序

单击列中任一内容，然而选择菜单命令“查看”→“顺序排列”（“逆序排列”）；或者单击工具栏“顺序排列”（“逆序排列”）按钮，可以实现对符号表的排序。单击列头，可以在顺序排列和逆序排列之间切换。

5. 在符号表之间切换

打开符号表窗口，单击位于符号表窗口底部的标签；或者在指令树中，双击要查看的符号表文件夹按钮，可在符号表之间快速切换，如图5-23所示。

图5-23 快速切换符号表

6. 同时查看符号和绝对地址

选择菜单命令“工具”→“选项”，选择梯形图编辑或功能块图编辑标签，单击“显示符号及地址”按钮。只有在打开符号地址视图时，才能在项目内显示符号地址，否则只能显示绝对地址。

7. 在符号及绝对视图之间切换

在建立了符号与绝对地址的关系后，可以在操作数地址的符号与绝对视图之间进行切换。选择菜单命令“查看”→“符号寻址”；或者按“Ctrl”+“Y”键打开或关闭符号寻址功能。符号寻址菜单项目前面的打勾表示已打开符号寻址功能。默认条件下，打开第一个项目后，符号寻址功能也被打开。

8. 定义符号

使用定义符号命令可以从列表中选择现有符号进行赋值，还可以在程序编辑器窗口后状态表工作时不打开符号表直接创建新符号并赋值。使用定义符号命令，要在符号寻址视图内。“定义符号”对话框如图5-24所示。

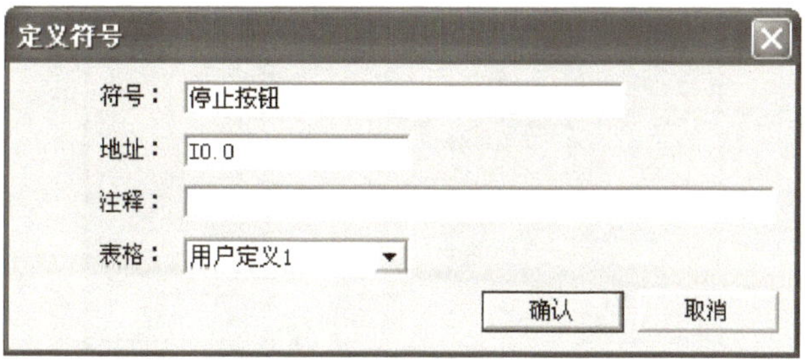

图5-24 “定义符号”对话框

在状态表地址单元内输入所需要符号名的至少一个字符，并按回车键；或者在程序编辑器窗口右击不完整（或不正确）的符号名，从快捷菜单中选中“定义符号”；还可以从列表内选择现有符号，或者在定义符号对话框内定义新符号。

5.4 通信设置

5.4.1 配置通信网络

1. 安装和删除通信硬件

单击“浏览栏”→“通信”按钮；或者选择菜单栏中的“查看”→“组件”→“通信”；或者在“指令树”中选择“通信”，弹出“通信”对话框。

在“通信”对话框的右窗格，单击“双击刷新”按钮。如果已经成功地在网络上的个人计算机和设备之间建立了通信，则一个设备列表（包括模块类型和站地址等信息）将会出现。

STEP 7 - Mico/WIN在同一时刻仅与一个PLC通信。红色方框环绕PLC，表示其为当前与STEP 7 - Micro/WIN通信的PLC。在不同的PLC上双击可以更改STEP 7 - Micro/WIN与不同PLC间的通信。

在“控制面板”中选择“Setting PG/PC Interface”按钮，或者在通信对话框中双击要设定的设备，弹出“设定PG/PC界面”对话框，如图5-25所示。

在“设定 PG/PC 界面”对话框中，单击“选择”按钮，弹出“安装/删除硬件”对话框，如图 5-26 所示。对话框的左侧列出尚未安装的硬件类型，右侧列出当前已安装的硬件类型。从列表框中选择要安装的硬件类型，单击“安装”或“删除安装”按钮，操作完成后，单击“关闭”按钮。

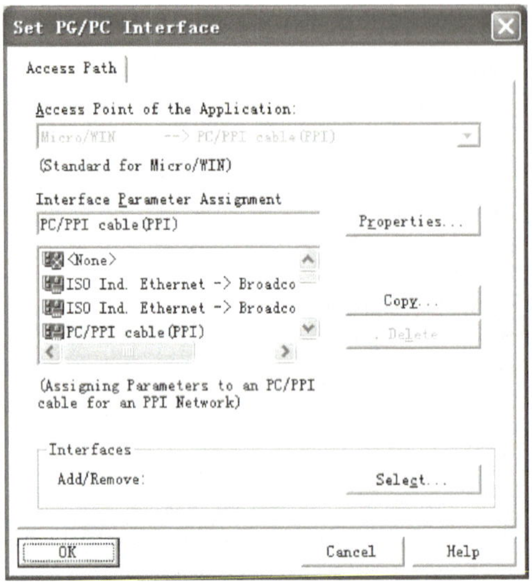

图 5-25 “设定 PG/PC”对话框

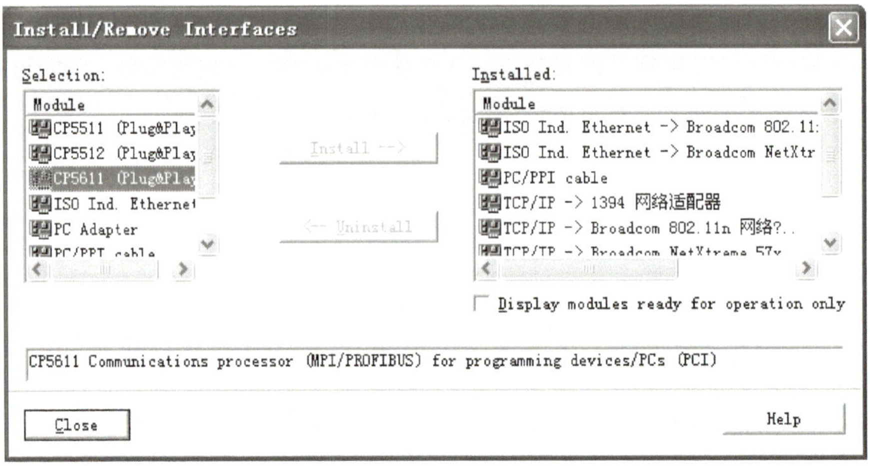

图 5-26 “安装/删除硬件”对话框

2. 设置硬件通信属性

硬件安装完成后，需要设置硬件通信属性。首先选择网络协议，对全部 CPU 应使用 PPI 协议，在“设定 PG/PC 界面”对话框中的界面参数组选项栏选择正确的设定。此栏列出了已经安装的各种硬件类型及硬件所使用的协议类型。

设定正确参数组后，还需设定当前配置的单个参数。单击“设定 PG/PC 界面”对话框中的“属性”按钮，根据前面选择的参数组，可进入不同的对话框。

（1）设定 PC/PPI 线（PPI）参数　在“设定 PG/PC 界面”对话框中，选择使用 PC/PPI

线，单击“属性”按钮，出现 PC/PPI 线的属性设置对话框。该对话框有两个选项卡：PPI 与本地连接。在 PPI 选项卡（如图 5-27所示）参数区域内的地址栏内选择号码，设定 STEP 7 - Micro/WIN 在 PLC 控制网络内所处的位置，默认站的站地址为 0，网络上第一台 PLC 的默认站地址为 2。网络内的各设备（PC，PLC 等）必须具有不相同的地址。

在超时栏内选择数值来设定通信设备建立联系所需的时间，默认值 1s。通信时，STEP 7 - Micro/WIN 32 默认设定为多半 PPI 协议。选择对话框上“多主网络”（Multiple Master Network）前的复选框，即可启动该模式。STEP 7 - Micro/WIN 也支持单主协议。

设定网络上的传输速率。一般 PPI 线支持的传输速率为 5.6～15.2Kbit/s。选择最高站地址。达到此地址时，STEP 7 - Micro/WIN 停止寻找网络上的其他主设备。在本地连接选项卡内（如图 5-28 所示），选择 PC/PPI 连接的 COM 口。

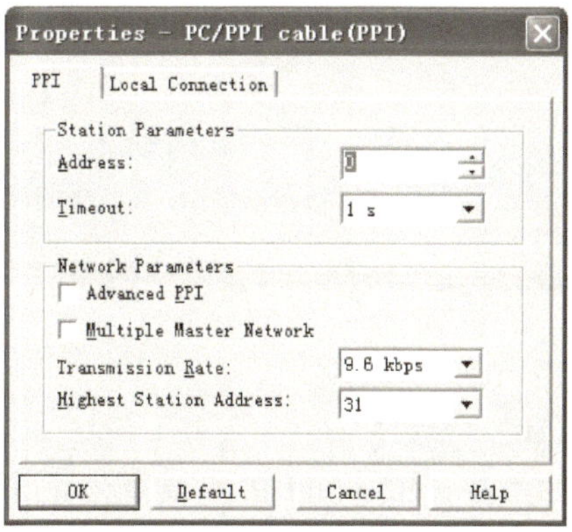

图 5-27 “PC/PPI 线（PPI）属性设置”对话框

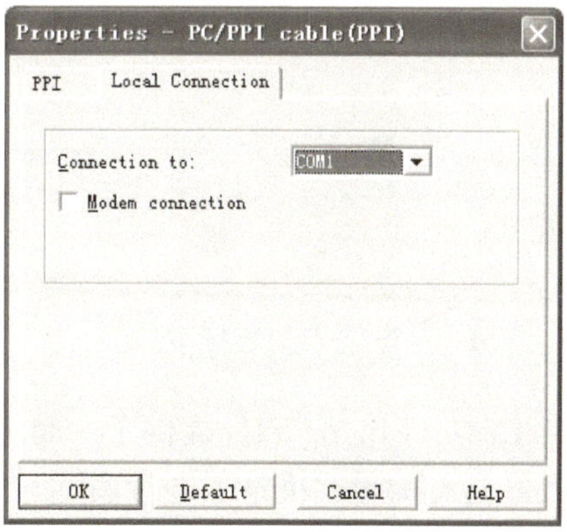

图 5-28 “本地连接”选项卡

（2）设定 CP 或 MPI 卡（PPI）参数　使用多点界面卡此通信处理器卡时，可以采用多配置方式。两种卡均为使用 MPI 电缆进行网络连接，提供单 RS—485 接口。可以使运行 STEP 7 - Mico/WIN 编程软件（带 MPI 或 CP 卡的 PC，或者 SIMATIC 编程设备）的站与包括多个主设备的网络相连接（如果已启动多个主设备，也适用于 PC/PPI 线），主设备包括操作员板及文本显示器（TD 200 单元）。

在“设定 PG/PC 界面”对话框内，单击“属性”按钮，相应卡的属性对话框出现。设定参数与设定 PC/PPI 的方法相似。

（3）设定调制解调器通信参数　使用调制解调器时，需设定编程设备与 CPU 或 PC 与 CPU 之间的通信参数。必须使用 PC/PPI 线模块参数组，否则不可使用配置调制解调器功能。确认已经启动配置调制解调器功能，然后再设定配置参数。设定可分为本地调制解调器和远程调制解调器，具体操作可参阅硬件的随附文档。

5.4.2 下载

如果计算机和 PLC 已经建立了通信，就可以下载程序到 PLC 中。下载程序前，须确认 PLC 处于停止模式；下载成功后，要将 PLC 从停止模式转到运行模式。

在工具栏上单击“下载”按钮；或者选择菜单栏中的“文件”→“下载”命令，弹出下载对话框。单击“确定”按钮开始下载。下载成功后，出现确认信息。

5.4.3 上载

单击工具条“上载”按钮或选择菜单栏中的“文件”→“上载”命令，将 PLC 程序上传至计算机。可以选择上传程序块（主程序、子程序及中断程序）、系统块及数据块等的全部或部分内容。上传的目标地址可以有以下两种。

(1) 上传至新的空项目　这是捕捉程序块、系统块及数据块信息最保险的方法。因为项目是空的，所以不会破坏数据。如果想使用此项目创建的状态表或符号表的内容，要再打开一次 STEP 7 - Micro/WIN，从源项目文件内复制相应信息，上传前应保证新建一个空项目。

(2) 上传至现有项目　将程序恢复到目前 PLC 的状态可以使用此方法。上传将改写现有项目的块内容，因此如果想保留下载至 PLC 后对程序块、系统块、数据块所做的改动，就不要采用这种方法。

5.5 调试与监控

5.5.1 选择工作模式

STEP 7 - Micro/WIN 提供了一套工具来调试和监控程序。

PLC 运行的模式决定了进行调试与监控操作的类型。S7—200 PLC 具有停止和运行两种运行模式。在停止模式下，可以创建、编辑程序，但不能执行程序；在运行模式下，PLC 读输入、执行程序、写输出、响应通信请求、更新智能模块、进行内部事物管理及恢复中断条件，不仅可以执行程序，还可以创建、编辑及监控程序，为调试提供帮助。

选择菜单栏中的“PLC”→“运行”命令或选择“PLC”→“停止”命令可进入相应的 PLC 运行模式；单击工具栏中的“运行”按钮或“停止”按钮，也可进入相应的模式；还可以手动改变位于 PLC 上的开关或在程序内插入停止指令。

当 PLC 处于停止模式时，可利用图状态或程序状态查看操作数的当前值，也可利用图状态或程序状态强制数值（此操作只在梯形图和功能块图程序状态中使用），还可以利用图状态写入数值或写入和强制输出，执行有限数目的扫描，通过状态表或程序状态查看影响。在停止模式下，虽然能报告操作数状态，但 PLC 无法执行用户程序，达不到预期的控制效果。如果想观察程序状态的连续更新，需将 PLC 转回运行模式。

5.5.2 程序状态显示

从程序编辑器窗口查看状态的优势是能够得到有关程序当前运行状况的图形表示，可以从程序状态强制及取消强制数值，但不能使用状态表内所提供的全部工具（如单次扫描、全部写入、读取全部强制功能，以及向强制操作数键入精确数值的能力）。启动程序状态将关闭许多其他的 STEP 7 - Micro/WIN 功能。

1. 打开程序状态

如图 5-29 所示，选择“调试”菜单下的“开始程序状态监控”指令，打开输出窗口；或者单击“调试”工具栏中的“程序状态监控”按钮，短暂停顿后，程序编辑器窗口开始显示状态。如果操作数数值等于 1（触点动作），布尔指令（触点、线圈）将被显示成彩色块，非布尔操作数则以通信速度允许的最快速度显示并更新。

2. 强制及取消强制数值

由于 PLC 与用户观察程序状态所用的编程设备之间有通信时间延迟，PLC 内所显示的操作数数值总在状态显示变化之前先发生变化，因此可以对在 PLC 内数值已经改变而在程序状态表示中数值尚未改变的数值发出强制命令。

全程序内强制数值时，程序每次扫描将操作数重置成该数值，与 I/O 条件或其他正常情况下将对操作数数值有影响的程序逻辑无关。强制可能导致进程操作无法预料，从而引起人员伤亡、设备损坏等事故，因此只有熟练人员才能进行强制操作。

（1）强制操作数　单击操作数，单击“调试”菜单下的“强制”按钮；或者右击操作数，从快捷菜单中选择“强制”。

（2）对单个操作数取消强制　单击操作数，单击“调试”菜单下的“取消强制”按钮；或者右击操作数，从快捷菜单中选择“取消强制”。

（3）对全部强制数值取消强制　单击操作数，单击“调试”菜单下的“取消全部强制”按钮；或者右击操作数，从快捷菜单中选择“取消全部强制”。

图 5-29　“调试”菜单

5.5.3　状态表显示

打开状态表是为了对梯形图的内容进行编辑或查看，只有发出单次扫描命令或启动状态表，才会在当前数值列显示状态信息，如图 5-30 所示。启动状态表可以收集状态信息，还可以建立一个或多个状态表监控、调试程序。

1. 启动状态表

选择“窗口”菜单下的“状态表”或单击“浏览栏”中的“状态表”，或者“指令树”中的“状态表”，均可打开“状态表”窗口。

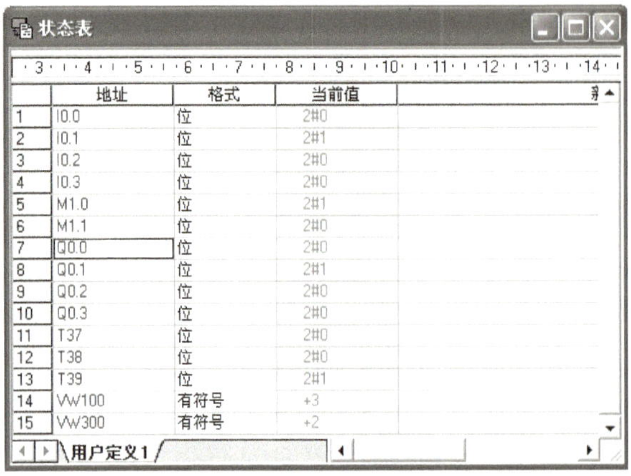

图 5-30 “状态表”窗口

2. 创建状态表

直接在地址字段输入地址。除了数据常量、累加器及高速计数器外，PLC 内存地址范围所列举的大多数内存类型均有效。可以从符号表选择地址并将其复制在状态表内快速创建状态表。

3. 创建额外的状态表

右击“指令树”中状态表文件夹并选择快捷菜单命令“插入状态表”；或者打开状态表窗口，利用“编辑”菜单，右击弹出快捷菜单，选择“插入”→“状态表”即可。

插入新的状态表后，状态表窗口底部将出现新标签，并在指令树窗口中的状态表图标下创建一个单独组件。可右击指令树内的对应图标进行重新命名操作。单击所选图的标签可在图之间切换。

4. 状态表内的调试功能

在状态表内可以利用“调试”菜单或工具栏按钮调用单次扫描、全部写入、强制、取消强制、取消全部强制及读取全部强制等调试功能。

① 单次扫描可以获得“单次执行信息”，默认情况下，表状态不断地从 PLC 获取状态更新信息。选择菜单栏中的“调试”→“单次读取”或使用调试工具栏中的“单次读取”按钮，打开“单次读取”功能，可以获得数值的单次“结果”。

② 全部写入是对状态表内新数值列改动完成后，利用该功能将所有改动传输至 PLC。在监控运行情况下，可以向程序写入一个或多个数值，以模拟一种条件或一系列条件，程序执行时，所有用写入功能修改的数值生效。可选择“调试”菜单下的“全部写入”或使用调试工具条中的“全部写入”按钮，调用“全部写入”功能。

③ 强制功能可以将某地址强制成某数值。一旦使用了强制功能，每次扫描都将数值强制于该地址直到取消强制。STEP 7 Micro/WIN 可从梯形图或功能块图的程序状态及语句表程序状态强制地址。在状态表内使用强制功能强制一个或多个程序数值时，每次扫描循环都会有效地重置数值。虽然在单次扫描过程中，程序可修改被强制数值，但新扫描开始时，将再次使用强制数值。由于 PLC 的执行速度很快，而从 PLC 向编程设备传输状态信息及在编程设备屏幕上显示信息所需时间较长，因此可能无法观察到强制数值的任何改变，但在整个扫描过程中可能会

观察到改变。可选择调试菜单栏中的“强制”或使用调试工具栏中的“强制”按钮，调用该功能。

④ 利用取消强制功能从所选地址中删除强制功能。可选择“调试”菜单下的“取消强制”；或者使用调试工具栏中的“取消强制”按钮；或右击某参数，在快捷菜单中选择相应命令。

⑤ 要对全部地址取消强制，可使用取消全部强制功能。使用取消全部强制前不必选择单个地址。选择“调试”菜单下的“取消全部强制”或使用调试工具栏中的“取消全部强制”按钮，调用该功能即可。

5.5.4 执行有限次扫描

1. 首次扫描

通过指定PLC运行的扫描次数，可以监控程序在改变进程变量时的情况。PLC不支持对运行模式执行循环固定扫描次数。任何时候PLC从停止模式进入运行模式，该扫描的第一扫描位（SM 0.1）将被激活。由于PLC执行的速度很快，从程序状态很难监控到此位的变化，因此可以使用“首次扫描”命令，它使PLC从停止模式变成运行模式，执行单个扫描，然后再回到停止模式。由于PLC只执行一次扫描，与第一扫描逻辑相关的状态信息不会消失，因此可以查看此信息，进而监控程序。

可在程序编辑器窗口显示要监控的程序部分，确定打开程序状态，将PLC置于停止模式，使用“首次扫描”命令。

2. 多次扫描

单次扫描并不能完全收集系统连续执行时系统状态信息的变化，需要连续或间断地收集状态信息。可以指定PLC执行有限次的程序扫描（从1次扫描到65535次扫描）。当PLC处于停止模式时，可利用“多次扫描”命令查看到PLC执行多次扫描后的相关状态信息。确定PLC为停止模式后，选择“调试”菜单中的“多次扫描”，出现“执行扫描”对话框，如图5-31所示。在执行扫描对话框中输入所要进行的扫描次数，单击“确认”按钮。

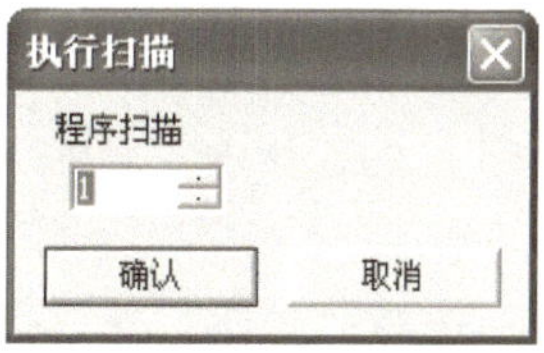

图5-31 “执行扫描”对话框

5.5.5 查看交叉引用

通过菜单栏下的“查看”→“组件”→“交叉引用”命令，或者浏览栏下的“交叉引用”按钮，或者“指令树”内的“交叉引用”指令，均可打开“交叉引用”窗口。程序必须经过编译后才能查看交叉引用。

单击交叉引用窗口底部的相应标签，存取交叉引用表、字节使用表或位使用表。

要查看程序内使用某符号名称或内存赋值的信息，可使用交叉引用表。交叉引用表确认了程序内使用的全部操作数，并确认程序组织单元、网络或行位置段每次使用的操作数指令上下文。字节使用表可以查看程序内已经使用的字节地址段使用的内存区域，还可以检查重复赋值错误。位使用表可以查看程序内已使用了哪些内存地址，精确到位，也可以检查重复赋值错误。

5.6 管理项目

5.6.1 打印

打印的相关功能在菜单栏“文件”项中，包括页面设置、打印预览和打印。

选择“文件”→“页面设置”或单击“打印”对话框的“页面设置”按钮，出现“页面设置”对话框，如图5-32所示。可在页面设置对话框单击“页眉/页脚”按钮，弹出“页眉/页脚”对话框，可在对话框中进行相应的设置。

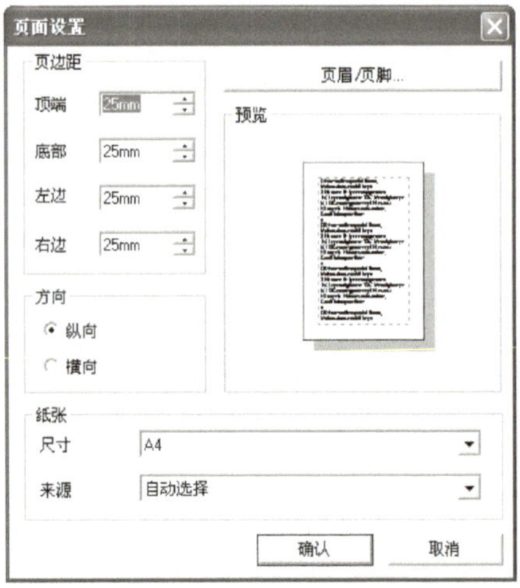

图5-32 “页面设置”对话框

选择“文件”→“打印预览”，弹出“打印顶览”对话框，进行预览设置。如果预览结果满意，选择打印功能。

选择“文件”→“打印”，出现“打印”对话框。单击“选项”按钮，在“打印选项”对话框中选择打印要求，如图5-33所示。

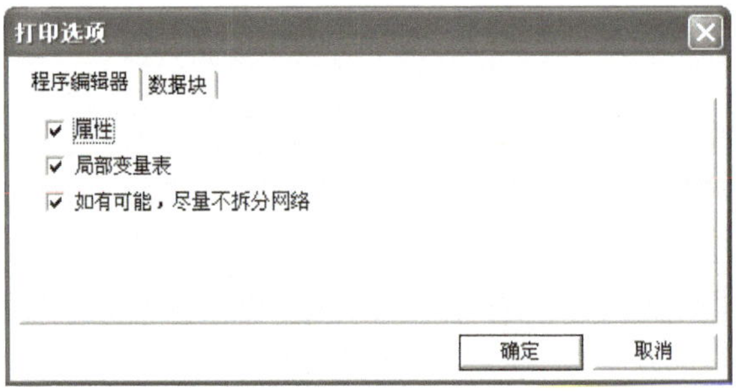

图5-33 “打印选项”对话框

5.6.2 复制项目

在STEP 7-Mico/WIN内，项目文件的扩展名为“.mwp”。使用编辑菜单命令或标准微软键组合方式，可实现项目段的全选（Ctrl＋A）、复制（Ctrl＋C）、剪切（Ctrl＋X）及粘贴（Ctrl＋V）等操作。其使用方法与普通文字处理软件相同。

操作所选择的网络范围必须是连续的，且互相接触。要从程序组织单元不同部分复制多个网络或网络组，必须对各单独网络操作。

可以复制梯形图、功能块图或语句表程序编辑器内的部分或全部程序组织单元，也可以复制符号表中的符号名或地址信息到状态表的地址列，还可以将符号表或状态表的全部列信息复制到 Microsoft Excel 工作单，或者从 Excel 中将适当的列信息复制到符号表或状态表中。可以复制数据块信息至文本编辑器，也可以从文本编辑器复制信息至数据块。不能在局部变量表之间成块复制数据。

5.6.3 引入文件

如果要从 STEP 7－Mico/WIN 之外引入程序，可使用“导入”命令引入 ASCII 文本文件。必须打开新的或现有的项目，才能使用引入命令。可选择菜单栏中的“文件”→“导入”命令。

如果引入主程序，将删除所有现有程序组织单元，然后从主程序及作为 ASCII 文本文件组成部分的子程序或中断程序的 ASCII 数据创建程序组织单元。如果只引入子程序或中断程序，则 ASCII 文本文件内定义的程序组织单元将代替现有的 STEP 7－Mico/WIN 项目内相应的程序组织单元，而现有的 STEP 7－Mico/WIN 项目的主程序及 ASCII 文本文件未定义的任何 STEP 7－Mico/WIN 程序组织单元被保存下来。“导入”命令不允许引入数据块，需要使用 Windows 的剪切、复制及粘贴等手段引入数据块。

5.6.4 引出文件

将程序引出至 STEP 7－Mico/WIN 外部的编辑器，要使用“导出”命令创建 ASCII 文本文件。默认文件扩展名为“. awl”，可以指定任何文件名。程序只有成功通过编译才能进行引出操作。注意，必须打开项目，才能使用引出特征。

如果引出主程序，则所有现有项目程序组织单元作为 ASCII 文本文件引出。如果引出子程序或中断程序，则当前打开编辑的程序组织单元被作为 ASCII 文本文件引出。“导出”命令不允许引出数据块，同样需要使用 Windows 的剪切、复制及粘贴等手段引出数据块。

5.7 技能训练：PLC 编程软件的使用及程序运行与监控

5.7.1 梯形图程序的编辑、下载及监控运行

【任务描述】

PLC 编程软件的应用是使用 PLC 的基础，熟练掌握梯形图程序的录入、PLC 与计算机间通信参数的设置及程序下载与监控运行是进行 PLC 程序设计的基本要求。本任务主要包括梯形图程序的录入、下载和在线运行等。

【任务实施】

1. 输入如图 5-34 所示的梯形图程序，要求有网络注释和符号定义。

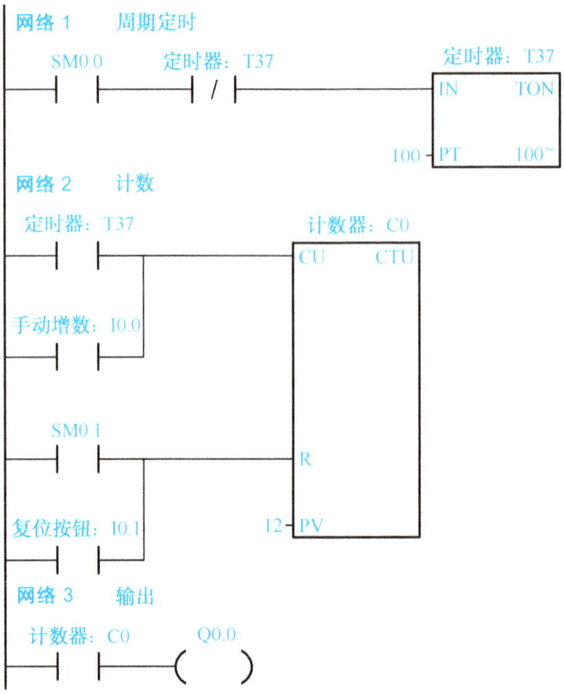

图 5-34　梯形图程序（1）

2. 配置通信网络，将梯形图程序下载到 PLC，运行程序。
3. 监控程序，观察梯形图中定时器和计数器的变化，将观察结果填写在表 5-1 中。

表 5-1　梯形图程序运行监控观察结果

问　　题	观 察 结 果
定时器（T37）的 PT 值变化范围	
计数器（C0）每隔时间自动增 1	
计数器（C0）的 PV 值大于或等于多大时 Q0.0 有输出	

5.7.2　PLC 输入/输出控制认知与程序监控运行

【任务描述】

实际 PLC 控制程序的联机调试不仅需要下载运行正确无误的 PLC 程序，而且还需要根据控制要求进行正确的 PLC 外部接线，外部元件的不同接法也将可能会导致不同的控制效果。本任务主要包括 PLC 外部元件的接线、PLC 梯形图程序的录入、下载及运行监控。

【任务实施】

1. 输入如图 5-35 所示的梯形图程序。

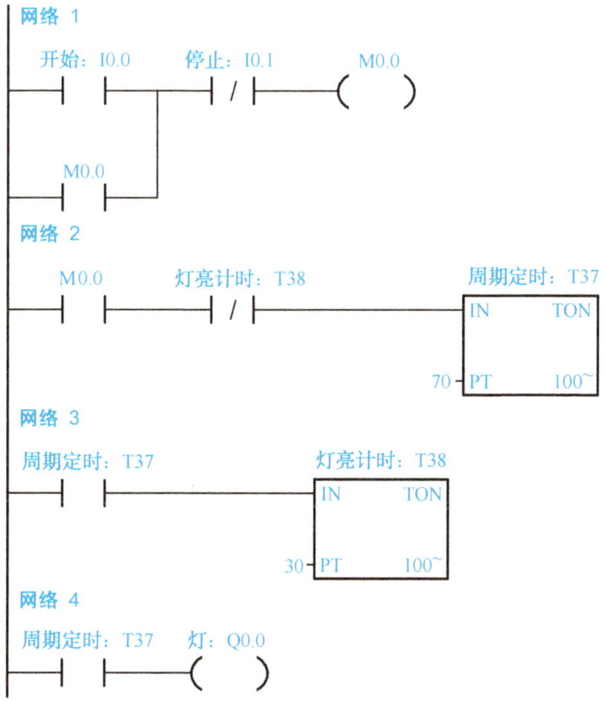

图 5-35　梯形图程序（2）

2. 如图 5-36 所示，进行 PLC 的外部接线。

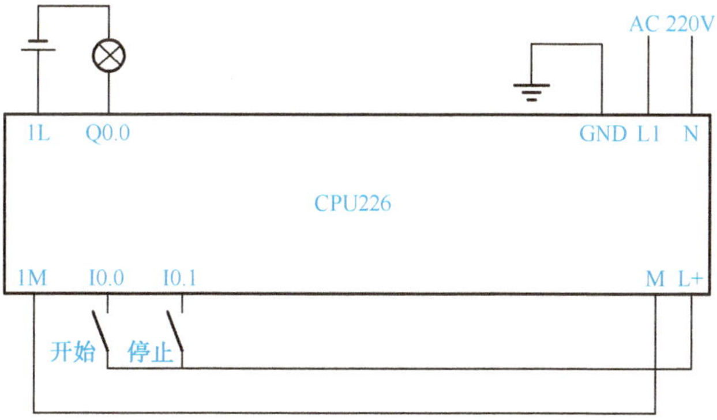

图 5-36　PLC 外部接线图

3. 配置通信网络，将梯形图程序下载到 PLC，运行程序。

4. 按照如图 5-37 所示输入与输出关系时序图中的时间顺序依次按下开始和停止按钮，观察输出灯的亮、灭变化情况，补充输出 Q0.0 的时序图。

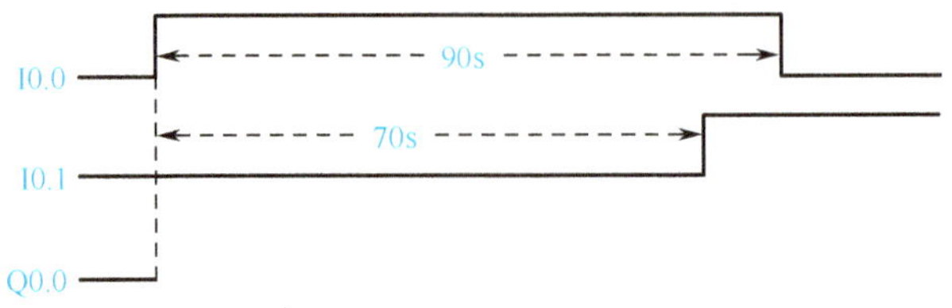

图 5-37　输入与输出关系的时序图

思考与练习 5

5.1　根据不同编程模式需要，练习设定相关选项。

5.2　练习配置系统块信息。

5.3　练习配置通信参数。

5.4　利用图状态和程序状态分别监控程序。

5.5　练习在不同项目间复制程序块、数据块、符号表等。

项目6 S7—200系列PLC的基本指令

【导读】

S7—200 系列 PLC 具有丰富的指令集，其中位逻辑指令、定时器指令、计数器指令和比较指令在编写 PLC 程序时经常用到，用此称它们为基本指令。本项目将介绍各种基本指令的梯形图符号、指令表达方式、功能和用法，并附有相应的指令应用程序实例。

【应知】

※ 了解简单对象的 PLC 程序设计步骤和方法；

※ 了解不同编程语言间的转换方法；

※ 掌握位逻辑指令的用法；

※ 掌握定时器、计数器指令的用法；

※ 掌握比较指令的用法。

【应会】

☆ 能根据控制要求，应用基本指令编写思路清晰、结构简单的控制程序；

☆ 会调试简单的 PLC 控制程序；

☆ 能利用编程软件进行梯形图、语句表、功能图块等编程语言的相互转换。

6.1 PLC 的编程语言

由于 PLC 功难强大、性能优良、制造成本不断下降、使用越来越方便，因此其应用领域不断扩展，目前全世界许多公司都推出了自己的 PLC 产品。出于垄断和市场保护的目的，各家公司的 PLC 产品各有差别，互不兼容。当形形色色的 PLC 涌入市场时，国际电工委员会与有关 PLC 制造商多次协商，于 1993 年制定了 IEC1131 标准以引导 PLC 的健康发展。

IEC1131 标准共分为 5 部分：IEC1131—1 为一般信息，即对通用逻辑编程做了一般性的介绍，并讨论了逻辑编程的基本概念、术语和定义；IEC1131—2 为装配和测试需要，从机械和电气两部分介绍了逻辑编程对硬件设备的要求和测试需要；IEC1131—3 为编程语言的标准，它吸取了多种编程语言的长处，并制定了 5 种标准语言；IEC1131—4 为用户指导，提供了有关选择、安装、维护的信息资料和用户指导手册；IEC1131—5 为通信规范，规定了逻辑控制设备与其他装置的通信规范。IEC1131 标准后更名为 IEC61131 标准。

在 IEC61131—3 中，规定了控制逻辑编程中的语法、语义和显示，并对以往编程语言进行了部分修改后形成目前通用的 5 种语言。在这 5 种语言中，有 3 种是图形化语言，两种是文本化语言。图形化编程语言包括：梯形图（LD——Ladder Diagram）、功能块图（FBD——Function Block Diagram）、顺序功能图（SFC——Sequential Function Chart）。文本化编程语言包括：指令表（IL——Instruction List）和结构化文本（ST——Strutured Text）。IEC61131—3 的编程语言是 IEC 工作组在对世界范围的 PLC 厂家的编程语言合理地吸收、借鉴的基础上形成的一套针对工业控制系统的国际编程语言标准，它不但适用于 PLC 系统，而且还适用于更广泛的工业控制领域；IEC61131—3 的编程工具提供对现场总线系统的支持，并对现场总线装置的软件设计产生了很大影响。IEC 并不要求每种产品都运行这 5 种语言，可以只运行其中的一种或几种，但必须均符合标准。在实际组态时，可以在同一项目中运用多种编程语言，相互嵌套，以供用户选择最简单的方式生成控制策略。

随着 IEC61131—3 标准的公布，许多 PLC 制造商先后推出符合这一标准的 PLC 产品。德国西门子公司的 SIMATIC S7—200、S7—300、S7—400、C7—620 均采用 SIMATIC 软件包，其中梯形图和功能块图均符合 IEC61131—3 标准。

6.1.1 梯形图（LD）

梯形图编程语言是 PLC 最普遍采用的编程语言。梯形图编程语言是从继电器控制系统原理图的基础上演变而来的。PLC 的梯形图与继电器控制系统梯形图的基本思想是一致的，只是在使用符号和表达方式上有一定区别。如图 6-1 所示是典型的继电器梯形图示例。左右两条垂直的线称为母线，母线之间是触点的逻辑连接和线圈的输出。

PLC 的设计初衷是为工厂车间电气技术人员使用，为了符合继电器控制电路的思维习惯，作为首先在 PLC 中使用的编程语言，梯形图保留了继电器电路图的风格和习惯，并引入“能流”的概念。在图 6-1 中，把左边的母线假想为电源正极或“火线”，把右边的母线假想为电源负极或“零线”，如果有“能流”从左至右流向线圈，则线圈被激励，如果没有“能流”，则线圈未被激励。“能流”是梯形图的一个关键概念，它仅是概念上的“能流”，是为了和继电—接触器控制系统相比较才引入的，其实“能流”在梯形图中是不存在的。

“能流”可以通过动作（ON）的常开触点和未动作（OFF）的常闭触点自左向右流动。“能流”在任何时候都不会通过触点自右向左流动。在图 6-1 中，当 I0.0 动作而 I0.1、T40 未动作时，线圈 M0.0 接通（被激励）。

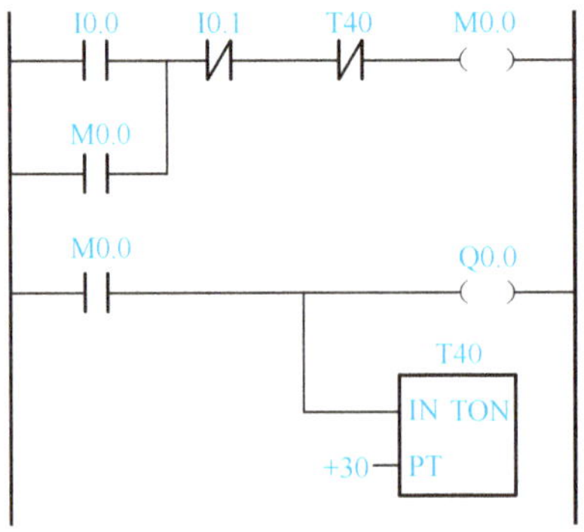

图 6-1 继电器梯形图

梯形图实质上是PLC内部的一段控制程序，因此把它称为程序。又由于它是以电路逻辑图的形式出现的，所以有时又称它为内部继电器电路图。

在梯形图中，基本符号有触点（包括常开和常闭）、线圈和功能盒。触点代表逻辑“输入”条件，如按钮、位置开关、内部条件等；线圈通常代表逻辑“输出”结果，可以通过输出端子和外部电路驱动被控对象，如电磁阀、接触器、指示灯等；功能盒也是一种输出，它代表实现某些特定功能的指令，如定时器、计数器和各种功能指令等。

6.1.2 功能块图（FBD）

功能块图是IEC61131—3的标准编程语言，采用类似于数字逻辑门电路的图形符号，逻辑直观，使用方便，但一些低档的PLC并不支持FBD编程语言。S7—200系列PLC专门提供了FBD编程语言，利用FBD可以查看到类似普通逻辑门图形的逻辑盒指令。它没有梯形图程序中的触点和线圈，但有与之等价的指令，这些指令是作为盒指令出现的，程序逻辑由这些盒指令之间的连接决定。也就是说，一个指令（如AND盒）的输出可以用来执行另一条指令（如定时器），这样可以建立所需要的控制逻辑。这样的连接思想可以解决范围广泛的逻辑问题。

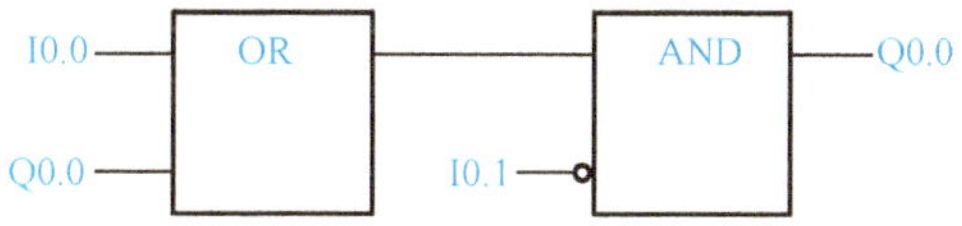

图6-2 功能块图

6.1.3 顺序功能图（SFC）

顺序功能图，也称功能流程图或状态转移图，是一种图形化的功能性说明语言，专用于描述工业顺序控制程序，也是IEC61131—3的标准编程语言。使用它可以对具有并发、选择等复杂结构的系统进行编程，一些高档的PLC提供了用于SFC编程的指令，但一些低档的PLC并不支持SFC编程语言。顺序功能图如图6-3所示。

顺序功能图主要由“状态”和“转移”等基本元素组成。通过这些基本元素的不同组合，可以表达出各种各样的复杂顺序控制逻辑，控制规律的表达简洁明了。

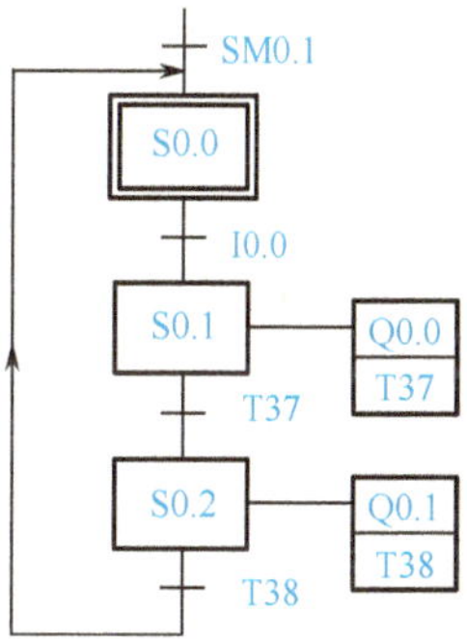

图6-3 顺序功能图

状态有时也称步，是系统一个相对稳定的阶段，在这个阶段内系统的参量保持不变。系统的参量一旦发生变化，则认为系统转移到了一个新的状态。状态包括初始状态和工作状态，一个系统至少要有一个初始状态，初始状态用双线矩形框表示，工作状态用矩形框表示，工作状态一般都有相对应的动作。每个状态都有一个编号，通常用PLC内部的状态元件来保存状态。

当系统的参量发生变化时，则认为系统状态发生了转移。转移由连接两个状态的有向线段和垂直于此线段的短横线组成，短横线表示发生转移的条件。

6.1.4 指令表（IL）

指令表编程语言类似于计算机中的助记符汇编语言，它是可编程控制器最基础的编程语言。指令表编程是用一个或几个容易记忆的字符来代表可编程控制器的某种操作功能，具体指令的说明将在后面的相关内容中作详细的介绍。指令表示例如图 6-4 所示。

```
LD      I0.0
O       M0.0
AN      I0.1
AN      T40
=       M0.0
LD      M0.0
=       Q0.0
TON     T40, +30
```

图 6-4 指令表

6.1.5 结构化文本（ST）

结构化文本（ST）是一种高级的文本语言，可以用来描述功能、功能块和程序的行为，还可以在顺序功能图中描述步、动作和转移的行为。

结构化文本语言表面上与 PASCAL 语言很相似，但它却是一个专门为工业控制应用开发的编程语言，具有很强的编程能力，用于对变量赋值、回调功能和功能块、创建表达式、编写条件语句等。结构化文本非常适合应用在有复杂算术计算的应用中。

结构化文本程序格式自由，可以在关键词与标识符之间任何地方插入制表符、换行字符和注释。对于熟悉计算机高级语言开发的人员来说，结构化文本语言更是易学易用。此外，结构化文本文本语言还易读易理解，特别是用有实际意义的标识符、批注来注释时，更是如此。

下面的程序是一个用结构化文本程序实现功能块的例子。该实例描述的是如何用功能块控制箱体中的流体，箱体可以通过阀门被注满和倒空，箱体的质量由一个称重单元监视。功能块通过比较两个输入值 Full Weight 和 Empty Weight 以确定箱体是满的还是空的。

该功能块提供了一个“Command”输入，该输入有四种状态。

① 给箱体加水；

② 保持不变；

③ 启动“Stirrer”；

④ 清空箱体。

实现该功能块算法的结构化文本程序如下。

```
(*箱体状态*)
TYPE_T_STATE:(FULL, NOT_FULL, EMPTIED); END_TYPE;
(*阀门状态*)
TYPE_T_VALVE:(OPEN, SHUT); END_TYPE;
FUNCTION_BLOCK TankControl
VAR_IN (**)
```

```
Command: SINT;
Weight: REAL;
FullWeight, EmptyWeight: REAL;
END_VAR
VAR_OUT (* *)
FillValve: T_VALVE: =SHUT;
EmptyValve: T_VALVE: =SHUT;
StirSpeed: REAL: =0.0;
END_VAR
VAR
State: =T_STATE: =EMPTYIED;
END_VAR
```

6.2 S7—200 系列 PLC 的基本指令

S7—200 系列 PLC 用 LAD 编程时以每个独立的网络块（Network）为单位，所有的网络块组合在一起就是梯形图程序，这也是 S7—200 系列 PLC 的特点。S7—200 系列 PLC 用 STL 编程时，如果也以每个独立的网络块为单位，则 STL 程序和 LAD 程序基本上是一一对应的，而且两者可以在编程软件环境中相互转换；如果不以每个独立的网络块为单位编程，而是连续编写，则 STL 程序和 LAD 程序不能通过编程软件相互转换。

6.2.1 位逻辑指令

1. 逻辑取及线圈驱动指令 LD（Load）、LDN（Load Not）和＝（Out）

LD（Load）：常开触点指令。用于网络块逻辑运算开始的常开触点与母线的连接。

LDN（Load Not）：常闭触点指令。用于网络块逻辑运算开始的常闭触点与母线的连接。

＝（Out）：线圈驱动指令。

如图 6-5 所示为上述三条指令的用法。

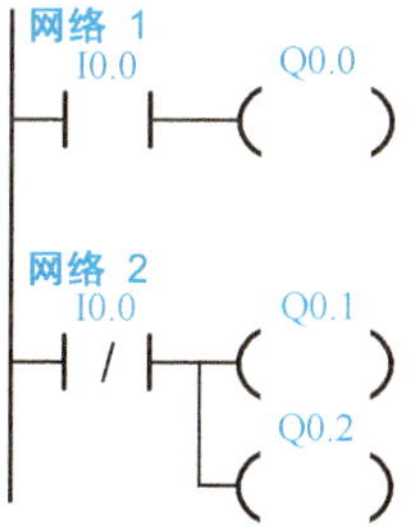

（a）梯形图

网络 1

LD	I0.0
=	Q0.0

网络 2

LDN	I0.0
=	Q0.1
=	Q0.2

（b）语句表

图 6-5 逻辑取及线圈驱动指令的用法

使用说明：

① LD 指令、LDN 指令不只是用于网络块逻辑计算开始时与母线相连的常开和常闭触点，在分支电路块的开始也要使用 LD 指令、LDN 指令，与后面要讲的 ALD 指令、OLD 指令配合完成块电路的编程。

② 由于输入继电器的状态唯一地由输入端子的状态决定，在程序中不能改变，所以“=”指令不能用于输入继电器。

③ 并联的“=”指令可连续使用任意次。

④ 在同一程序中不要使用双线圈输出，即同一个元器件在同一程序中只使用一次“=”指令，否则可能会产生不希望的结果。

⑤ LD 指令、LDN 指令的操作数为：I、Q、M、SM、T、C、V、SM、L。“=”指令的操作数为：Q、M、S、V、SM、L。T 和 C 也可作为输出线圈，但在 S7—200 中作为输出时不以“=”指令形式出现，而是采用功能块。

2. 触点串联指令 A（And）和 AN（And Not）

A（And）：与指令。用于单个常开触点的串联连接。

AN（And Not）：与非指令。用于单个常闭触点的串联连接。

如图 6-6 所示为上述两条指令的用法。

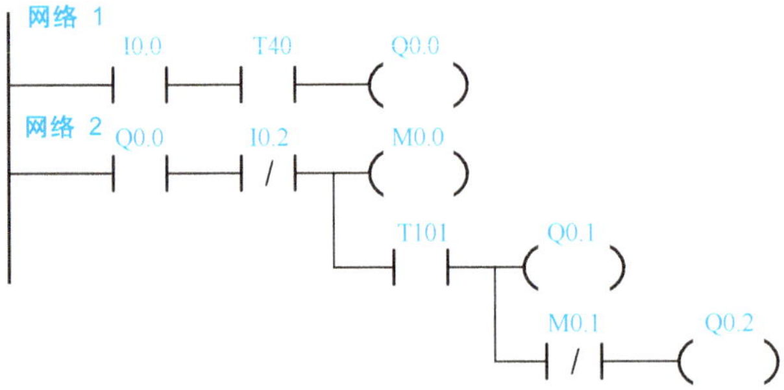

（a）梯形图

```
LD    I0.0
A     T40
=     Q0.0

LD    Q0.0
AN    I0.2
=     M0.0
A     T101
=     Q0.1
AN    M0.1
=     Q0.2
```

（b）语句表

图 6-6　A 指令和 AN 指令的用法

使用说明：

① A 指令和 AN 指令是单个触点串联连接指令，可连续使用。但在用梯形图编程时会受到打印宽度和屏幕显示的限制，S7—200 系列 PLC 的编程软件中规定的串联触点使用上限为 11 个。

② 如图 6-6 所示的连续输出电路，可以反复使用“=”指令，但次序必须正确，否则不能连续使用“=”指令编程。

③ A 指令和 AN 指令的操作数为：I、Q、M、SM、T、C、V、S 和 L。

3. 触点并联指令 O（Or）和 ON（Or Not）

O（OR）：或指令。用于单个常开触点的并联连接。

ON（Or Not）：或非指令。用于单个常闭触点的并联连接。

如图 6-7 所示为上述两条指令的用法。

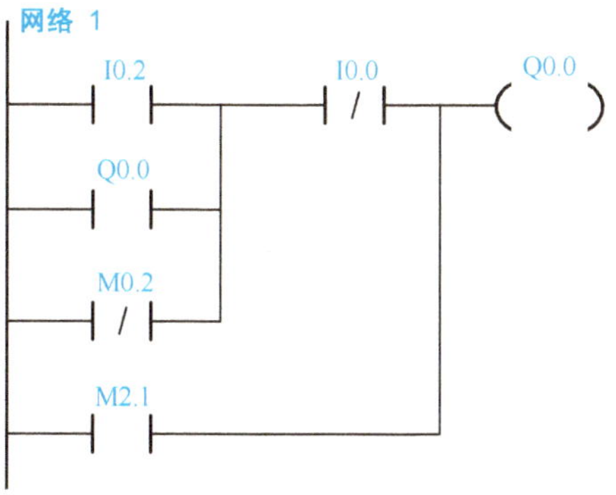

(a) 梯形图

LD	I0.2
O	Q0.0
ON	M0.2
AN	I0.0
O	M2.1
=	Q0.0

(b) 语句表

图 6-7 O 指令和 ON 指令的用法

使用说明：

① 单个触点的 O 指令和 ON 指令可连续使用。

② O 指令和 ON 指令的操作数为：I、Q、M、SM、T、C、V、S 和 L。

4. 串联电路块的并联连接指令 OLD（Or Load）

OLD（Or Load）：块或指令。用于串联电路块的并联连接。两个以上触点串联形成的支路称为串联电路块。当出现多个串联电路块并联时，就不能简单地用触点并联指令，而必须用块或指令来实现逻辑运算。

如图 6-8 所示为 OLD 指令的用法。

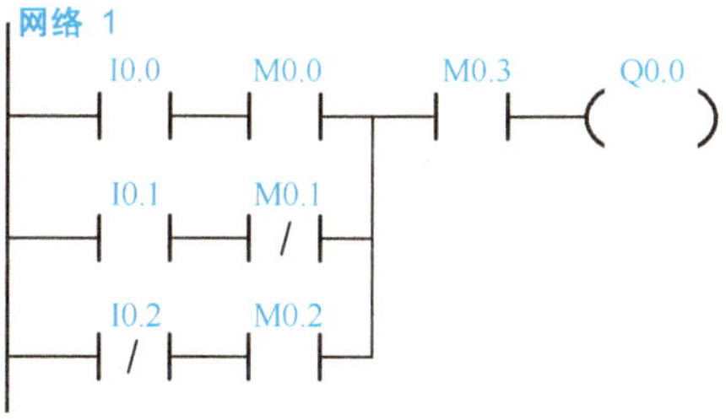

(a) 梯形图

LD	I0.0
A	M0.0
LD	I0.1
AN	M0.1
OLD	
LDN	I0.2
A	M0.2
OLD	
A	M0.3
=	Q0.0

(b) 语句表

图 6-8 OLD 指令的用法

使用说明：

① 除在网络块逻辑运算的开始使用 LD 指令或 LDN 指令外，在块电路的开始也要使用 LD 指令或 LDN 指令。

② 每完成一次块电路的并联时要写上 OLD 指令。

③ OLD 指令无操作数。

5. 并联电路块的串联连接指令 ALD（And Load）

ALD（And Load）：块与指令。用于并联电路块的串联连接。两条以上支路并联形成的电路称为并联电路块。当出现多个并联电路块串联时，就不能简单地用触点串联指令，而必须用块与指令来实现逻辑运算。

如图 6-9 所示为 ALD 指令的用法。

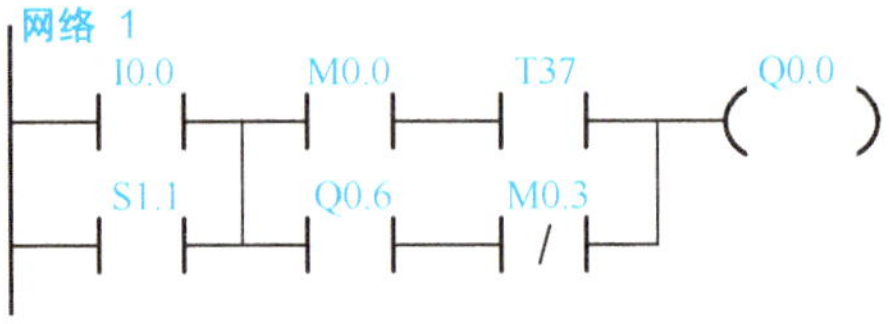

（a）梯形图

```
LD    I0.0
O     S1.1
LD    M0.0
A     T37
LD    Q0.6
AN    M0.3
OLD
ALD
=     Q0.0
```

（b）语句表

图 6-9　ALD 指令的用法

使用说明：

① 在块电路开始时要使用 LD 指令和 LDN 指令。

② 每完成一次块电路的串联连接后要写上 ALD 指令。

③ ALD 指令无操作数。

6. 边沿脉冲指令 EU（Edge Up）、ED（Edge Down）

EU（Edge Up）：上升沿脉冲指令。在上升沿产生一个扫描周期的脉冲。

ED（Edge Down）：下降沿脉冲指令。在下降沿产生一个扫描周期的脉冲。

边沿脉冲指令 EU 和 ED 的用法如图 6-10 所示。

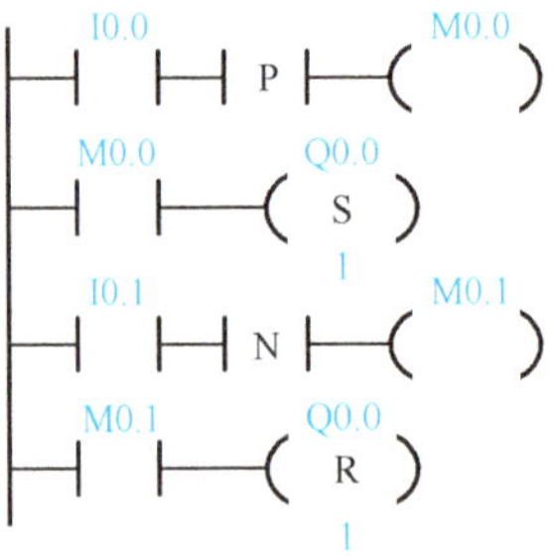

（a）梯形图

```
LD    I0.0
EU
=     M0.0

LD    M0.0
S     Q0.0,1

LD    I0.1
ED
=     M0.1

LD    M0.1
R     Q0.0,1
```

（b）语句表

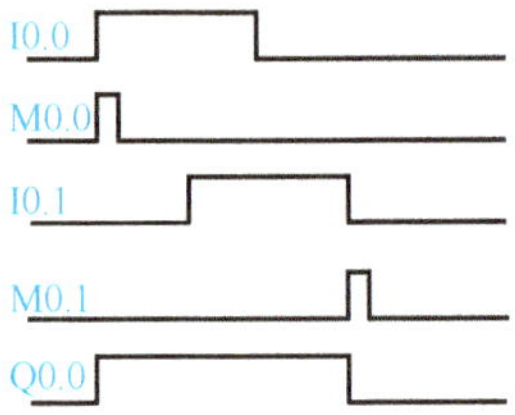

（c）时序图

图 6-10　边沿脉冲指令 EU 和 ED 的用法

使用说明：

① EU 指令对其之前的逻辑运算结果的上升沿产生一个宽度为一个扫描周期的脉冲，如图中的 M0. 0。

② ED 指令对逻辑运算结果的下降沿产生一个宽度为一个扫描周期的脉冲，如图中的 M0. 1。

③ 脉冲指令常用于复位、启动及关断条件的判定，以及配合功能指令完成一些逻辑控制任务。

④ ED、EU 指令无操作数。

7. 取反指令 NOT 和空操作指令 NOP

NOT：取反指令。将逻辑运算结果取反，即把“1”变成“0”，或把“0”变成“1”，为用户使用提供方便。

NOP：空操作指令。对用户程序执行无效，起到延长扫描周期的作用。

如图 6-11 所示为上述两条指令的用法。

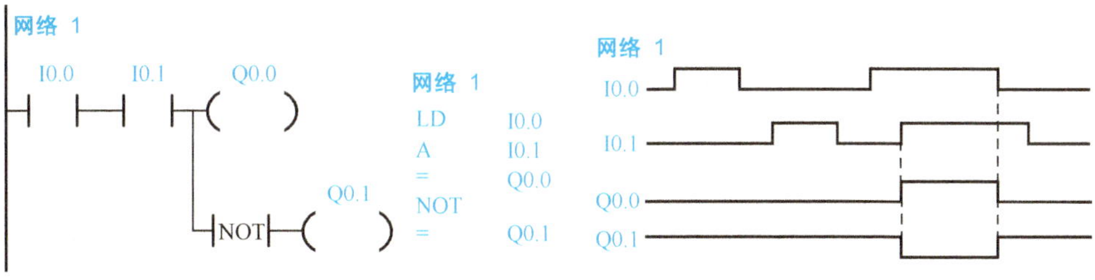

（a）梯形图　　（b）语句表　　（c）时序图

图 6-11　NOT 指令和 NOP 指令的用法

使用说明：

① NOT 指令无操作数。

② NOP 指令操作数 N 为数字 0～255。

8. 置位指令 S（Set）和复位指令 R（Reset）

S（Set）：置位指令。将从指定的地址（位）开始的连续 n 个元件置 1 并保持。

R（Reset）：复位指令。将从指定的地址（位）开始的连续 n 个元件置 0 并保持。

如图 6-12 所示为 S 指令和 R 指令的用法。

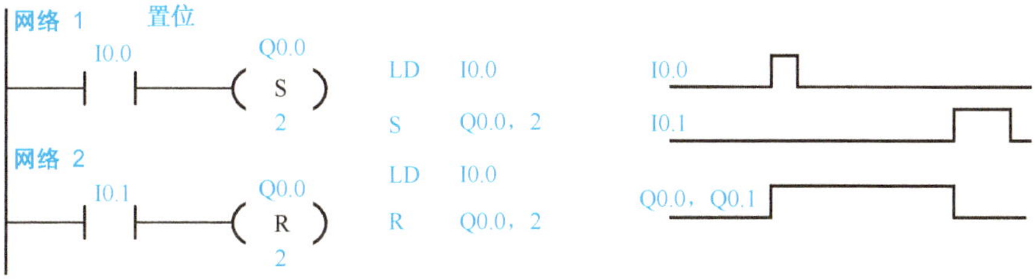

（a）梯形图　　（b）语句表　　（c）时序图

图 6-12　S 指令和 R 指令的用法

使用说明：

① 对位元件来说一旦被置位，就保持在接通状态，除非对它复位；而一旦被复位就保持在断电状态，除非再对它置位。

② S 指令和 R 指令可以互换次序使用，但由于 PLC 采用扫描工作方式，所以写在后面的指令具有优先权。如在图 6-12 中，若 I0.0 和 I0.1 同时为 1，则 Q0.0 和 Q0.1 肯定处于复位状态而为 0。

③ 如果对计数器和定时器复位，则计数器和定时器的当前值被清零。

④ N 的范围为 1～255，N 可为：VB、IB、QB、MB、SMB、SB、LB、AC、常数。

⑤ S 指令和 R 指令的操作数为：I、Q、M、SM、T、C、V、S 和 L。

9. LDI 等立即指令

立即指令是为了提高 PLC 对输入/输出的响应速度而设置的，包括 LDI 指令等，它不受 PLC 循环扫描工作方式的影响，允许对输入和输出点进行快速直接存取。当用立即指令读取输入点（I）的状态时，相应的输入映像寄存器中的值并未更新；当用立即指令访问输出点（Q）时，新值同时写到 PLC 的物理输出点和相应的输出映像寄存器中。

立即指令的名称和使用说明见表 6-1。

表 6-1　立即指令的名称和使用说明

指令名称	STL	LAD	使用说明
立即取	LDI bit	bit —｜I｜— bit —｜/I｜—	bit 只能为 I
立即取反	LDNI bit		
立即或	OI bit		
立即或反	ONI bit		
立即与	AI bit		
立即与反	ANI bit		
立即输出	= I bit	bit (I)	bit 只能为 Q
立即置位	SI bit，N	bit (SI) N	1. bit 只能为 Q 2. N 的范围：1～128 3. N 的操作数同 S、R 指令
立即复位	RI bit，N	bit (RI) N	

如图 6-13 所示为立即指令的用法。

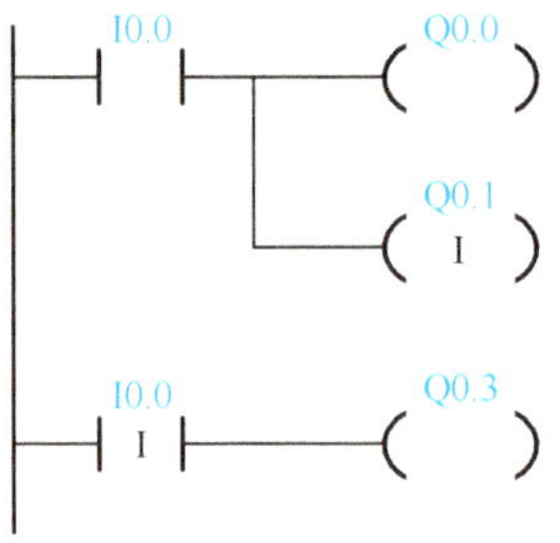

（a）梯形图

```
LD   I0.0
=    Q0.0
=I   Q0.1
LDI  I0.0
=    Q0.3
```

（b）语句表

图 6-13　立即指令

10. SR 和 RS 触发器指令

SR：触发器指令。置位优先双稳态触发器。当置位信号（S1）为“1”时，输出都为“1”；当置位信号（S1）为“0”时，如果复位信号（R）为“1”，则输出为“0”，如果复位信号（R）为“0”，则输出保持不变。

RS：触发器指令。复位优先双稳态触发器。当复位信号（R）为“1”时，输出都为“1”；当复位信号（R）为“0”时，如果置位信号（S1）为“1”，则输出为“0”，如果置位信号（S1）为“0”，则输出保持不变。

触发器指令的用法如图 6-14 所示。

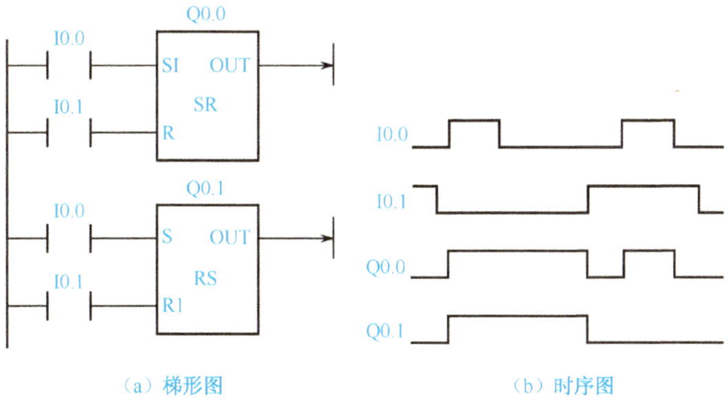

（a）梯形图　　（b）时序图

图 6-14　SR 和 RS 触发器指令的用法

6.2.2　逻辑堆栈操作指令

S7—200 系列 PLC 使用一个 9 层堆栈来处理所有逻辑操作，它和计算机中的堆栈结构相同。堆栈是一组能够存储和取出数据的暂存单元，其特点是“先进后出”。每一次进行入栈操作，新值放入栈顶，栈底值丢失；每一次进行出栈操作，栈顶值弹出，栈底值补进随机数。逻辑堆栈指令主要用来处理对触点进行的复杂连接。

逻辑堆栈指令有：逻辑入栈指令 LPS、逻辑读栈指令 LRD 和逻辑出栈指令 LPP。这三条指令的执行过程如图 6-15 所示，用法如图 6-16 所示。

LPS（Logic Push）：逻辑入栈指令（分支电路开始指令）。在梯形图中的分支结构中，它用于生成一条新的母线，其左侧为原来的主逻辑块，右侧为若干个新的从逻辑块。从堆栈使用上看，LPS 指令的作用是把当前运算值复制后压入堆栈，以备后用。对于右侧第一个新的从逻辑块，由于其之前的逻辑运算结果就是刚复制并入栈的运算值，因此可以直接在 LPS 指令之后继续编程。

LRD（Logic Read）：逻辑读栈指令。在梯形图分支结构中，当新母线左侧为主逻辑块时，经过右侧第一个新的从逻辑块的运算，主逻辑块运算结果已经不存在（但在此之前已经被 LPS 指令复制到堆栈中），要进行后续的从逻辑块编程时，就需要使用 LRD 指令从堆栈中读回主逻辑块运算结果，所以 LRD 指令用于第二个以后的从逻辑块编程。从堆栈使用上看，LRD 读取最近的 LPS 压入堆栈的内容，而不进行入栈和出栈工作。

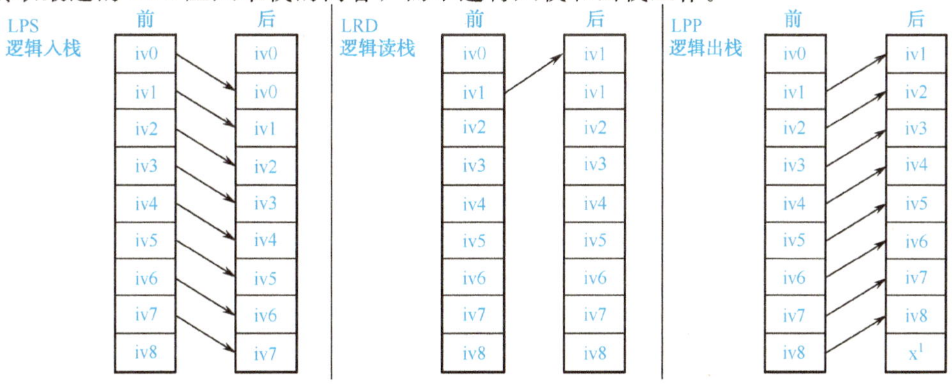

图 6-15　堆栈指令的执行过程

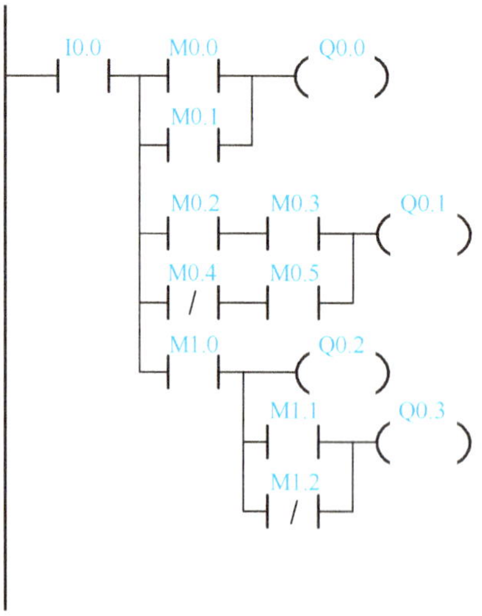

（a）梯形图

```
LD    I0.0
LPS
LD    M0.0
O     M0.1
ALD
=     Q0.0
LRD
LD    M0.2
A     M0.3
LDN   M0.4
A     M0.5
OLD
ALD
=     Q0.1
LPP
A     M1.0
=     Q0.2
LD    M1.1
ON    M1.2
ALD
=     Q0.3
```

（b）语句表

图 6-16　堆栈指令的用法

LPP（Logic Pop）：逻辑出栈指令（分支电路结束指令）。在梯形图分支结构中，LPP 用于 LPS 产生的新母线右侧的最后一个从逻辑块编程，它在读取完离它最近的 LPS 压入堆栈内容的同时，复位该条新母线。从堆栈使用上看，LPP 把堆栈弹出一级，堆栈内容依次上移。

使用说明：

① 由于受堆栈空间的限制（9 层堆栈），LPS、LPP 指令连续使用时应少于 9 次。

② LPS 和 LPP 指令必须成对使用，它们之间可以使用多个 LRD 指令。

③ LPS 指令、LRD 指令和 LPP 指令无操作数。

6.2.3　定时器指令

按时间控制是最常用的逻辑控制形式，所以定时器是 PLC 中最常用的元件之一。用好、用对定时器对 PLC 程序设计非常重要。

定时器是根据预先设定的定时值，按一定的时间单位进行计时的 PLC 内部装置，在运行过程中当定时器的输入条件满足时，当前值从 0 开始按一定的单位增加。当定时器的当前值到达设定值时，定时器动作，从而满足各种定时逻辑控制的需要。下面详细介绍定时器的使用方法。

1. S7—200 系列 PLC 定时器的种类

S7—200 系列 PLC 为用户提供了三种类型的定时器：接通延时定时器（TON）、有记忆接通延时定时器（TONR）和断开延时定时器（TOF）。对于每一种定时器，又根据定时器分辨率的不同，分为 1ms、10ms 和 100ms 三个精度等级。

定时器定时时间 T 的计算为

$$T = PT \times S$$

式中，T 为实际定时时间，PT 为设定值，S 为分辨率。

例如，TON 指令使用 T35（10ms）定时器，设定值为 100，则实际定时时间为：

$$T = 100 \times 10 = 1000 \text{ (ms)}$$

定时器设定值 PT 的数据类型为 INT 型，操作数可为 VW、IW、QW、MW、SW、SMW、LW、AIW、T、C、AC、*VD、*AC、*LD 和常数，其中常数最为常用。

定时器的编号用定时器的名称和它的常数编号（最大为 255）来表示，即 T×××。如 T40。定时器的编号包含两方面的变量信息：定时器位和定时器当前值。定时器位即定时器触点，与其他继电器的输出相似。当定时器的当前值达到设定值 PT 时，定时器的触点动作。定时器当前值即定时器当前所累计的时间值，它用 16 位有符号整数来表示，最大计数值为 32767。

定时器的分辨率和编号见表 6-2。

表 6-2 定时器的分辨率和编号

定时器类型	分辨率/ms	最大当前值/s	定时器编号
TONR（有记忆接通延时型）	1	32.767	T0，T64
	10	327.67	T1～T4，T65～T68
	100	3276.7	T5～T31，T69～T95
TON（接通延时型） TOF（断开延时型）	1	32.767	T32，T96
	10	327.67	T33～T36，T97～T100
	100	3276.7	T37～T63，T101～T255

从表 6-2 可以看出，TON 和 TOF 使用相同范围的定时器编号，需要注意的是，在同一个 PLC 程序中绝不能把同一个定时器同时用做 TON 和 TOF。如在程序中，不能既有接通延时（TON）定时器 T32，又有断开延时（TOF）定时器 T32。

2. 定时器指令的使用

（1）接通延时定时器 TON（On—Delay Timer） 接通延时定时器用于单一时间间隔的定时。上电周期或首次扫描时，定时器位为 OFF，当前值为 0。输入端接通时，定时器位为 OFF，当前值从 0 开始计时，当前值达到设定值时，定时器位为 ON，当前值仍继续计数，直到 32767 为止。输入端断开，定时器自动复位，即定时器位为 OFF，当前值为 0。

（2）记忆接通延时定时器 TONR（Retentive On—Delay Timer） 记忆接通延时定时器对定时器的状态具有记忆功能，它用于对许多间隔的累计定时。首次扫描或复位后上电周期时，定时器位为 OFF，当前值为 0。当输入端接通时，当前值从 0 开始计时。当输入端断开时，当前值保持不变。当输入端再次接通时，当前值从上次的保持值继续计时，当前值累计达到设定值时，定时器位 ON 并保持，只要输入端继续接通，当前值可继续计数到 32767。

需要注意的是，断开输入端或断开电源都不能改变 TONR 定时器的状态，只能用复位指令 R 对其进行复位操作。

（3）断开延时定时器 TOF（Off—Delay Timer） 断开延时定时器用来在输入断开后延时一段时间断开输出。上电周期或首次扫描时，定时器位为 OFF，当前值为 0。输入端接通时，定时器位为 ON，当前值为 0。当输入端由接通到断开时，定时器开始计时。当达到设定值时，定时器位为OFF，当前值等于设定值，停止计时。输入端再次由OFF→ON时，TOF复位；如果输入端再从ON→OFF，则TOF可实现再次启动。

如图6-17所示为三种类型定时器的基本使用举例，其中T35为TON，T2为TONR，T36为TOF。

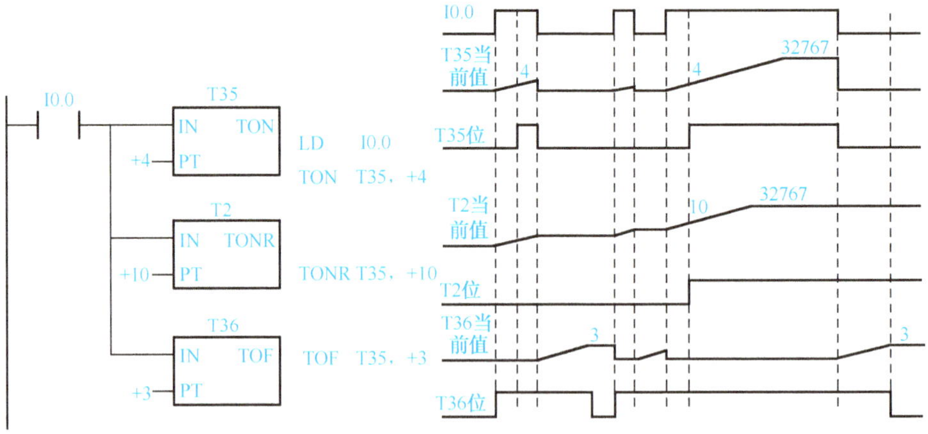

（a）梯形图　（b）语句表　（c）时序图

图6-17　三种类型定时器的基本使用举例

3. 定时器的分辨率（时基）及其正确使用

定时器实质就是对时间间隔计数。定时器的分辨率（时基）决定了每个时间间隔的时间长短。在S7—200系列PLC的定时器中，定时器的分辨率有1ms、10ms和100ms三种，这三种定时器的刷新方式是不同的，因而在使用方法上也有很大的不同。使用时一定要注意根据使用场合和要求来选择定时器。

（1）定时器的刷新方式

① 1ms定时器采用的是中断刷新方式，由系统每隔1ms刷新一次，与扫描周期及程序处理无关。对于大于1ms的程序扫描周期，在一个扫描周期内，定时器位和当前值刷新多次。其当前值在一个扫描周期内不一定保持一致。

② 10ms定时器由系统在每个扫描周期开始时自动刷新，在每个扫描周期的开始会将一个扫描累计的时间间隔加到定时器当前值上。由于是每个扫描周期只刷新一次，故在一个扫描周期内定时器位和定时器的当前值保持不变。

③ 100ms定时器在定时器指令执行时被刷新，因此，当100ms定时器被激活，如果不是每个扫描周期都执行定时器指令或在一个扫描周期内多次执行定时器指令，都会造成计时失准。100ms定时器仅用在定时器指令在每个扫描周期执行一次的程序中。

（2）定时器的正确使用　如图6-18所示为正确使用定时器的示例。它用来在定时器计时时间到时产生一个宽度为一个扫描周期的脉冲。

结合各种定时器的刷新方式，从图中可以看出以下几点。

① 对1ms定时器T32，在使用错误方法时，只有当定时器的刷新发生在T32的常闭触点执行以后到T32的常开触点执行以前的区间时，Q0.0才能产生一个宽度为一个扫描周期的脉冲，而这种可能性是极小的。在其他情况下不会产生这个脉冲。

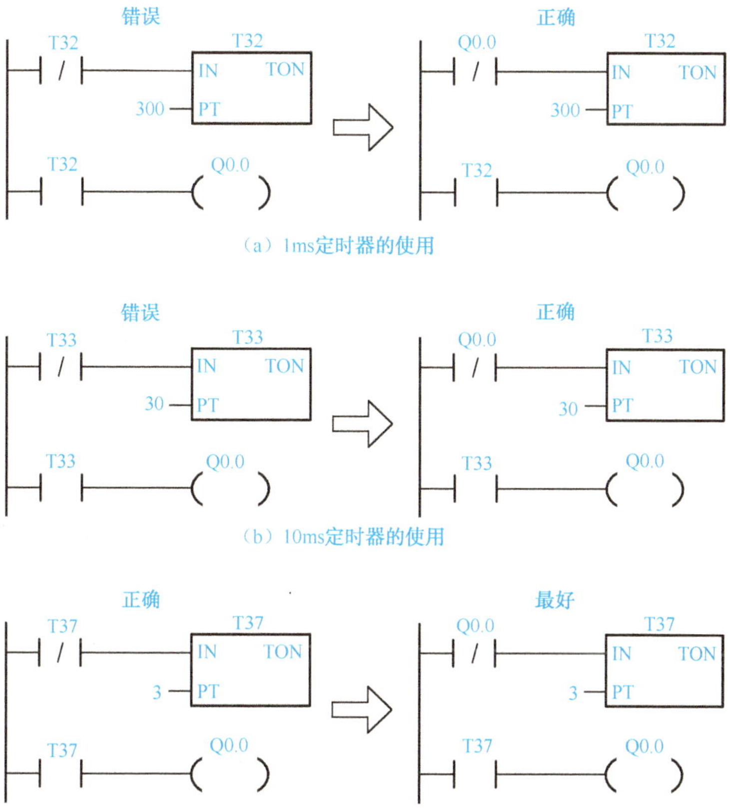

（a）1ms定时器的使用

（b）10ms定时器的使用

（c）100ms定时器的使用

图 6-18　定时器使用示例

② 对 10ms 定时器 T33，在使用错误方法时，Q0.0 永远产生不了宽度为一个扫描周期的脉冲。因为当定时器计时到时，定时器在每次扫描开始时刷新。该例中 T33 被置位，但执行到定时器指令时，定时器将被复位（当前值和位都被置 0）。当常开触点 T33 被执行时，T33 永远为 OFF，Q0.0 也将为 OFF，即永远不会被置位 ON。

③ 100ms 的定时器在执行指令时刷新，所以当定时器 T37 到达设定值时，Q0.0 肯定会产生宽度为一个扫描周期的脉冲。改用正确使用方法后，把定时器到达设定值产生结果的元器件的常闭触点作为定时器本身的输入，则不论哪种定时器，都能保证定时器达到设定值时，Q0.0 产生一个宽度为一个扫描周期的脉冲。所以，在使用定时器时，要弄清楚定时器的分辨率，否则，一般情况下不要把定时器本身的常闭触点作为自身的复位条件。在实际使用时，100ms 的定时器常采用自复位逻辑，而且 100ms 定时器也是使用最多的定时器。

6.2.4　计数器指令

S7—200 系列 PLC 的计数器分为一般用途计数器和高速计数器两大类。一般用途计数器用来累计输入脉冲的个数，其计数速度较慢，输入脉冲频率必须要小于 PLC 程序扫描频率，一般最高为几百赫兹，在实际应用中主要用来对产品进行计数等控制任务。高速计数器主要用于对外部高速脉冲输入信号进行计数，如在定位控制系统中，位置编码器的位置反馈脉冲信号一般高达几千赫兹，有时甚至达几万赫兹，远远高于 PLC 程序扫描频率，这时一般的计数器已经无能为力，此时就需要使用高速计数器。由于篇幅有限，这里只介绍一般用途计数器。

1. 计数器的种类和编号

S7—200 系列 PLC 的计数器有 3 种，分别为增计数器 CTU、增减计数器 CTUD 和减计数器 CTD。

计数器的编号用计数器名称和数字（0～255）组成，即 C×××，如 C6。计数器的编号包含两方面的信息：计数器位和计数器当前值。计数器位和继电器一样是一个开关量，表示计数器是否发生动作的状态。当计数器的当前值达到设定值时，该位被置位为 ON。计数器当前值是一个存储单元，它用来存储计数器当前所累计的脉冲个数，用 16 位有符号整数来表示，最大数值为 32767。

计数器设定值的数据类型为 INT 型。操作数可为 VW、IW、QW、MW、SW、SMW、LW、AIW、T、C、AC、＊VD、＊AC、＊LD 和常数。一般情况下使用常数作为计数器的设定值。

2. 计数器指令使用说明

计数器指令的 LAD 和 STL 格式见表 6-3。

表 6-3　计数器指令的 LAD 和 STL 格式

格　式	名　称		
	增计数器	减计数器	增减计数器
LAD	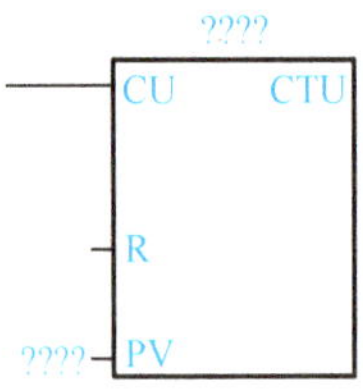	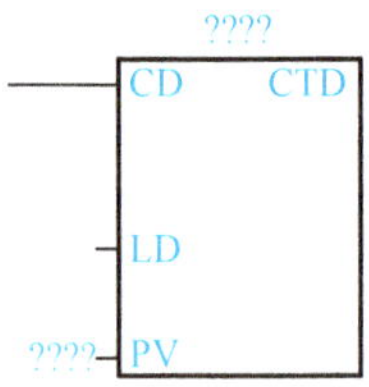	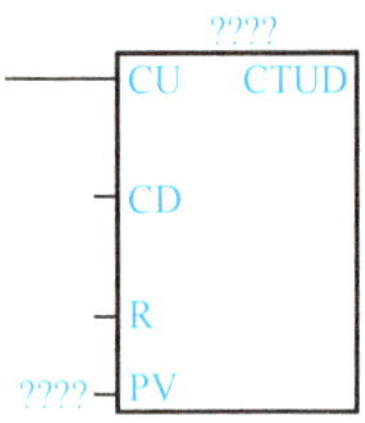
STL	CTU C＊＊＊，PV	CTD C＊＊＊，PV	CTUD C＊＊＊，PV

（1）增计数器 CTU（Count Up）　首次扫描时，计数器位为 OFF，当前值为 0。在计数脉冲输入端 CU 的每个上升沿，计数器计数 1 次，当前值增加一个单位。当前值达到设定值时，计数器位为 ON，当前值可继续计数到 32767 后停止计数。复位输入端有效或对计数器执行复位指令，计数器复位，即计数器位为 OFF，当前值为 0。如图 6-19 所示为增计数器的用法。需要注意的是，在语句表中，CU、R 的编程顺序不能错误。

（2）减计数器 CTD（Count Down）　首次扫描时，计数器位为 OFF，当前值为预设定值 PV。对 CD 输入端的每个上升沿计数器计数 1 次，当前值减小一个单位，当前值减小到 0 时，计数器位置位为 ON，当前值停止计数保持为 0。复位输入端有效或对计数器执行复位指令，计数器复位，即计数器位为 OFF，当前值复位为设定值。如图 6-20 所示为减计数器的用法。

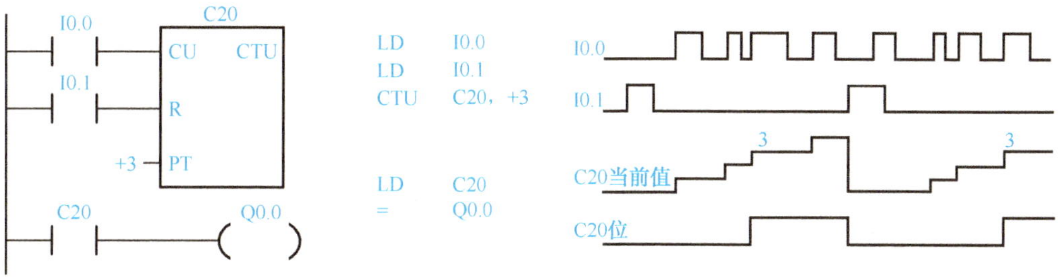

（a）梯形图 （b）语句表 （c）时序图

图 6-19 增计数器的用法

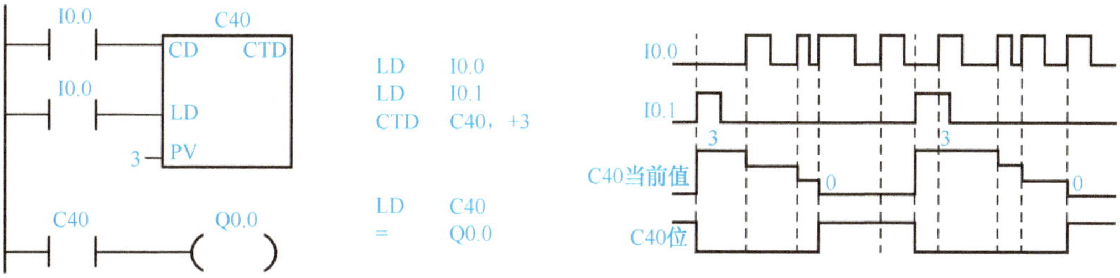

（a）梯形图 （b）语句表 （c）时序图

图 6-20 减计数器的用法

（3）增减计数器 CTUD（Count Up/Down） 增减计数器有两个计数脉冲输入端：CU 输入端用于递增计数，CD 输入端用于递减计数。首次扫描时，计数器位为 OFF，当前值为 0。CU 输入的每个上升沿，计数器当前值增加 1 个单位；CD 输入的每个上升沿，都使计数器当前值减小 1 个单位，当前值达到设定值时，计数器位置位为 ON。

增减计数器当前值计数到 32767（最大值）后，下一个 CU 输入的上升沿将使当前值跳变为最小值（－32768）；当前值达到最小值－32768 后，下一个 CD 输入的上升沿将使当前值跳变为最大值 32767。复位输入端有效或使用复位指令对计数器执行复位操作后，计数器复位，即计数器位为 OFF，当前值为 0。如图 6-21 所示为增减计数器的用法。

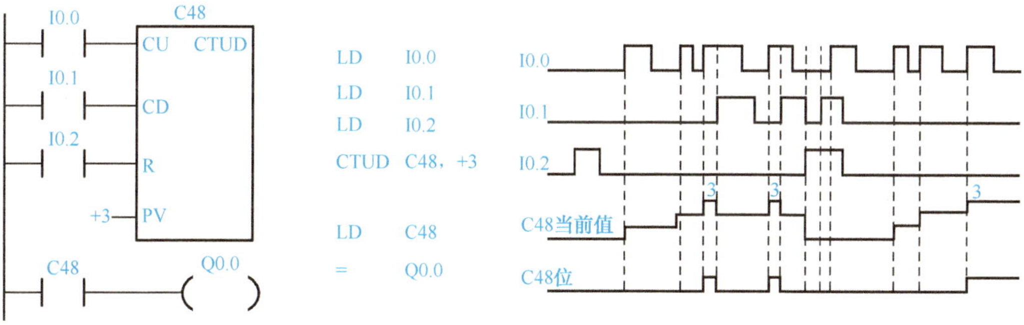

（a）梯形图 （b）语句表 （c）时序图

图 6-21 增减计数器的用法

6.2.5 比较指令

比较指令是对两个存储器内容或数据的比较，通常以字节、字或双字的形式进行。数值比较指令的运算符有 =、>=、<、<=、>和<>共 6 种，而字符串比较指令的运算符只有 = 和<>2 种，比较结果将以二进制位的形式输出。对比较指令可进行 LD 编程、A 编程和 O 编程。比较指令的 LAD 和 STL 格式见表 6-4。

表 6-4　比较指令的 LAD 和 SLT 格式

格　　式	方　　式				
	字节比较	整数比较	双字整数比较	实数比较	字符串比较
LAD （以 = = 为例）	IN1 ─┤==B├─ IN2	IN1 ─┤==I├─ IN2	IN1 ─┤==D├─ IN2	IN1 ─┤==R├─ IN2	IN2 ─┤==S├─ IN1
STL （以 = = 为例）	LDB = IN1,IN2 AB = IN1,IN2 OB = IN1,IN2	LDW = IN1,IN2 AW = IN1,IN2 OW = IN1,IN2	LDD = IN1,IN2 AD = IN1,IN2 OD = IN1,IN2	LDR = IN1,IN2 AR = IN1,IN2 OR = IN1,IN2	LDS = IN1,IN2 AS = IN1,IN2 OS = IN1,IN2
IN1 和 IN2 寻址范围	IB,QB,MB,SMB, VB,SB,LB,AC, * VD, * AC, * LD, 常数	IW,QW,MW,SMW, VW,SW,LW,AC, * VD, * AC, * LD, 常数	ID,QD,MD,SMD, VD,SD,LD,AC, * VD, * AC, * LD, 常数	ID,QD,MD,SMD, VD,SD,LD,AC, * VD, * AC, * LD, 常数	(字符)VB,LB, * VD, * AC, * LD

字节比较用于比较两个字节型整数值 IN1 和 IN2 的大小，字节比较是无符号的。

整数比较用于比较两个一个字长的整数值 IN1 和 IN2 的大小，整数比较是有符号的，其范围是 16 # 8000～16 # 7FFF。

双字整数比较用于比较两个双字长整数值 IN1 和 IN2 的大小，它们的比较也是有符号的，其范围是 16 # 80000000～16 # 7FFFFFFF。

实数比较用于比较两个双字长实数值 IN1 和 IN2 的大小，实数比较是有符号的。负实数范围为－1. 175495E－38～－3. 402823E＋38，正实数范围是＋1. 175495E－38～＋3. 402823E＋38。

如图 6-22 所示为比较指令的用法。

从图 6-22 中可以看出：AIW2 中的当前值大于等于 2800 时，Q0. 0 为 ON；VD1 中的实数小于 56. 8 且 I0. 0 为 ON 时，Q0. 1 为 ON；VBl 中的值大于 VB2 的值或 I0. 1 为 ON 时，Q0. 2 为 ON。

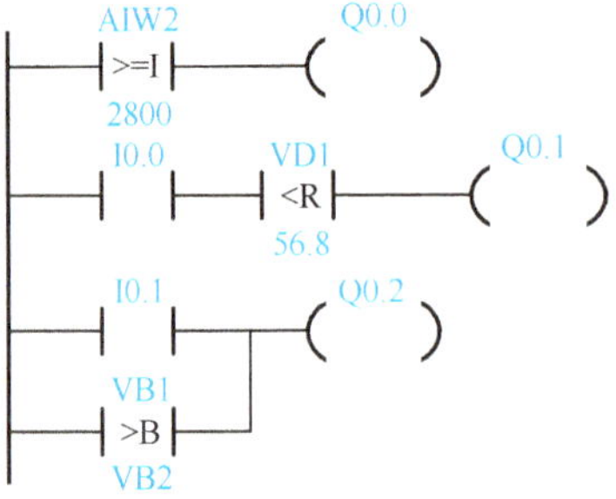

（a）梯形图

```
LDW>=   AIW2, 2800
=       Q0.0
LD      I0.0
AR<     VD1, 56.8
=       Q0.1
LD      I0.1
OB>     VB1, VB2
=       Q0.2
```

（b）语句表

图 6-22　比较指令的用法

6.3 PLC基本实用程序

6.3.1 简单的闪烁程序

在实际生活中，经常需要指示灯闪烁，以示警告，如交通信号灯、故障报警灯等。S7—200 系列 PLC 中的特殊标志继电器 M0.5 可以直接实现亮 0.5s，灭 0.5s，周期为 1s 的闪烁效果，如图 6-23 所示。

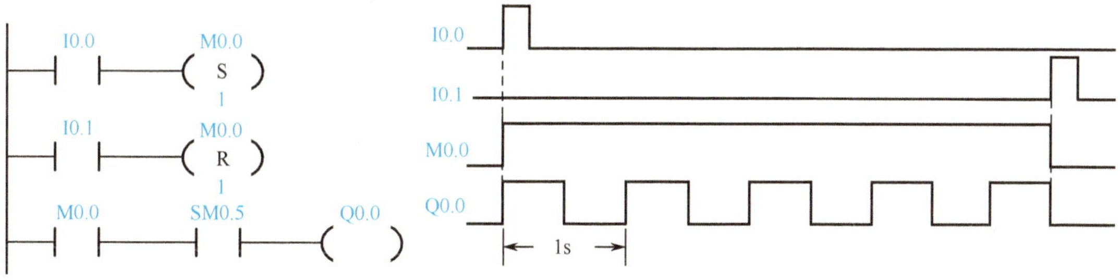

（a）梯形图　　（b）时序图

图 6-23　周期为 1s 的闪烁程序

6.3.2 脉冲输出程序

利用两个定时器指令，可以实现周期和占空比均可以调节的脉冲输出信号，如图 6-24 所示，I0.0 接通时，Q0.0 为通 1s，断 2s，周期为 3s 的脉冲输出信号。利用 1 个定时器指令和一个字比较指令也可以简单地实现同样的脉冲输出信号，如图 6-25 所示。

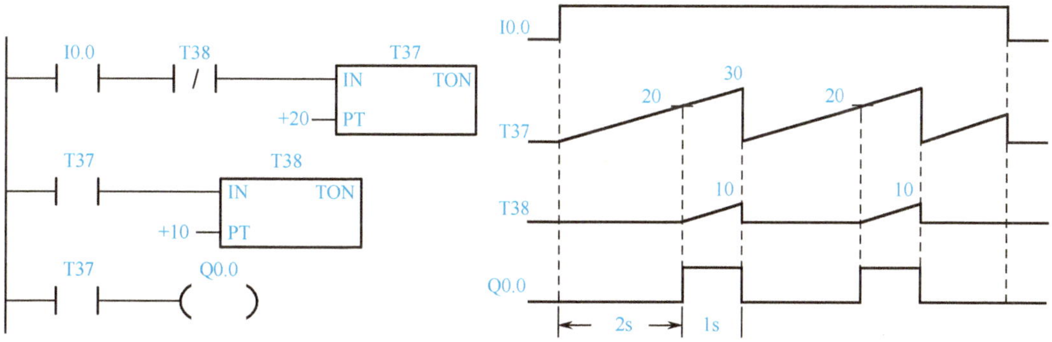

（a）梯形图　　（b）时序图

图 6-24　脉冲输出程序

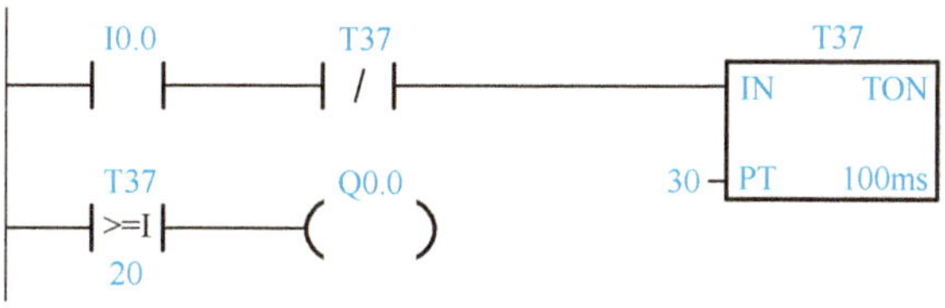

图 6-25　简易的脉冲程序

6.3.3 二分频程序

在许多控制场合，需要对控制信号进行分频，其中二分频控制使用较多，如用同一个按钮控制电路的接通与断开，即按一次按钮，电路接通，再按一次按钮，电路断开，依此重复。如图6-26（a）所示为二分频控制程序，I0.0第1次由OFF→ON时，EU有效，M0.0置位，Q0.0为ON；I0.0由ON→OFF时，EU无效，M0.0仍置位，Q0.0仍为ON。I0.0第2次由OFF→ON时，EU有效，M0.0复位，Q0.0为OFF；I0.0由ON→OFF时，EU无效，M0.0仍复位，Q0.0仍为OFF。图6-26（a）中的M0.0不能省略，否则就会导致处于一个指令网络内的结果相互矛盾，而不能实现二分频，如图6-26（b）所示为错误的二分频程序。

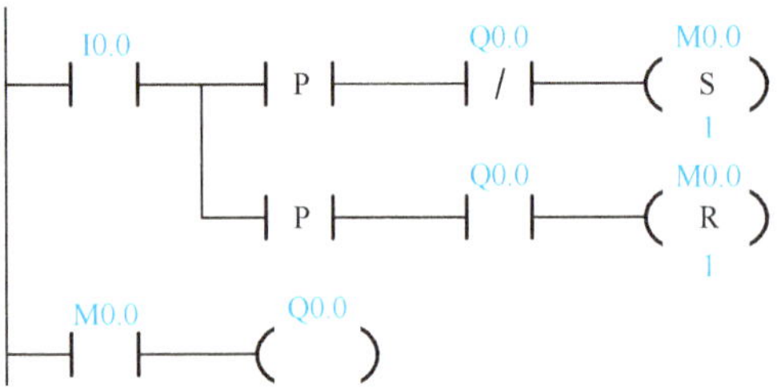

（a）正确

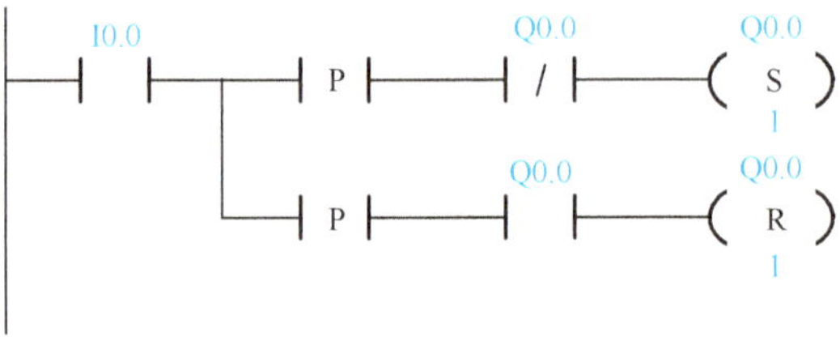

（b）错误

图6-26 二分频程序

6.3.4 长延时程序

由于单个的定时器最大定时值为3276.7s，不足1h，往往不能满足长定时的要求，利用定时器指令和计数器指令的组合使用，可以达到长延时的目的，如图6-27所示的梯形图控制电路，可以实现60×6000×100ms=10h的长定时效果。

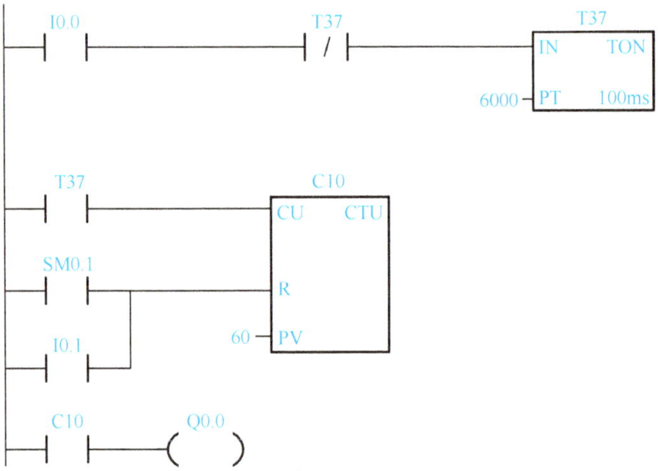

图6-27 长延时程序

6.3.5 延时接通/断开程序

如图 6-28 所示，I0.0 接通时，T37 开始计时，4s 后 Q0.0 接通；I0.0 断开时，T38 开始计时，6s 后 Q0.0 断开，实现了延时接通和延时断开的功能。

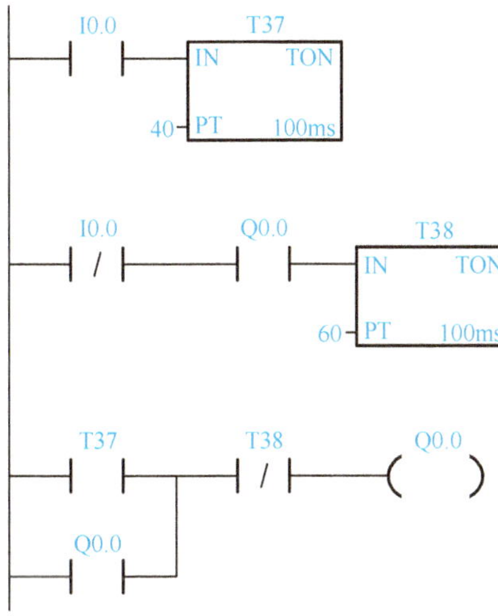

(a) 梯形图

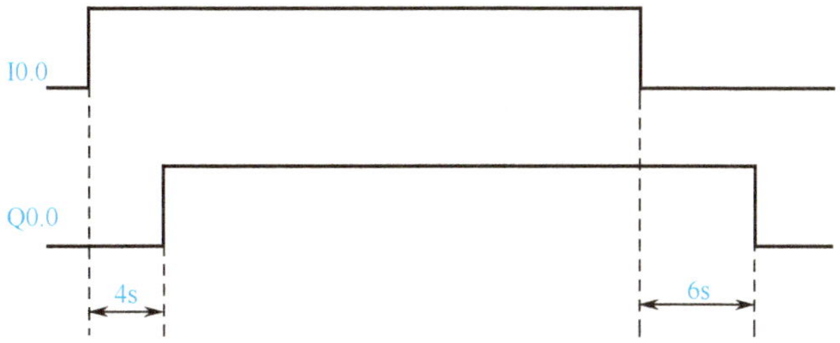

(b) 时序图

图 6-28 延时接通/断开程序

6.4 技能训练：S7—200 系列 PLC 基本指令应用

6.4.1 逻辑电路训练

□【任务描述】

PLC 梯形图程序中的位逻辑指令作为数字量输入时，其采用常开触点或常闭触点取决于外部输入元件的接入方式。如常见的“启—保—停”控制电路，如果停止按钮接入 PLC 的输入端时采用常闭触点，则 PLC 程序中与该输入端对应的位逻辑为常开；反之，如果停止按钮接入 PLC 的输入端时采用常开触点，则 PLC 程序中与该输入端对应的位逻辑为常闭。再如热继电器的辅助触点接入 PLC 输入端时为常闭触点，故在编写 PLC 梯形图程序时采用常开位逻辑指令。本任务以基本“启—保—停”控制电路为对象，进行 PLC 程序与外部接线之间逻辑关系的训练。

□【任务实施】

编制与表 6-5 中 PLC 外部接线相对应，由 SB_1 作为灯的开启按钮、SB_2 作为灯的停止按钮的梯形图程序和语句表程序，并填入表中。

表 6-5 外部接线与梯形图对应表

<table>
<tr><th>序 号</th><th>外部接线图</th><th>梯形图程序</th><th>语句表程序</th></tr>
<tr><td>1</td><td>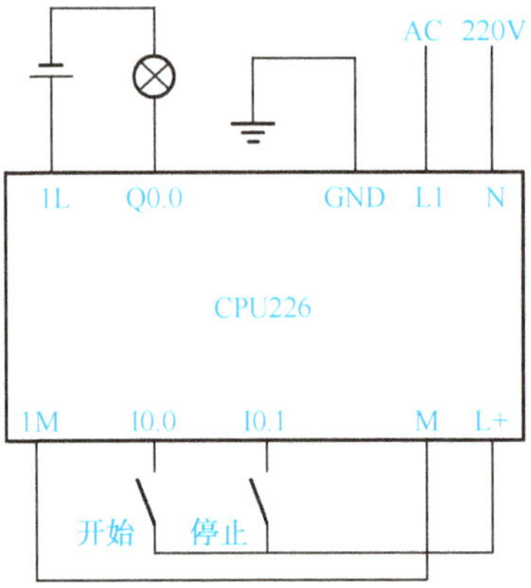</td><td></td><td></td></tr>
<tr><td>2</td><td>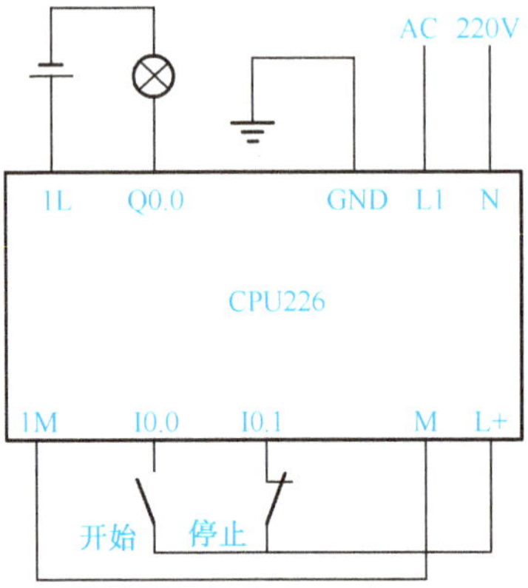</td><td></td><td></td></tr>
</table>

6.4.2 信号灯 PLC 控制训练

□【任务描述】

通过 PLC 对信号灯的控制训练，掌握 S7—200 系列 PLC 的硬件接线方法，熟悉 PLC 控制设计的基本流程和方法，加深对 PLC 基本指令的理解。本任务中的信号灯具体控制要求如下。

① 工作方式 1：按下 SB_2，按 L_1→L_2→L_3→L_1 方式循环交替发光，每只发光 10s 后熄灭，轮到下一只发光。直到按下 SB_1 后，所有信号灯熄灭。

② 工作方式 2：按下 SB_3，按 L_1→L_2→L_3→L_1 方式循环交替发光，每只发光 5s 后熄灭，轮到下一只发光。循环 10 次后所有信号灯自动熄灭。

□【任务实施】

1. 根据控制要求，确定输入/输出设备，进行 PLC 的 I/O 地址分配，见表 6-6。

表 6-6 PLC 的 I/O 地址分配

输入信号	输入点	输出信号	输出点
停止按钮 SB_1	I0.0	信号灯 L_1	Q0.0
工作方式 1 按钮 SB_2	I0.1	信号灯 L_2	Q0.1
工作方式 2 按钮 SB_3	I0.2	信号灯 L_3	Q0.2

2. 按如图 6-29 所示的 PLC 控制接线原理图进行接线。

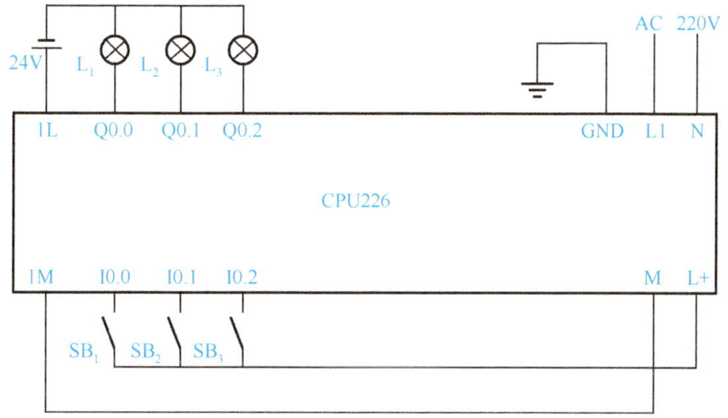

图 6-29 PLC 控制接线原理图

3. 用上位机的编程软件编写梯形图程序，经仿真调试运行无误后，方可写入 PLC。

4. 经指导教师检查合格后合闸通电试验。

5. 操作控制按钮，观查实验结果，解答思考题。

6. 实验中出现不正常现象时，应切断电源，分析故障原因并排除故障后，才能再通电试验。

【思考题】

将工作方式 2 改为：按下 SB_3后，L_1指示灯发光 3s 后，L_2发光（L_1不熄灭），L_2发光 5s 后，L_3发光（L_2不熄灭）。L_1、L_2、L_3发光 7s 后同时熄灭。请编写相应的梯形图程序。

【参考梯形图程序】

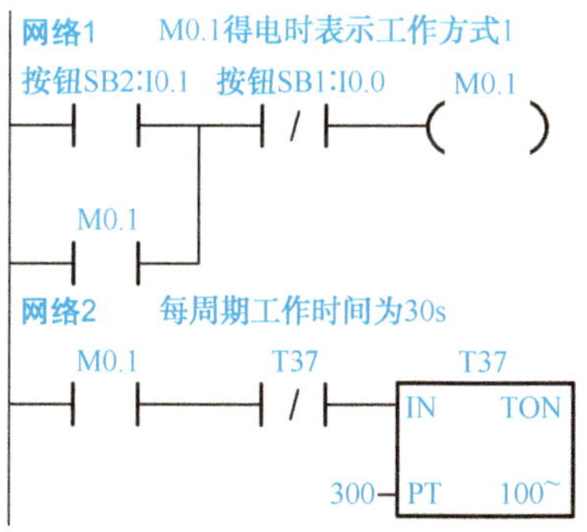

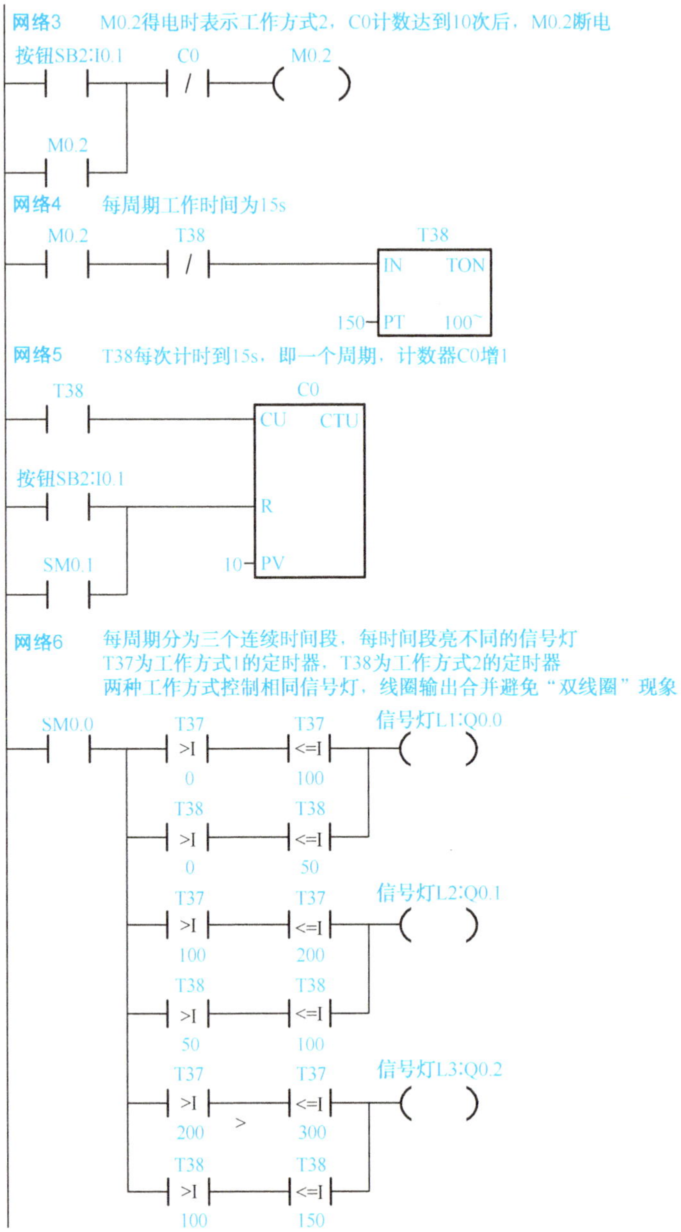

思考与练习 6

6.1　S7—200 系列 PLC 中共有几种分辨率的定时器？它们的刷新方式有何不同？

6.2　设计一个梯形图：当按下按钮 SB_1后，指示灯 LED 点亮，按钮 SB_2按 3 次（计数）后，再延时 5s，LED 熄灭，计数器复位。

6.3　用一个按钮控制一盏灯。要求：按钮按下后灯亮，5s 后自动熄灭。

6.4　设计一个计数器，其计数次数为 10 万次，并画出梯形图。

6.5　试设计一个延时 24h 的定时器。

6.6 设计一个周期为5s，占空比为20%的方波输出信号程序（输出点可以使用Q0.0）。

6.7 试用PLC设计出一条自动运输线，有两台电动机，M_1拖动运输机，M_2拖动卸料机。要求：

① M_1先启动后，才允许M_2启动；

② M_2先停止，经一段时间后M_1才自动停止，且M_2可以单独停止；

③ 两台电动机均有短路保护和长期过载保护。

6.8 试用PLC设计M_1和M_2两台电动机顺序启、停的控制程序，要求如下。

① M_1启动后，M_2立即自动启动；

② M_1停止后，延时一段时间，M_2才自动停止；M_2能点动调整工作；两台电动机均有短路保护和长期过载保护。

6.9 试用PLC设计一个工作台前进—退回的控制线路的控制程序。工作台由电动机M拖动，行程开关SQ_1、SQ_2分别装在工作台的原位和终点，要求如下。

① 能自动实现前进—后退—停止到原位；

② 工作台前进到达终点后停一下再后退；

③ 工作台在前进中可以人为地立即后退到原位；

④ 有终端保护。

6.10 编写两套电动机（两台）的控制程序，两套程序控制要求如下。

① 启动时，电动机M_1先启动，才能启动电动机M_2；停止时，电动机M_1、M_2同时停止。

② 启动时，电动机M_1、M_2同时启动；停止时，只有在电动机M_2停止时，电动机M_1才能停止。

6.11 用一个按钮控制两盏灯。第一次按下按钮后只有第1盏灯亮，第2次按下按钮后只有第2盏灯亮，第3次按下按钮后两盏灯全亮，第4次按下按钮后两盏灯全灭，第5次按下按钮后两盏灯全亮，第6次按下按钮后只有第2盏灯亮，第7次按下按钮后只有第1盏灯亮，第8次按下按钮后两盏灯全灭，完成一次工作循环。试用计数器指令和比较指令设计梯形图程序。

6.12 现有三条运输皮带，每条皮带都由一台电动机拖动。按下启动按钮后，3号运输皮带开始运行；5s后，2号运输皮带自动启动；再过5s后，1号运输皮带自动启动。停机的顺序与启动的顺序正好相反，间隔时间仍为5s。试设计出该系统的PLC接线图及相应的梯形图程序（用顺序控制继电器指令实现）。

6.13 设计一个抢答器PLC控制程序。要求如下。

① 有3个答题人，1个主持人。

② 每个答题人1个“抢答”按钮，主持人1个“开始”按钮、一个“重新开始”按钮。

③ 只有主持人按下“开始”按钮，允许抢答指示灯亮时，答题人才可抢答，否则违规。

④ 每个答题人有2个指示灯：1个代表抢答成功；1个代表违规。注意：必须保证只有最早按下“抢答”按钮的答题人灯亮，此后其他人再按无效。

⑤ 答题结束，主持人按下“重新开始”按钮，进行下一轮答题。

项目7　S7—200系列PLC的功能指令

【导读】

为了实现比较复杂的控制功能，PLC除了具有基本指令外，还具有功能指令。功能指令也叫应用指令，实质上就是一些功能不同的子程序，正确地使用功能指令，对优化程序结构、提高应用系统的功能、简化对一些复杂问题的处理有着重要的作用。本项目主要介绍逻辑运算指令、传送指令、移位指令、转换指令、数学运算指令、程序控制指令、表功能指令及其编程方法。

【应知】

※ 掌握传送指令、数学运算指令、程序控制指令的作用与用法；

※ 掌握移位指令、转换指令的作用与用法；

※ 掌握逻辑运算指令、表功能指令的作用与用法。

【应会】

☆ 能分析比较复杂的PLC控制系统；

☆ 能根据控制要求，熟练运用功能指令编写出简明、正确的控制程序。

7.1　逻辑运算指令

字节、字、双字逻辑处理指令是指以字节、字或双字的形式进行的逻辑运算与处理，包括字节、字或双字的“与”、“或”、“异或”、“取反”运算等。

7.1.1　取反指令

取反指令包括字节取反（INVB）指令、字取反（INVW）指令和双字取反（INVD）指令，是将输入IN的值按位取反，结果存入OUT中。其有效操作数范围见表7-1，用法如图7-1所示。

表 7-1 取反指令的有效操作数范围

输入/输出	数据类型	操作数
IN	BYTE	VB、IB、QB、MB、SB、SMB、LB、AC、常数、*VD、*AC、*LD
	WORD	VW、IW、QW、MW、SW、SMW、T、C、AIW、LW、AC、常数、*VD、*AC、*LD
	DWORD	VD、ID、QD、MD、SD、SMD、LD、HC、AC、常数、*VD、*AC、*LD
OUT	BYTE	VB、IB、QB、MB、SB、SMB、LB、AC、*VD、*AC、*LD
	WORD	VW、IW、QW、MW、SW、SMW、T、C、AIW、LW、AC、常数、*VD、*AC、*LD
	DWORD	VD、ID、QD、MD、SD、SMD、LD、AC、*VD、*AC、*LD

图 7-1 取反指令的用法

7.1.2 与、或和异或指令

与指令包括字节与（ANDB）指令、字与（ANDW）指令和双字与（ANDD）指令，是将输入值 IN1 和 IN2 的相应位进行与操作，将结果存入 OUT 中。

或指令包括字节或（ORB）指令、字或（ORW）指令和双字或（ORD）指令，是将两个输入值 IN1 和 IN2 的相应位进行或操作，将结果存入 OUT 中。

异或指令包括字节异或（ROB）指令、字异或（ORW）指令和双字异或（ORD）指令，是将两个输入值 IN1 和 IN2 的相应位进行异或操作，将结果存入 OUT 中。

以上 3 种指令的有效操作数范围见表 7-2，用法如图 7-2 所示。

表 7-2 与、或和异或指令的有效操作数范围

输入/输出	数据类型	操作数
IN	BYTE	VB、IB、QB、MB、SB、SMB、LB、AC、常数、*VD、*AC、*LD
	WORD	VW、IW、QW、MW、SW、SMW、T、C、AC、LW、AIW、常数、*VD、*AC、*LD
	DWORD	VD、ID、QD、MD、SD、SMD、LD、HC、AC、常数、*VD、*AC、*LD
OUT	BYTE	VB、IB、QB、MB、SB、SMB、LB、AC、*VD、*AC、*LD
	WORD	VW、IW、QW、MW、SW、SMW、T、C、LW、AC、*VD、*AC、*LD
	DWORD	VD、ID、QD、MD、SD、SMD、LD、AC、*VD、*AC、*LD

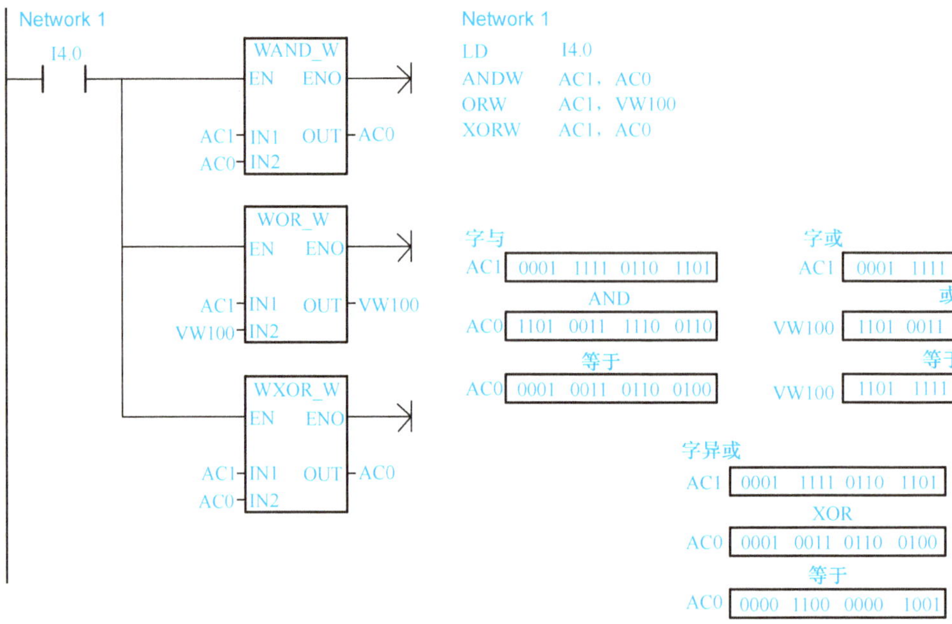

图 7-2 字与、字或和字异或指令的用法

7.2 传送等相关指令

7.2.1 传送指令

传送指令包括字节传送（MOVB）指令、字传送（MOVW）指令、双字传送（MOVD）指令和实数传送指令。其作用是在不改变原值的情况下将 IN 中的值传送到 OUT 中。其有效操作数范围见表 7-3。

表 7-3 传送指令的有效操作数范围

输入/输出	数据类型	操作数
IN	BYTE	VB、IB、QB、MB、SB、SMB、LB、AC、常数、＊VD、＊LD、＊AC
	WORD	VW、IW、QW、MW、SW、SMW、LW、T、C、AIW、常数、AC、＊VD、＊AC、＊LD
	DWORD	VD、ID、QD、MD、SD、SMD、LD、HC、&VB、&IB、&QB、&MB、&SB、&T、&C、&SMB、&AIW、&AQW、AC、常数、＊VD、＊LD、＊AC
	REAL	VD、ID、QD、MD、SD、SMD、LD、AC、常数、＊VD、＊LD、＊AC
OUT	BYTE	VB、IB、QB、MB、SB、SMB、LB、AC、＊VD、＊LD、＊AC
	WORD	VW、T、C、IW、QW、SW、MW、SMW、LW、AC、AQW、＊VD、＊AC、＊LD
	DWORD	VD、ID、QD、MD、SD、SMD、LD、AC、＊VD、＊LD、＊AC
	REAL	VD、ID、QD、MD、SD、SMD、LD、AC、＊VD、＊LD、＊AC

7.2.2 块传送指令

块传送指令包括字节块传送（BMB）指令、字块传送（BMW）指令和双字块传送（BMD）指令。传送指定数量的数据到一个新的存储区，数据的起始地址为 IN，数据长度为 N 个字节、字或者双字，新块的起始地址为 OUT。N 的范围为 1～255。其有效操作数范围见表 7-4，用法如图 7-3 所示。

表 7-4 块传送指令的有效操作数范围

输入/输出	数据类型	操作数
IN	BYTE	VB、IB、QB、MB、SB、SMB、LB、*VD、*AC、*LD
	WORD	VW、IW、QW、MW、SW、SMW、LW、T、C、AIW、*VD、*LD、*AC
	DWORD	VD、ID、QD、MD、SD、SMD、LD、*VD、*AC、*LD
OUT	BYTE	VB、IB、QB、MB、SB、SMB、LB、*VD、*AC、*LD
	WORD	VW、IW、QW、MW、SW、SMW、LW、T、C、AQW、*VD、*LD、*AC
	DWORD	VD、ID、QD、MD、SD、SMD、LD、*VD、*AC、*LD
N	BYTE	VB、IB、QB、MB、SB、SMB、LB、AC、常数、*VD、*AC、*LD

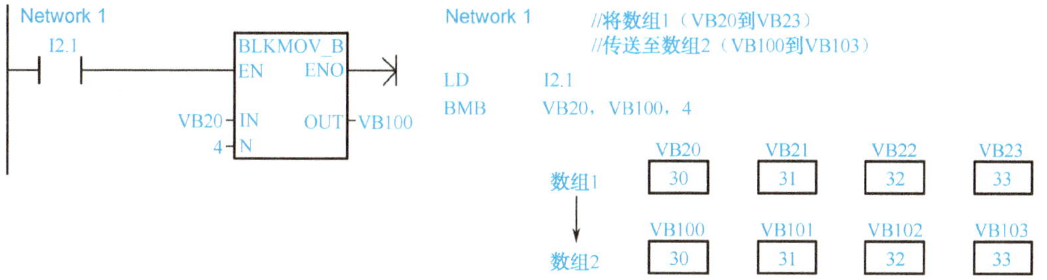

图 7-3 块传送指令的用法

7.2.3 字节立即传送指令

字节立即传送指令允许在物理 I/O 端口和存储器之间立即传送一个字节数据。

① 字节立即读指令（BIR）。读物理输入（IN），并将结果存入内存地址（OUT），但过程映像寄存器并不刷新，其有效操作数范围见表 7-5。

表 7-5 字节立即读指令的有效操作数范围

输入/输出	数据类型	操作数
IN	BYTE	IB、*VD、*LD、*AC
OUT	BYTE	VB、IB、QB、MB、SB、SMB、LB、AC、*VD、*AC、*LD

② 字节立即写指令（BIW）。从内存地址（IN）中读取数据，写入物理输出（OUT），同时刷新相应的过程映像区，其有效操作数范围见表 7-6。

表 7-6 字节立即写指令的有效操作数范围

输入/输出	数据类型	操作数
IN	BYTE	VB、IB、QB、MB、SB、SMB、LB、AC、常数、*VD、*AC、*LD
OUT	BYTE	QB、*VD、*LD、*AC

7.2.4 字节交换指令

字节交换指令（SWAP）用于交换字（IN）的最高位字节和最低位字节，其有效操作数范围见表 7-7，用法如图 7-4 所示。

表 7-7 字节交换指令的有效操作数

输入/输出	数据类型	操作数
IN	WORD	VW、IW、QW、MW、SW、SMW、T、C、LW、AC、*VD、*AC、*LD

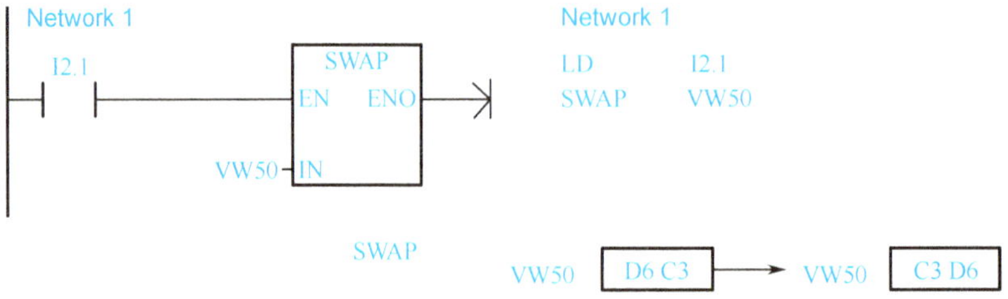

图 7-4 字节交换指令的用法

7.3 移位指令

移位指令是对存储器本身内容所进行的调整，通常以字节、字或双字的形式进行。移位指令有左移、右移、循环移动等形式。

7.3.1 右移和左移指令

移位指令将输入值 IN 右移或左移 N 位，并将结果装载到输出 OUT 中。移位指令对移出的位自动补零。

如果位数 N 大于或等于最大允许值（对于字节操作为 8，对于字操作为 16，对于双字操作为 32），那么移位操作的次数为最大允许值。如果移位次数大于 0，溢出标志位（SM1.1）上就是最近移出的位值。如果移位操作的结果为 0，零存储器位（SM1.0）置位。

字节操作是无符号的。对于字和双字操作，当使用有符号数据类型时，符号位也被移动。

7.3.2 循环右移和循环左移指令

循环移位指令将输入值 IN 循环右移或者循环左移 N 位，并将输出结果装载到 OUT 中。

如果位数 N 大于或者等于最大允许值（对于字节操作为 8，对于字操作为 16，对于双字操作为 32），PLC 在执行循环移位之前，会执行取模操作，得到一个有效的移位次数。移位位数的取模操作的结果，对于字节操作是 0～7，对于字操作是 0～15，对于双字操作是 0～31。如果移位次数为 0，循环移位指令不执行。

执行循环移位指令，最后一个移位的值会复制到溢出标志位（SM1.1）。如果移位次数不是 8（对于字节操作）、16（对于字操作）和 32（对于双字操作）的整数倍，最后被移出的位会被复制到溢出标志位（SM1. 1）。当被循环移位的值是零时，零标志位（SM1. 0）被置位。

字节操作是无符号的。对于字和双字操作，当使用有符号数据类型时，符号位也被移位。移位和循环移位指令的有效操作数范围见表 7-8 所示，用法如图 7-5 所示。

表 7-8 移位和循环移位指令的有效操作数范围

输入/输出	数据类型	操作数
IN	BYTE	VB、IB、QB、MB、SB、SMB、LB、AC、常数、*VD、*LD、*AC
	WORD	VW、IW、QW、MW、SW、SMW、LW、T、C、AIW、AC、常数、*VD、*LD、*AC
	DWORD	VD、ID、QD、MD、SD、SMD、LD、AC、HC、常数、*VD、*LD、*AC
OUT	BYTE	VB、IB、QB、MB、SB、SMB、LB、AC、*VD、*LD、*AC
	WORD	VW、IW、QW、MW、SW、SMW、LW、T、C、AC、*VD、*LD、*AC
	DWORD	VD、ID、QD、MD、SD、SMD、LD、AC、*VD、*LD、*AC
N	BYTE	VB、IB、QB、MB、SB、SMB、LB、AC、常数、*VD、*LD、*AC

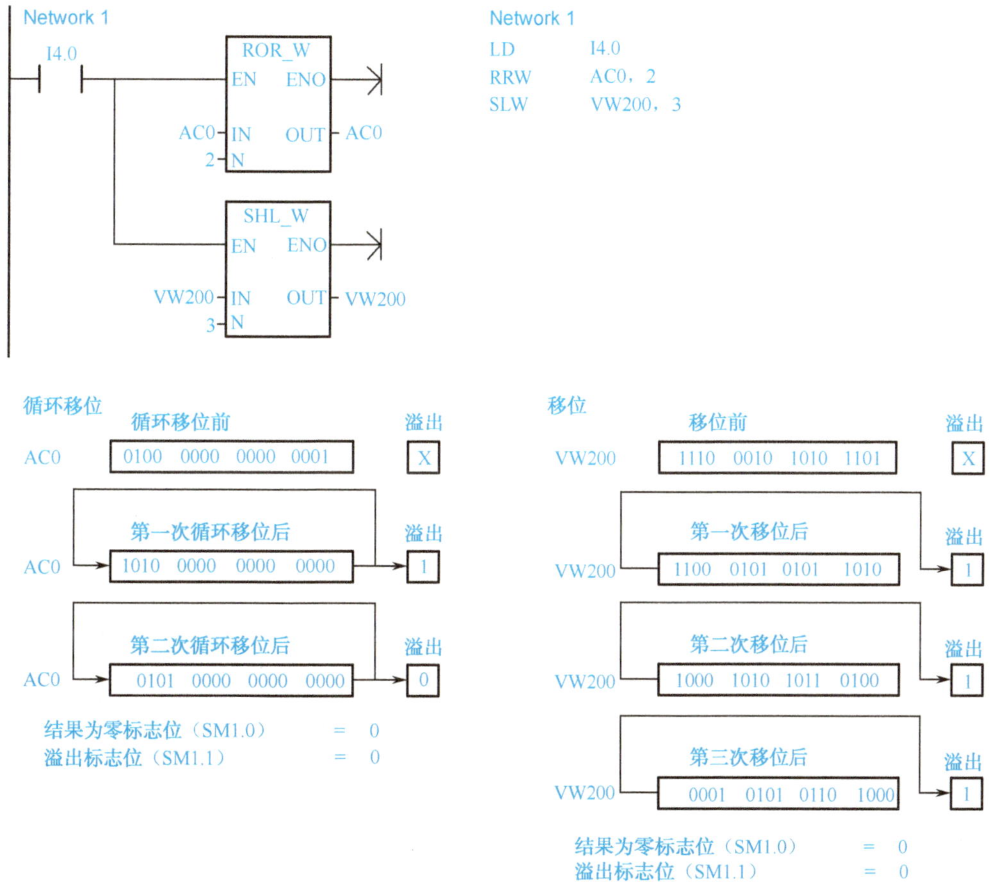

图 7-5 移位和循环移位指令的用法

7.4 转换指令

转换指令是对操作数的类型进行转换，并将转换结果输出到指定的目标地址中。转换指令包括标准转换指令、ASCII 码转换指令、字符串转换指令、编码和译码指令等。

7.4.1 标准转换指令

标准转换指令包括数据的类型转换指令和段码指令。

① 数据的类型转换指令包括字节转为字整数（BTI）、字整数转为字节（ITB）、字整数转为双字整数（ITD）、双字整数转为字整数（DTI）、双字整数转为实数（DTR）、实数转为双字整数（RTD）、BCD 码转为字整数（BCDI）、字整数转为 BCD 码（IBCD）和实数转为字整数（ROUND 和 TRUNC）。

以上指令将输入值 IN 转换为指定的格式并存储到由 OUT 指定的输出值存储区中。

② 段码指令用来产生一个点阵码，可用于点亮七段码显示器的各个段。

1. BCD 码与字整数之间的转换

BCD 码与字整数间的类型转换是双向的。BCD 码与字整数之间的转换指令格式见表 7-9。

表 7-9　BCD 码与字整数之间的转换指令格式

格　式	名　称	
	BCD 码转为字整数	字整数转为 BCD 码
LAD	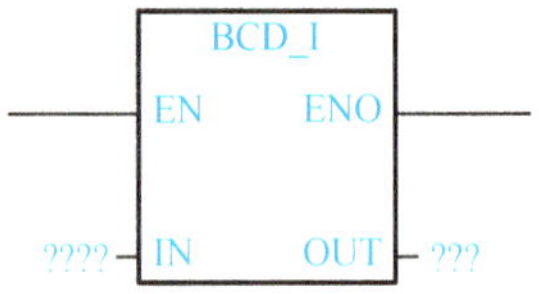	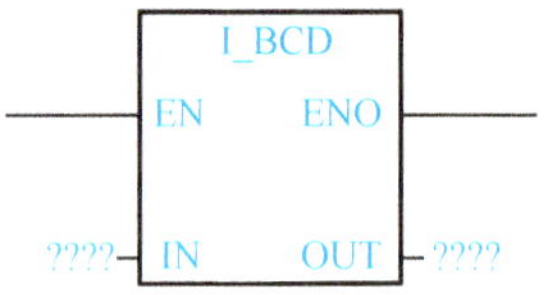
STL	BCDI　OUT	IBCD　OUT
功能描述	将 IN 中的 BCD 码输入数据转换成字整数类型，并将结果送到 OUT 输出	将 IN 中的字整数输入数据转换成 BCD 码类型，并将结果送到 OUT 输出

2. 字节与字整数之间的转换

字节型数据是无符号数，字节型数据与字整数之间转换的指令格式见表 7-10。

表 7-10　字节型数据与字整数之间的转换指令格式

格　式	名　称	
	字节转为字整数	字整数转为字节
LAD	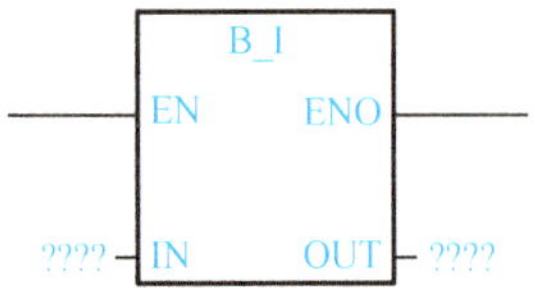	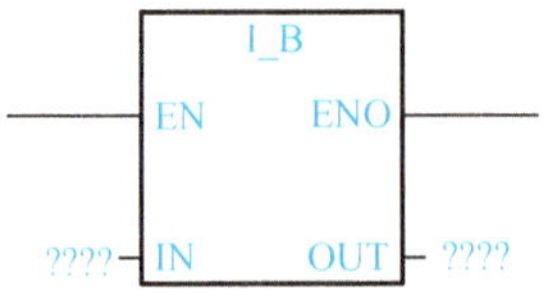

续表

格　式	名　称	
	字节转为字整数	字整数转为字节
STL	BTI　IN，OUT	ITB　IN，OUT
功能描述	将 IN 中的字节型输入数据转换成字整数类型，并将结果送到 OUT 输出	将 IN 中的字整数型输入数据转换成字节类型，并将结果送到 OUT 输出

3. 字整数与双字整数之间的转换

字整数与双字整数之间的转换指令格式见表 7-11。

表 7-11　字整数与双字整数之间的转换指令格式

格　式	名　称	
	双字整数转为字整数	字整数转为双字整数
LAD	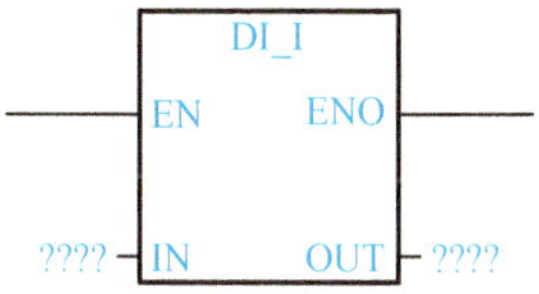	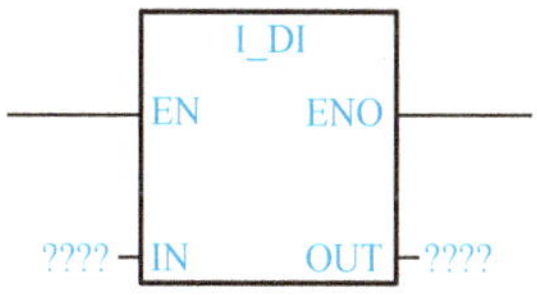
STL	DTI　IN，OUT	IDT　IN，OUT
功能描述	将 IN 中的双字整数输入数据转换成字整数类型，并将结果送到 OUT 输出	将 IN 中的字整数输入数据转换成双整数类型，并将结果送到 OUT 输出

4. 双字整数与实数之间的转换

双字整数与实数之间的转换指令格式见表 7-12。

表 7-12　双字整数与实数之间的转换指令格式

格　式	名　称		
	取整（四舍五入）	取整（舍去小数）	双整数转换为整数
LAD	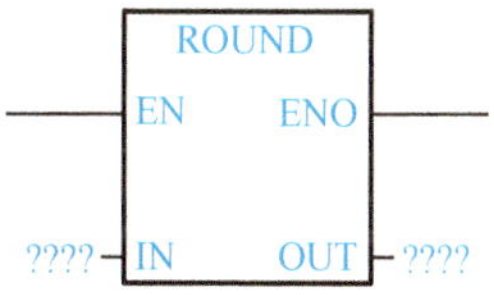	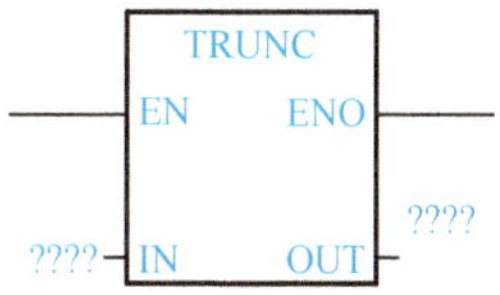	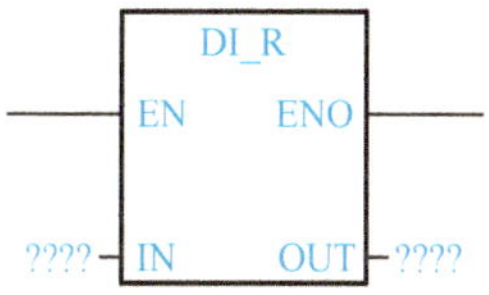
STL	ROUND　IN　OUT	TRUNC　IN　OUT	DTR　IN　OUT
功能描述	将 IN 中的实数型输入数据转换成双字整数，并将结果送到 OUT。小数部分等于或大于 0.5，则进位为整数	将 32 位实数转换成 32 位有符号整数输出，只有实数的整数部分被转换	将 32 位带符号整数 IN 转换成 32 位实数，并将结果置入 OUT 指定的变量中

5. 段码指令

段码指令（SEG）允许产生一个点阵，用于点亮七段码显示器的各个段，段码指令格式见表 7-13。

表 7-13　段码指令格式

LAD	STL	功能描述
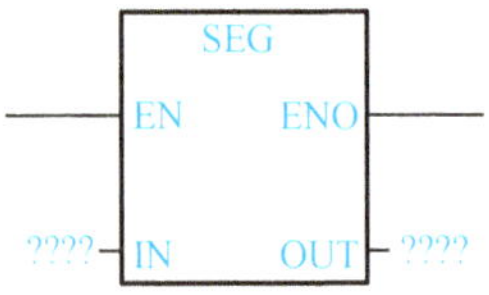	SEG　IN，　OUT	将 IN 中的字节型输入数据的低四位有效数字转换为相应的七段显示码，并将其输出到 OUT 指定的单元

点亮的段表示的是输入字节中低 4 位所代表的字符。如图 7-6 所示给出了段码指令使用的七段码显示器的编码。

输入 LSD	七段码显示器	输出编码 -gfc deba
0	0	0011 1111
1	1	0000 0110
2	2	0101 1011
3	3	0100 1111
4	4	0110 0110
5	5	0110 1101
6	6	0111 1101
7	7	0000 0111

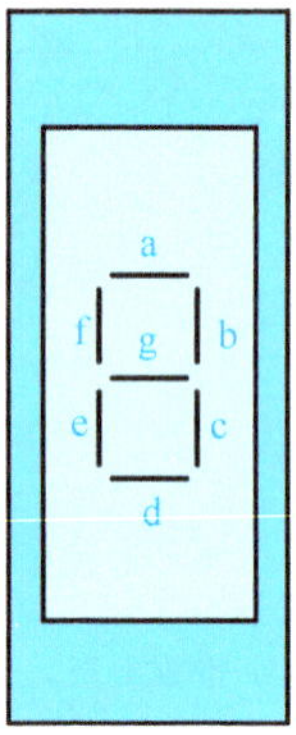

输入 LSD	七段码显示器	输出编码 -gfc deba
8	8	0111 1111
9	9	0110 0111
A	A	0111 0111
B	b	0111 1100
C	C	0011 1001
D	d	0101 1110
E	E	0111 1001
F	F	0111 0001

图 7-6　七段码显示器及对应编码

如图 7-7 所示，如果用 Q0.0～Q0.6 直接控制七段显示码对应的 a～g，则可利用此段码显示实时显示计数器 C1 的个位数字。

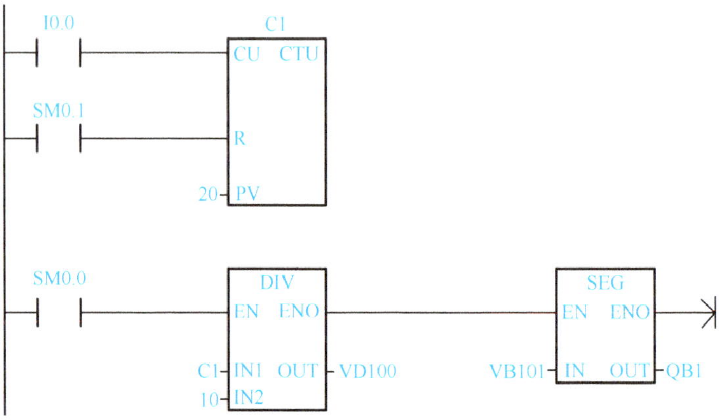

图 7-7　七段显示码实时显示计数器的个位数字

7.4.2　ASCII 码转换指令

ASCII 码转换指令格式见表 7-14。

表 7-14 ASCII 码转换指令格式

LAD	STL	功能描述
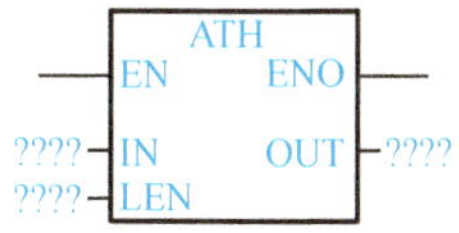	ATH IN，OUT，LEN	把从 IN 字符开始，长度为 LEN 的 ASCII 码字符串转换成从 OUT 开始的十六进制数
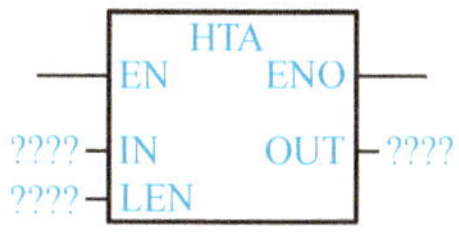	HTA IN，OUT，LEN	把从 IN 字符开始，长度为 LEN 的十六进制数转换成从 OUT 开始的 ASCII 码字符串
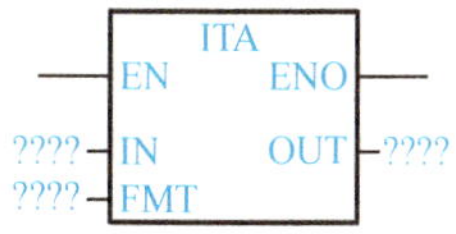	ITA IN，OUT，FMT	把输入端 IN 的整数转换成一个 ASCII 码字符串
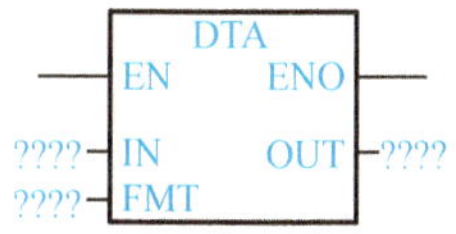	DTA IN，OUT，FMT	把输入端 IN 的双字整数转换成一个 ASCII 码字符串
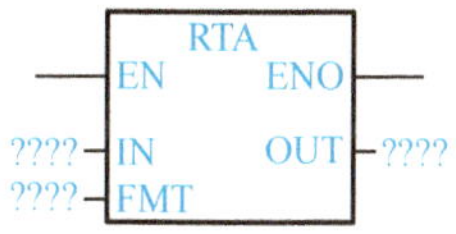	RTA IN，OUT，FMT	把输入端 IN 的实数转换成一个 ASCII 码字符串

如图 7-8 所示，将 VD100 中存储的 ASCII 码转换成十六进制数存储在 VW200 中。

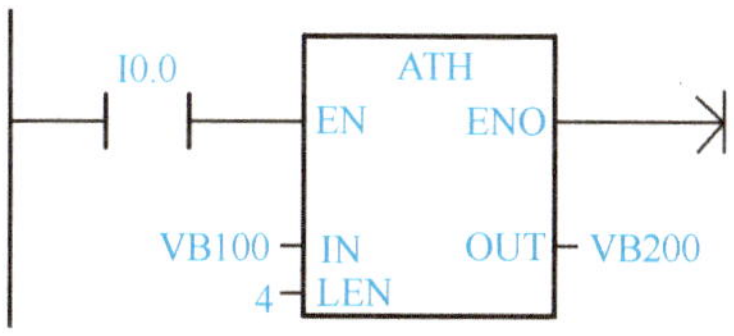

LD　　I0.0

ATH　　VB100，VB200，4

执行前：(VB100)=33，　(VB101)=32，　(VB102)=41，　(VB103)=45

执行后：(VB200)=32，　(VB201)=AE。

图 7-8　ASCII 码转换成十六进制数

7.4.3 字符串转换指令

字符串转换指令有整数转字符串（ITS）、双整数转字符串（DTS）、实数转字符串（RTS）、子字符串转整数（STI）、子字符串转双整数（STD）、子字符串转实数（STR）指令等。字符串转换指令格式见表 7-15。

表 7-15　字符串转换指令格式

LAD	STL	功 能 描 述
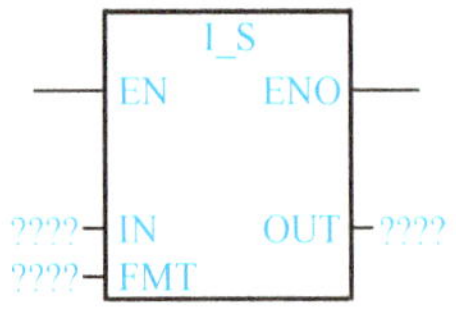	ITS IN，OUT，FMT	将一个双整数转换为 8 个字符长的 ASCII 字符串，格式操作数 FMT 为指定小数点右面的转换精度，结果字符串被写入从 OUT 开始的 9 个连续字节中
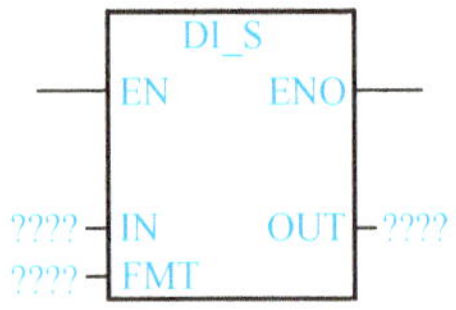	DTS IN，OUT，FMT	将一个双整数转换为 12 个字符长的 ASCII 字符串，格式操作数 FMT 为指定小数点右面的转换精度，结果字符串被写入从 OUT 开始的 13 个连续字节中
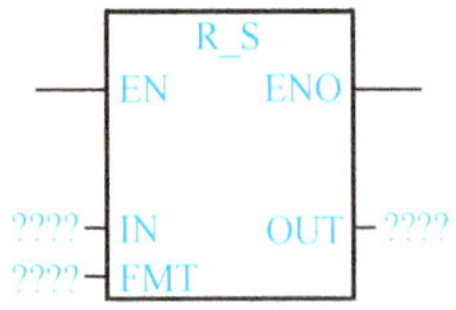	RTS IN，OUT，FMT	将一个实数转换为 12 个字符长的 ASCII 字符串，结果字符串被写入从 OUT 开始的若干个连续字节中，字符串长度由格式操作数 FMT 给出
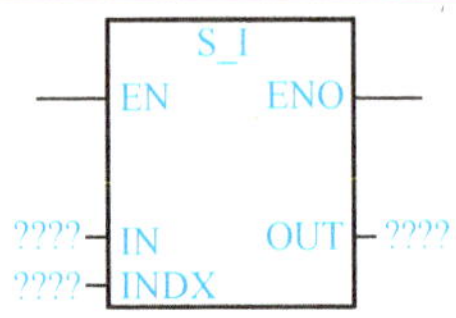	STI IN，INDX，OUT	将一个从 IN 开始的字符串中的子字符串转换为一个整数，结果被写入 OUT 中，INDX 指明从字符串的第几位开始转换
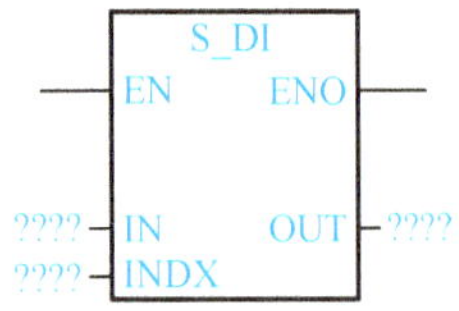	STD IN，INDX，OUT	将一个从 IN 开始的字符串中的子字符串转换为一个双整数，结果被写入 OUT 中，INDX 指明从字符串的第几位开始转换
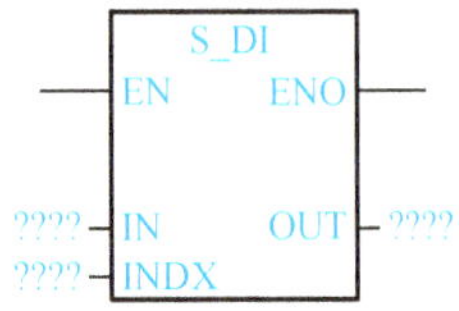	STR IN，INDX，OUT	将一个从 IN 开始的字符串中的子字符串转换为一个实数，结果被写入 OUT 中，INDX 指明从字符串的第几位开始转换

7.4.4　编码和译码指令

在可编程控制器中，字型数据可以是 16 位二进制数，也可用 4 位十六进制数来表示，编码过程就是把字型数据中最低有效位的位号进行编码，而译码过程是将执行数据所表示的位号对所指定单元的字型数据的对应位置 1。编码和译码指令格式见表 7-16。

表 7-16　编码和译码指令格式

LAD	STL	功 能 描 述
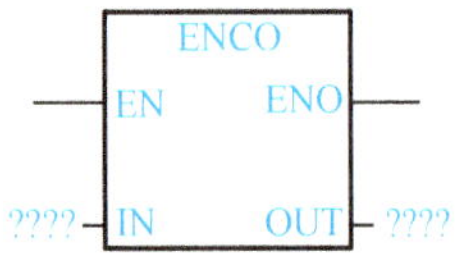	ENCO IN，OUT	将字型输入数据 IN 的最低有效位（值为 1 的位）的位号输入到 OUT 所指定的字节单元的低 4 位

续表

LAD	STL	功 能 描 述
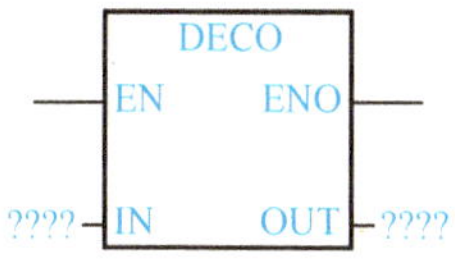	DECO IN， OUT	将字节型输入数据 IN 的低 4 位所表示的位号对 OUT 所指定的字单元的对应位置 1，其他位置 0

7.5 数学运算指令

数学运算指令是指将两个存储器的内容进行四则运算、函数运算、增减等处理后，将结果送到指定存储器中的操作，通常以字节、字或双字的形式进行。

7.5.1 加、减指令

S7—200 系列 PLC 中，加、减指令各有 3 种不同的操作数类型。

① 整数加法（+I）或者整数减法（−I）指令。将两个 16 位整数相加或者相减，产生一个 16 位整数结果。

② 双整数加法（+D）或者双整数减法（−D）指令。将两个 32 位整数相加或者相减，产生一个 32 位双整数结果。

③ 实数加法（+R）和实数减法（−R）指令。将两个 32 位实数相加或相减，产生一个 32 位实数结果。

加法指令的格式见表 7-17，减法指令的格式同加法指令。

表 7-17 加法指令的格式

格 式	名 称		
	整 数 加 法	双整数加法	实 数 加 法
LAD	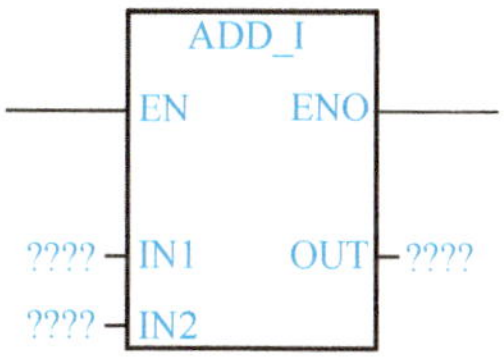	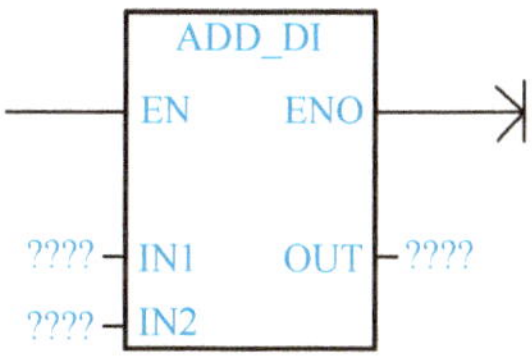	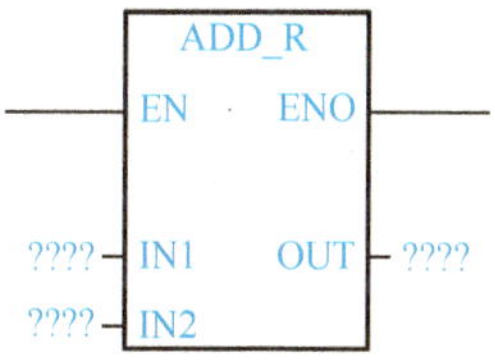
STL	MOVW IN1，OUT +I IN2，OUT	MOVD IN1，OUT +D IN2，OUT	MOVR IN1，OUT +R IN2，OUT
功能描述	将两个 16 位整数相加，产生一个 16 位整数结果	将两个 32 位整数相加，产生一个 32 位双整数结果	将两个 32 位实数相加，产生一个 32 位实数结果

7.5.2 乘法指令

S7—200 系列 PLC 中，乘法指令有 4 种不同的操作数类型。

① 整数乘法（*I）指令。将两个16位整数相乘，产生一个16位整数结果。

② 双整数乘法指令（*D）。将两个32位整数相乘，产生一个32位双整数结果。

③ 实数乘法指令（*R）。将两个32位实数相乘，产生一个32位实数结果。

④ 整数乘法产生双整数指令（MUL）。将两个16位整数相乘，产生一个32位双整数结果。在STL的MUL指令中，OUT的低16位被用做一个乘数。

乘法指令的格式见表7-18。

表7-18 乘法指令的格式

格式	名称			
	整数乘法	双整数乘法	实数乘法	整数乘法得双整数
LAD	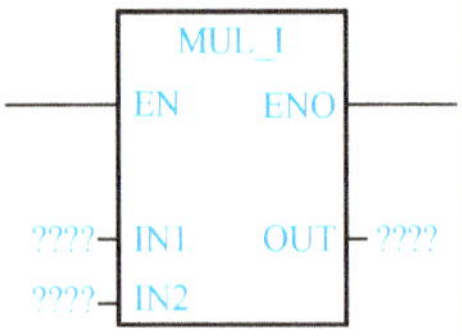	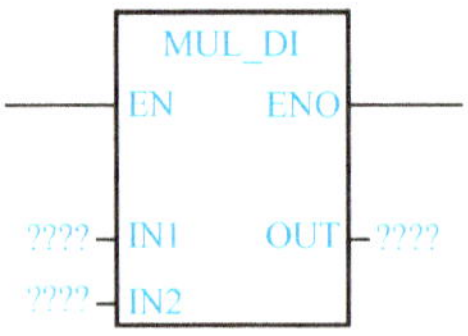	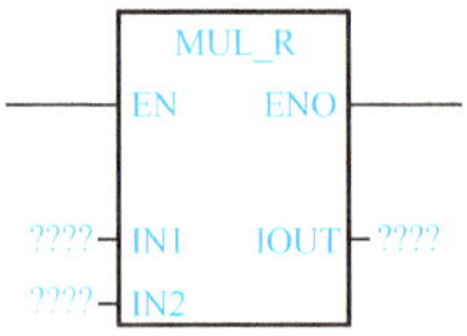	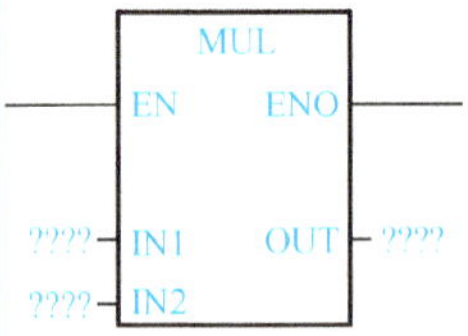
STL	MOVW IN1，OUT *I IN2，OUT	MOVD IN1，OUT *D IN2，OUT	MOVR IN1，OUT *R IN2，OUT	MOVW IN1，OUT MUL IN2，OUT
功能描述	将两个16位整数相乘，产生一个16位整数结果	将两个32位整数相乘，产生一个32位整数结果	将两个32位实数相乘，产生一个32位实数结果	将两个16位整数相乘，产生一个32位双整数结果

7.5.3 除法指令

S7—200系列PLC中，乘法指令有4种不同的操作数类型。

① 整数除法（/I）指令。将两个16位整数相除，产生一个16位结果，余数不被保留。

② 双整数除法（/D）指令。将两个32位整数相除，产生一个32位结果，余数不被保留。

③ 实数除法（/R）指令。将两个32位实数相除，产生一个32位实数结果。

④ 带余数的整数除法指令（DIV）。将两个16位整数相除，得到32位结果。其中16位为余数（高16位），另外16位为商（低16位）。

除法指令的格式见表7-19。

表7-19 除法指令的格式

格式	名称			
	整数除法	双整数除法	实数除法	带余数的整数除法
LAD	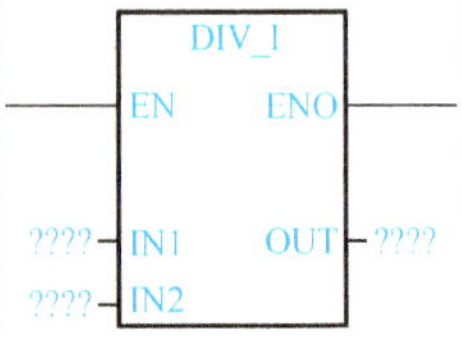	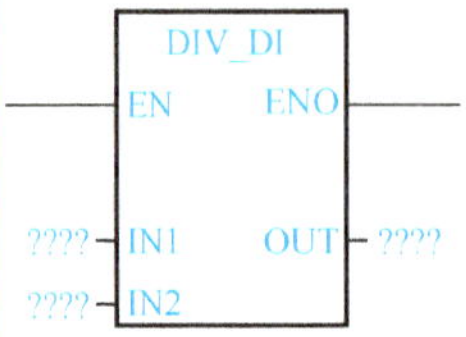	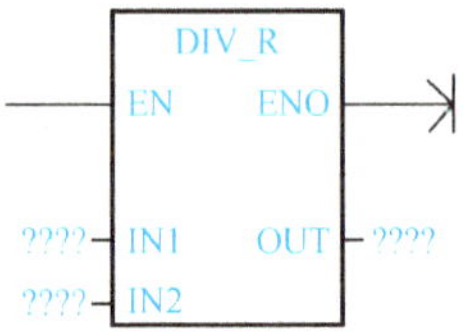	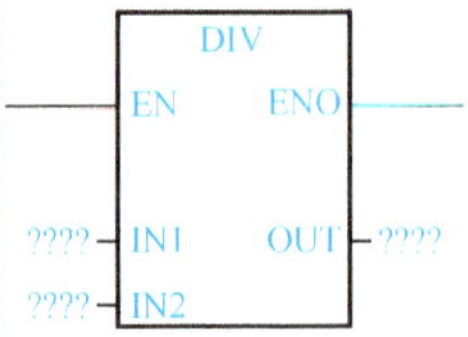

续表

格　　式	名　　称			
	整数除法	双整数除法	实数除法	带余数的整数除法
STL	MOVW　IN1，OUT /I　IN2，OUT	MOVD　IN1，OUT /D　IN2，OUT	MOVR　IN1，OUT /R　IN2，OUT	MOVW　IN1，OUT DIV　IN2，OUT
功能描述	将两个 16 位整数相除，产生一个 16 位结果，余数不被保留	将两个 32 位整数相除，产生一个 32 位结果，余数不被保留	将两个 32 位实数相除，产生一个 32 位实数结果	将两个 16 位整数相除，得到 32 位结果。其中高 16 位为余数，低 16 位为商

如图 7-9 所示是整数乘法得双整数和带余数的整数除法指令应用梯形图程序，其中 VD100 包括 VW100 和 VW102，而 VD200 包括 VW200 和 VW202，VW200 是 VD200 的高 16 位，VW202 是 VD200 的低 16 位。

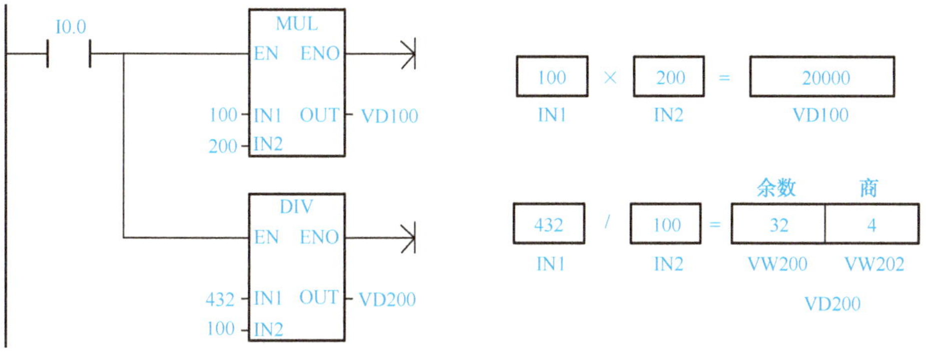

图 7-9　整数乘法得双整数和带余数的整数除法指令应用梯形图程序

7.5.4　正弦、余弦和正切指令

正弦（SIN）、余弦（COS）和正切（TAN）指令是计算角度值 IN 的三角函数，并将结果存放在 OUT 中。

三角函数运算指令输入角度值 IN 是弧度值，因此需要将角度值转换为弧度值，弧度值近似等于角度值×3. 1415926/180. 0。

图 7-10 所示的梯形图程序用于求 30°的正切值。实际运算时，如果输入是整数，如 30，需要写成 30. 0，否则编译会出错。如果要计算余切值，需要先求正切值，再求其倒数。

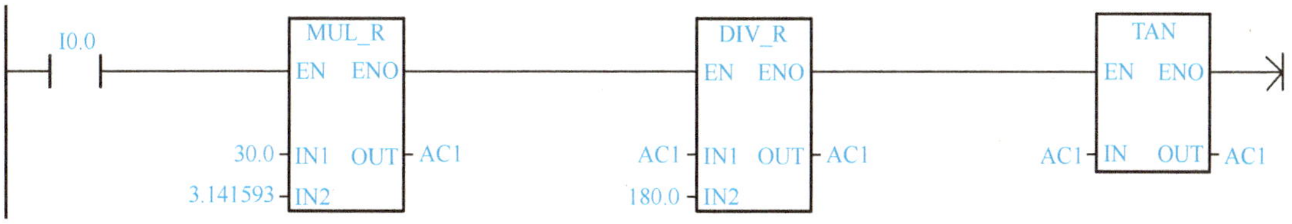

图 7-10　求 30°的正切值的梯形图程序

7.5.5 自然对数和自然指数指令

① 自然对数指令（LN）。用于计算输入值 IN 的自然对数，并将结果送到 OUT 中。

② 自然指数指令（EXP）。用于计算输入值 IN 的自然指数值，并将结果送到 OUT 中。

要求解以 10 为底的对数值，可以使用除法指令，将自然对数值除以 2.302585（接近 10 的自然对数）即可。

要计算任意实数的任意实数次方，包括分数形式的指数，需要将自然对数指令和自然指数指令结合在一起使用。如要计算 X 的 Y 次方，应使用公式：EXP（Y＊ LN（X））。

如图 7-11 所示是求 7^{12} 的值的梯形图程序。

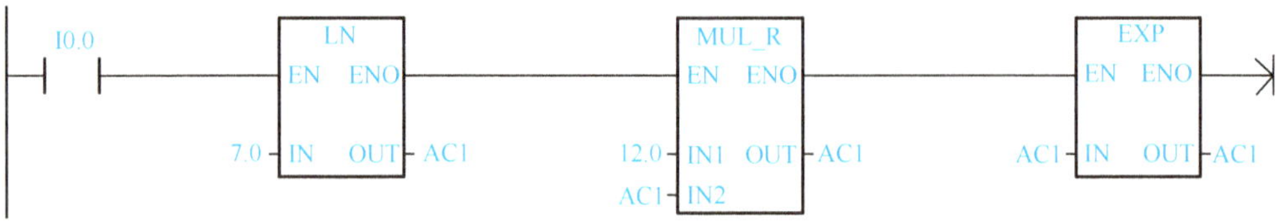

图 7-11 求 7^{12} 的值的梯形图程序

7.5.6 平方根指令

平方根指令（SQRT）用于对 32 位实数（IN）取平方根，并产生一个 32 位实数结果（OUT）。

7.5.7 递增和递减指令

递增或递减指令将输入 IN 加 1 或减 1，并将结果存放在 OUT 中。

（1）字节递增（INCB）/字节递减（DECB）。将一个字节的无符号输入数（IN）加/减 1，得到一个字节的运算结果，通过 OUT 指定的存储器单元输出。

（2）字递增（INCW）/字递减（DECW）。将一个字的无符号输入数（IN）加/减 1，得到一个字的运算结果，通过 OUT 指定的存储器单元输出。

（3）双字递增（INCD）/双字递减（DECD）。将一个双字的无符号输入数（IN）加/减 1，得到一个双字的运算结果，通过 OUT 指定的存储器单元输出。

递增指令的格式见表 7-20，递减指令的格式同递增指令。

表 7-20 递增指令的格式

格　式	名　称		
	字节递增	字递增	双字递增
LAD	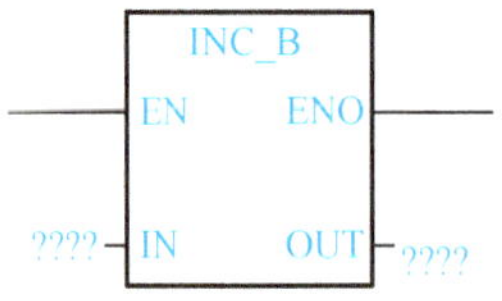	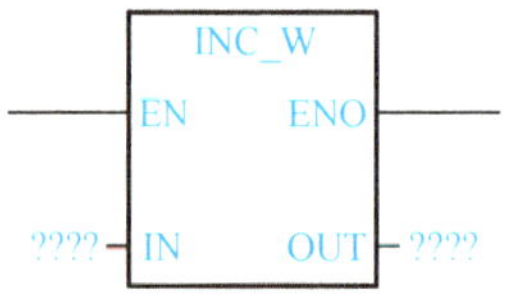	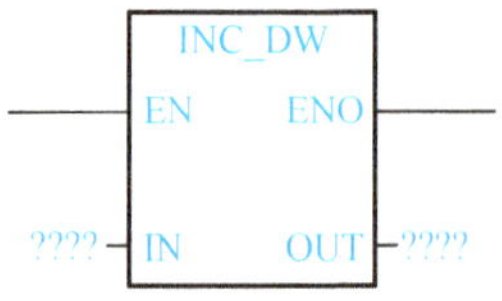
STL	MOVB IN，OUT INCB OUT	MOVW IN，OUT INCW OUT	MOVD IN，OUT INCD OUT

续表

格式	名称		
	字节递增	字递增	双字递增
功能描述	将一个字节的无符号输入数加1，得到一个字节的运算结果	将一个字的无符号输入数加1，得到一个字的运算结果	将一个双字的无符号输入数加1，得到一个双字的运算结果

7.6 程序控制指令

程序控制指令是指改变PLC内部指令的执行过程或PLC运行状态的操作。程序控制指令使程序结构灵活，合理使用该指令可以优化程序结构，增强程序功能。这类指令主要包括结束指令、停止指令、看门狗复位指令、跳转及标号指令、循环指令、子程序指令等。

7.6.1 结束指令

结束指令分为有条件结束指令（END）和无条件结束指令（MEND）。两条指令在梯形图中以线圈形式编程。指令不含操作数。执行结束指令后，系统终止当前扫描周期，返回主程序起点。

使用说明：

① 结束指令只能用在主程序中，不能在子程序和中断程序中使用。有条件结束指令可用在无条件结束指令前结束主程序。

② 在调试程序时，在程序的适当位置置入无条件结束指令可实现程序的分段调试。

③ 可以利用程序执行的结果状态、系统状态或外部设置切换条件来调用有条件结束指令，使程序结束。

④ 使用Micro/WIN编程时，编程人员无须手动输入无条件结束指令，该软件会自动在内部加上一条无条件结束指令到主程序的结尾。

7.6.2 停止指令

停止指令STOP有效时，可以使主机CPU的工作方式由RUN切换到STOP，从而立即中止用户程序的执行。STOP指令在梯形图中以线圈形式编程。指令不含操作数。

STOP指令可以用在主程序、子程序和中断程序中。如果在中断程序中执行STOP指令，则中断处理立即中止，并忽略所有挂起的中断。继续扫描程序的剩余部分，在本次扫描周期结束后，完成将主机从RUN到STOP的切换。

STOP和END指令通常在程序中用来对突发紧急事件进行处理，以避免实际生产中的意外损失。

7.6.3 看门狗复位指令WDR

看门狗复位指令WDR也称警戒时钟刷新指令。它可以把警戒时钟刷新，即延长扫描周期，从而有效地避免看门狗超时错误。WDR指令在梯形图中以线圈形式编程，无操作数。

使用WDR指令时要特别注意，如果因为使用WRD指令而使扫描时间拖得过长（如在循环结构中使用WDR），那么在中止本次扫描前，下列操作过程将被禁止。

① 通信（自由口除外）；

② I/O刷新（直接I/O除外）；

③ 强制刷新；

④ SM位刷新（SM0、SM5～SM29的位不能被刷新）；

⑤ 运行时间诊断；

⑥ 扫描时间超过25s时，使10ms和100ms定时器不能正确计时；

⑦ 中断程序中的STOP指令。

注意：如果希望扫描周期超过300ms，或者希望中断时间超过300ms，则最好用WDR指令来重新触发看门狗定时器。图7-12给出了结束指令、停止指令和WDR指令的用法。

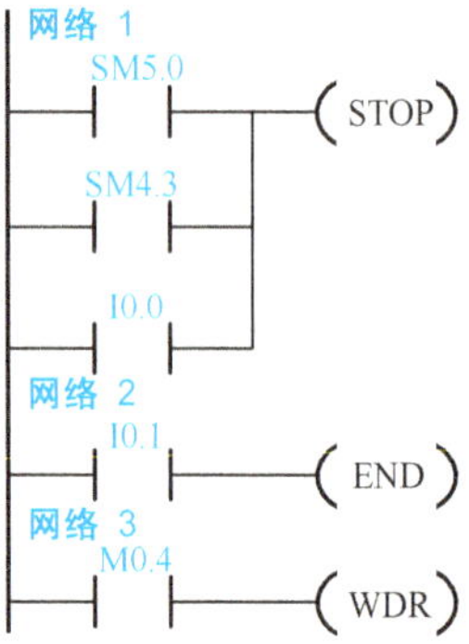


```
网络 1
LD      SM5.0      //检查I/O错误
O       SM4.3      //运行时检查编程
O       I0.0       //外部切换开关
STOP               //条件满足，由RUN切换到STOP

网络 2
LD      I0.1       //外部停止控制
END

网络 3
LD      M0.4       //用触点重新触发看门狗定时器
WDR
```

图7-12　结束指令、停止指令及WDR指令的用法

7.6.4　跳转及标号指令

① 跳转指令JMP（Jump to Label）。当输入端有效时，使程序跳转到标号处执行。

② 标号指令LBL（Label）。指令跳转的目标标号。操作数为0～255。

跳转指令可以使PLC编程的灵活性大大提高，可根据对不同条件的判断，选择不同的程序段执行程序。

使用说明：

① 跳转指令和标号指令必须配合使用，而且只能使用在同一程序段中，如主程序、同一个子程序或同一个中断程序。不能在不同的程序段中互相跳转。

② 执行跳转后，被跳过程序段中的各元器件的状态如下。

a. Q、M、S、C等元器件的位保持跳转前的状态；

b. 计数器C停止计数，当前值存储器保持跳转前的计数值；

c. 对定时器来说，因刷新方式不同，故工作状态也不同。在跳转期间，分辨率为1ms和10ms的定时器会一直保持跳转前的工作状态，原来工作的继续工作，到设定值后其位的状态也会改变，输出触点动作，其当前值存储器一直累计到最大值32767才停止。对分辨率为100ms的定时器来说，跳转期间停止工作，但不会复位，存储器里的值为跳转时的值。跳转结束后，若输入条件允许，可继续计时，但已失去了准确计时的意义，所以在跳转段里的定时器要慎用。

跳转指令的使用方法如图 7-13 所示，当保留数据丢失，即 SM0.2 为 ON 时，程序将从网络 7 直接跳转到网络 10（LBL10）。

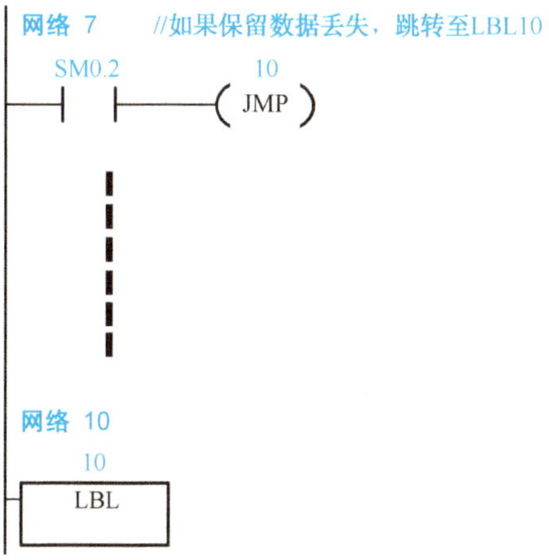

图 7-13 跳转指令的使用方法

7.6.5 循环指令

循环指令的引入为解决重复执行相同功能的程序段提供了极大的方便，并且优化了程序结构。循环指令有两条：循环开始指令 FOR，用来标记循环体的开始，用指令盒表示；循环结束指令 NEXT，用来标记循环体的结束。循环指令无操作数。

FOR 和 NEXT 之间的程序段称为循环体，每执行一次循环体，当前计数值增 1，并且将其结果同终值作比较，如果大于终值，则终止循环。

循环指令的格式见表 7-21。

表 7-21 循环指令的格式

LAD	STL	功能描述
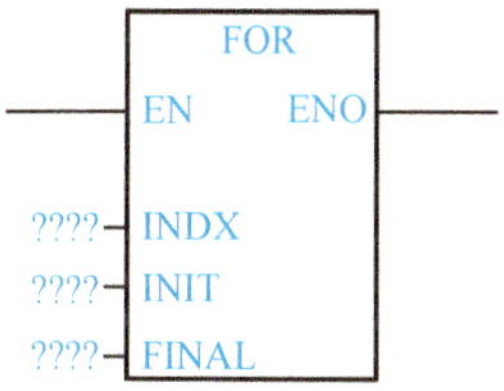	FOR INDX，AC1，AC2	执行 FOR 和 NEXT 之间的指令。但必须指定索引值或当前循环计数（INDX）、起始值（INIT）和结束值（FINAL）
	NEXT	标记 FOR 循环结束，并将堆栈顶值设为 1

循环指令的使用方法如图 7-14 所示。当 I1.0 接通时，A 的外层循环执行 100 次。当 I1.1 接通时，B 的内层循环执行 2 次。

使用说明：

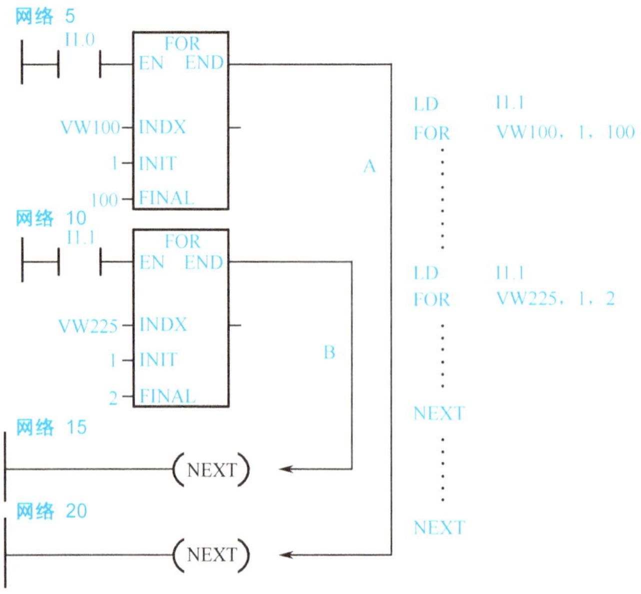

(a) 梯形图　　(b) 语句表

图 7-14　循环指令的用法

① FOR、NEXT 指令必须成对使用。

② FOR 和 NEXT 可以循环嵌套，嵌套最多为 8 层，但各个嵌套之间不可有交叉现象。

③ 每次使能输入（EN）重新有效时，指令将自动复位各参数。

④ 初值大于终值时，循环体不被执行。

7.6.6　子程序指令

子程序在结构化程序设计中是一种方便有效的工具。S7—200 系列 PLC 的指令系统具有简单、方便、灵活的子程序调用功能。与子程序有关的操作有建立子程序、子程序的调用和返回。

(1) 建立子程序　建立子程序是通过编程软件来完成的。可用编程软件“编辑”菜单中的“插入”功能，选择“子程序”，以建立或插入一个新的子程序。同时，在指令树窗口可以看到新建的子程序按钮，默认的程序名是 SBR _ N，编号 N 从 0 开始按递增顺序生成，也可以在图标上直接更改子程序的程序名，把它变为更能描述该子程序功能的名字。在指令树窗口双击子程序的按钮就可进入子程序，并对它进行编辑。

(2) 子程序调用指令 CALL 和子程序条件返回指令 CRET　在子程序调用指令 CALL 使能输入有效时，主程序把程序控制权交给子程序。子程序的调用可以带参数，也可以不带参数。每个子程序调用的输入/输出参数最大限制为 16，如果超过限制，会返回错误信息。如果为子程序指定一个符号名，如 USR _ NAME，该符号名会出现在指令树的“子程序”文件夹中。将参数值指定给子程序中的局部内存时应遵守以下规则。

① 参数值指定给局部内存的顺序由 CALL 指定，参数从 L. 0 开始。

② 1～8 个连续位参数值被指定给从 Lx. 0 开始持续至 Lx. 7 的单字节。

③ 字节、字和双字数值被指定给局部内存，位于字节边界（LBx、LWx 或 LDx）位置。

在带参数的“调用子程序”指令中，参数必须与子程序局部变量表中定义的变量完全匹配。参数顺序必须以输入参数开始，其次是输入/输出参数，最后是输出参数。

在子程序条件返回指令 CRET 使能输入有效时，结束子程序的执行，返回主程序中。梯形图中以线圈的形式编程，指令不带参数。

(3) 使用说明

① CRET 多用于子程序的内部，由判断条件决定是否结束子程序调用，RET 用于子程序的结束。用 Micro/WIN 编程时，编程人员无须手动输入 RET 指令，而是由软件自动加在每个子程序结尾。

② 子程序嵌套。如果在子程序的内部又对另一个子程序执行调用指令，则这种调用称为子程序嵌套。子程序的嵌套深度最多为 8 级。

③ 当一个子程序被调用时，系统自动保存当前的堆栈数据，并把栈顶置 1，堆栈中的其他值为 0，子程序占有控制权。子程序执行结束，通过返回指令自动恢复原来的逻辑堆栈值，调用程序又重新取得控制权。

④ 累加器可在调用程序和被调用子程序之间自由传递，所以累加器的值在子程序调用时既不保存也不恢复。

子程序调用和有条件返回指令的应用如图 7-15 所示。

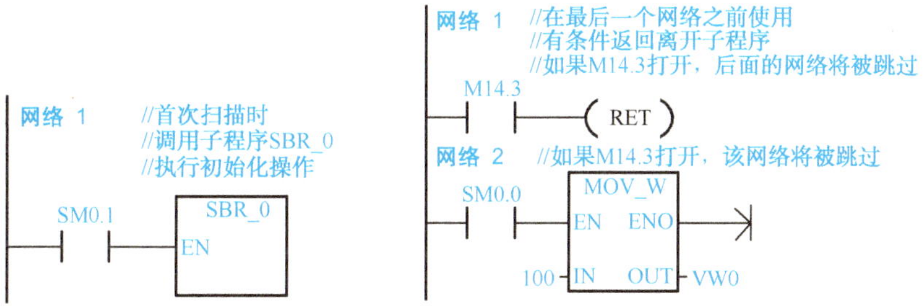

(a) 主程序　　(b) 子程序

图 7-15　子程序调用和有条件返回指令的应用

7.7 表功能指令

表功能指令用来建立和存取字类型的数据表。

① 表中第一个数是最大填表数（TL）。

② 第二个数是实际填表数（EC），指出已填入表中的数据个数。

③ 从第三个字节地址开始存放数据，新的数据添加在表中上一个数据的后面，一个表最多能存储 100 个数据。

表功能指令有填表指令、先进先出和后进先出指令及查表指令。

7.7.1 填表指令

填表指令（ATT）用于将指定的字型数据添加到表格中，指令格式见表 7-22。

表 7-22　填表指令的格式

LAD	STL	功能描述
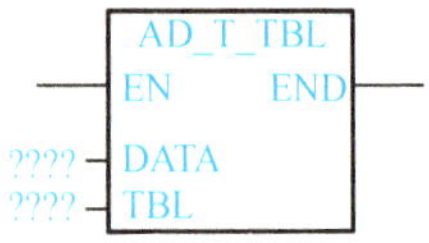	ATT DATA，TBL	将 DATA 指定的数据添加到表格 TBL 中最后一个数据的后面

如图 7-16 所示是填表指令的应用实例及执行结果分析。

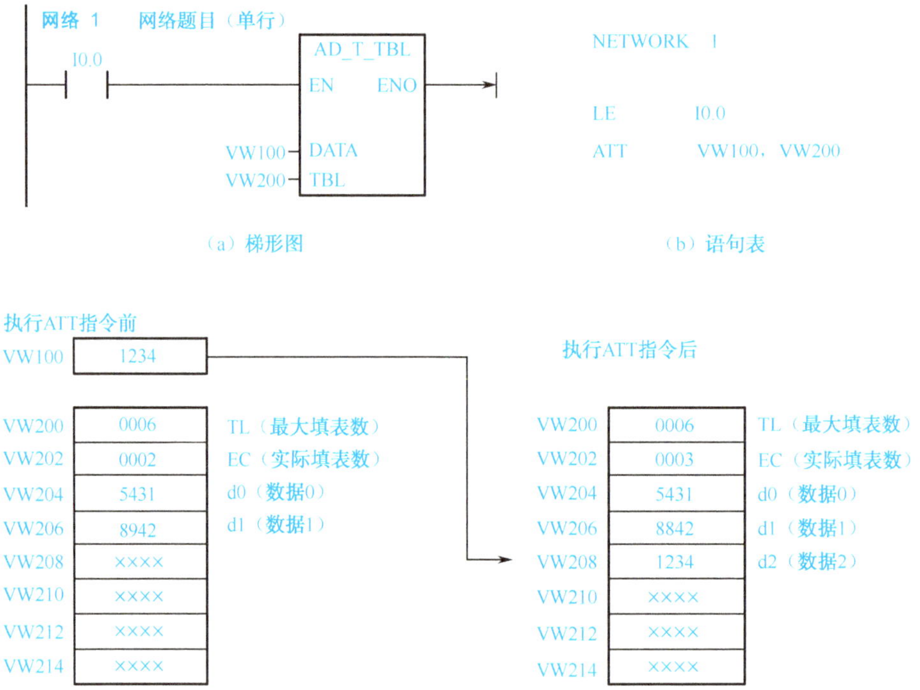

（c）填表指令执行前后数据对照

图 7-16　填表指令的应用实例及执行结果分析

7.7.2　先进先出和后进先出指令

从表中移出一个数据有先进先出（FIFO）和后进先出（LIFO）两种方式。一个数据从表中移出之后，表的实际填表数 EC 值自动减 1，指令格式见表 7-23。

表 7-23　先进先出和后进先出指令的格式

LAD	STL	功能描述
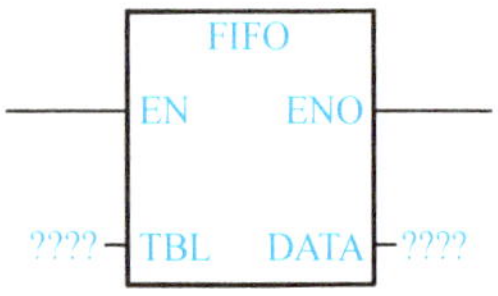	FIFO　TBL，DATA	从 TBL 指定的表中移出第一个字型数据，并将该数据输出到 DATA 中，剩余数据依次上移一个位置

续表

LAD	STL	功 能 描 述
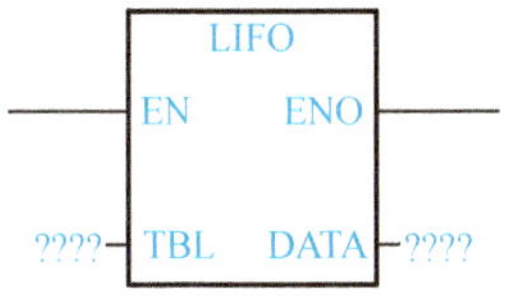	LIFO TBL，DATA	从 TBL 指定的表中移走最后一个数据，剩余数据位置保持不变，并将此数据输出到 DATA 中

如图 7-17 所示是先进先出指令的应用实例及执行结果分析。

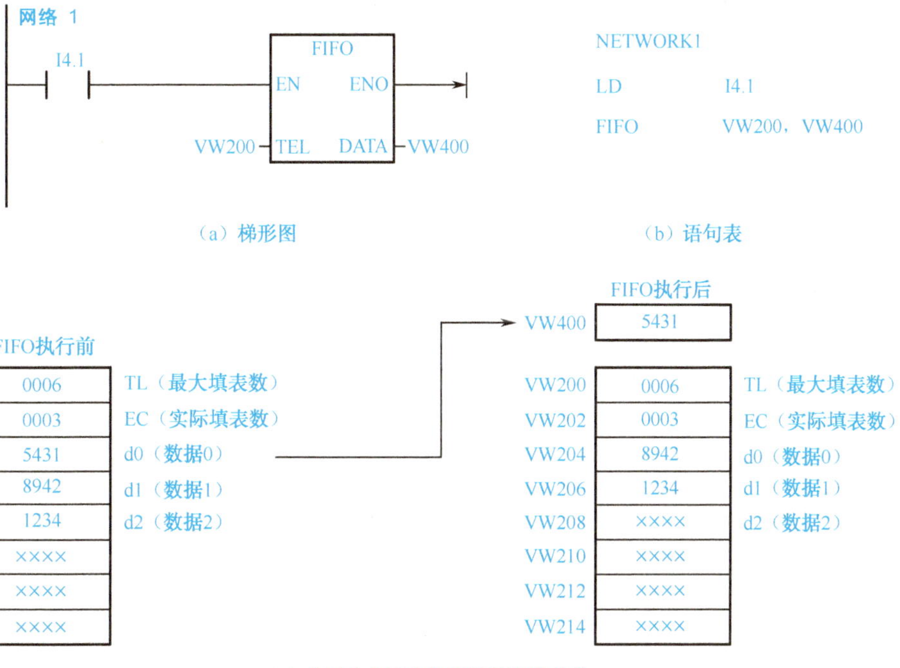

（a）梯形图　（b）语句表

（c）先进先出指令执行前后数据对照

图 7-17　先进先出指令的应用实例及执行结果分析

7.7.3　查表指令

查表指令是从字型数据表中找出符合条件的数据在表中的地址编号，编号范围为 0～99，指令格式见表 7-24。

表 7-24　查表指令的格式

LAD	STL	功 能 描 述
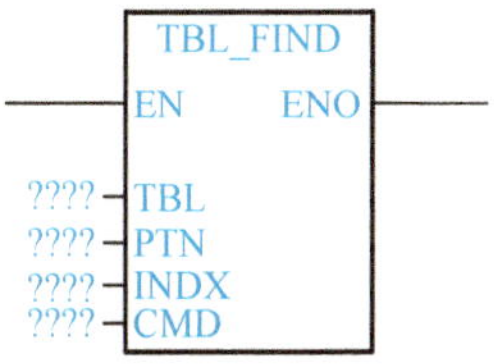	FND=　TBL，PANRN，INDX FND<>TBL，PANRN，INDX FND<　TBL，PANRN，INDX FND>　TBL，PANRN，INDX	从 INDX 开始搜索表 TBL，寻找符合条件 PTN 和 CMD 的数据

7.7.4　字填充指令

字填充指令用输入值（IN）填充从输出（OUT）开始的N个字的内容。N的范围是1～255，指令格式见表7-25。

表7-25　字填充指令的格式

LAD	STL	功能描述
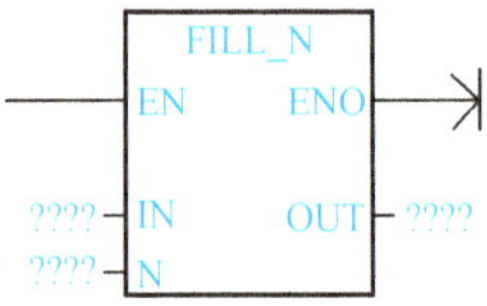	FILL IN，OUT，N	用字输入数据IN填充从输出OUT指定单元开始的N个字存储单元

如图7-18所示是字填充指令的应用实例及执行结果分析。

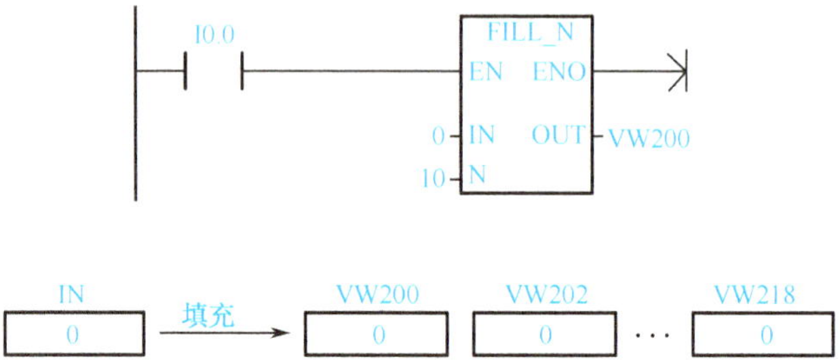

（a）梯形图　　（b）字填充指令执行结果

图7-18　字填充指令的应用实例及执行结果分析

7.8　基本功能指令应用举例

【例7-1】　将存储在VB100中的数据输出给七段数码管，从而可以直观地从数码管看出VB100中存储的数据。

分析：

① VB100可以存放0～255的无符号数，最大值为十进制的3位数，故需要3个七段数码管，分别显示VB100的百位、十位和个位数字，分别与QB_0、QB_1和QB_2输出相连。

② 用VB100中的数据除以100，商便是百位数字，余数再除以10，商是十位数字，余数便是个位数字。

③ 由于整数相除得商和余数的DIV指令的输入为字类型，输出为双字类型，因此VB100不能直接作为DIV指令的输入，需要将字节转换为字。

④ DIV指令的商和余数输出结果都是字类型数据，不能直接作为SEG段码指令的输入，段码指令的输入数据类型是字节。由于上面执行DIV指令后的商和余数均小于10，所以用来存放商和余数的字存储器的高字节为0，也就是说，其低字节存储的数字大小与字存储的数

字大小相等，故可以直接取其低字节作为 SEG 段码指令的输入。假设 VW10＝123，VW10 除以 100，结果存储在 VD200 中，高 16 位 VW200 存储余数，低 16 位 VW202 存储商，即 VW200＝23，VW202＝1。而 VW202 包含 VB202 和 VB203 两个字节，VB202 为高字节，VB203 为低字节，因此 VB202＝0，VB203＝1，所以只要将 VB203＝1 作为“百位”七段数码管的输入信号即可。再将余数 VW200＝23 除以 10 的结果存储在 VD300 中，高 16 位 VW300 存储余数，低 16 位 VW302 存储商，即 VW300＝3，VW302＝2。同理，将 VB303＝2 作为“十位”七段数码管的输入信号，将 VB301＝3 作为“个位”七段数码管的输入信号。

基于以上分析，其梯形图程序如图 7-19 所示。

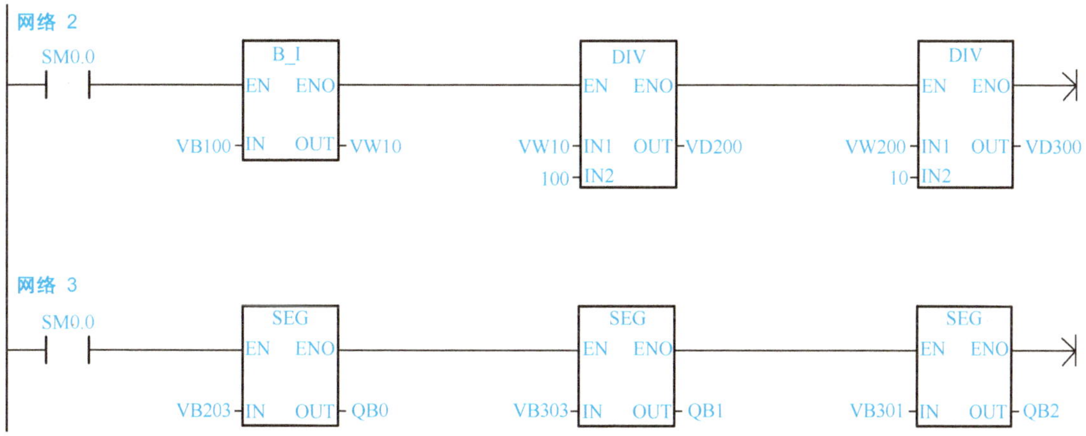

图 7-19　七段数码管显示三位数梯形图程序

【例 7-2】　用两个按钮调节定时器的定时时间，每按一次“增”按钮，定时时间增加 1min，每按一次“减”按钮，定时时间减少 1min，定时可设定值的范围为 0～30min。

分析：

① 定时最大设定值为 30min，选用定时分辨率为 100ms 的定时器 1 个即可满足。

② 由于定时设定值是个变量，故定时器的 PT 值不能使用常规的定值，应用变量存储器。

③ 增、减计时可以通过加、减指令来改变 PT 值实现，用上升沿触发指令保证按一次只做一次加法运算，从而保证只增加 1min。

基于以上分析，其梯形图程序如图 7-20 所示。

【例 7-3】　在控制系统中，有时需要进行单位互换，如把英寸（整数）转换成厘米（整数），C10 的值为当前的英寸计数值，1 英寸 = 2. 54 厘米。(VD4) = 2. 54。

分析：

① 1 英寸 = 2. 54 厘米，它们之间的关系是实数的倍数关系，所以采用实数乘法指令。

② 实数乘法指令的输入必须是实数数据类型，需要将当前的英寸计数值 C10 转换为实数数据类型，才能进行实数计算。

③ 乘法计算后的结果为实数数据类型，需要取整为整数，采用四舍五入取整指令。

基于以上分析，其梯形图程序如图 7-21 所示。

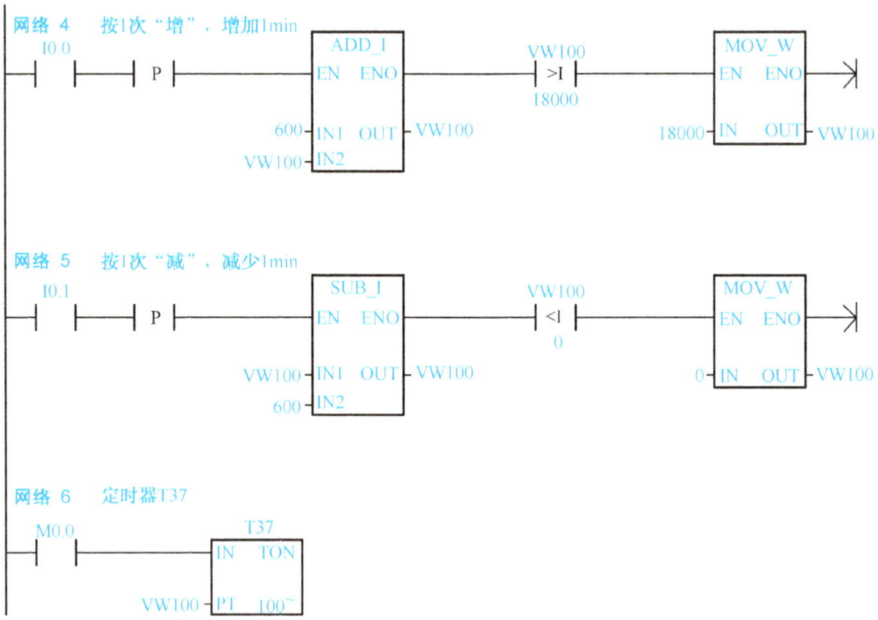

图 7-20　用两个按钮调节定时器定时时间的梯形图程序

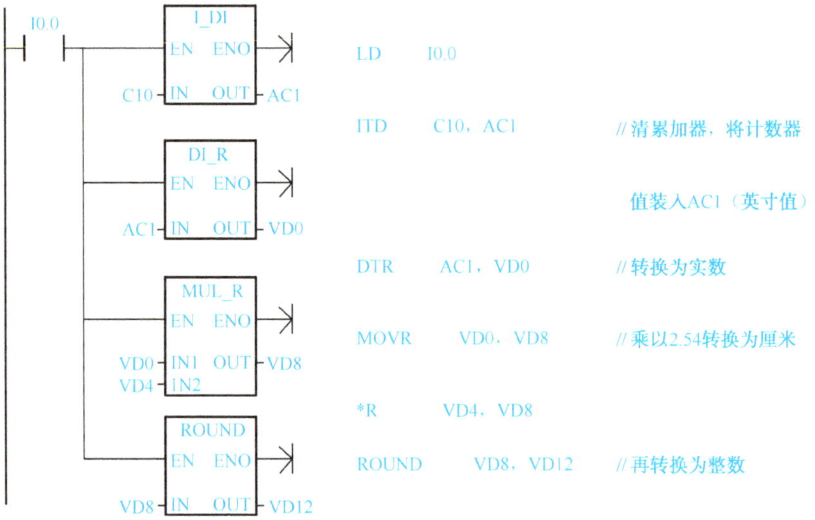

图 7-21　英寸转换成厘米的梯形图程序

7.9　技能训练：S7—200 系列 PLC 功能指令应用

7.9.1　常见功能指令应用训练

□【任务描述】

作为工业控制计算机，PLC仅有基本指令是远远不够的，功能指令的出现大大拓展了

PLC的应用范围，也给用户编制程序带来了极大方便。本次任务主要通过录入、监控传送指令、整数运算指令及循环控制指令等指令的运行情况，熟悉常见的功能指令的作用和用法。

【任务实施】

1. 输入如图7-22所示的功能指令应用梯形图程序。

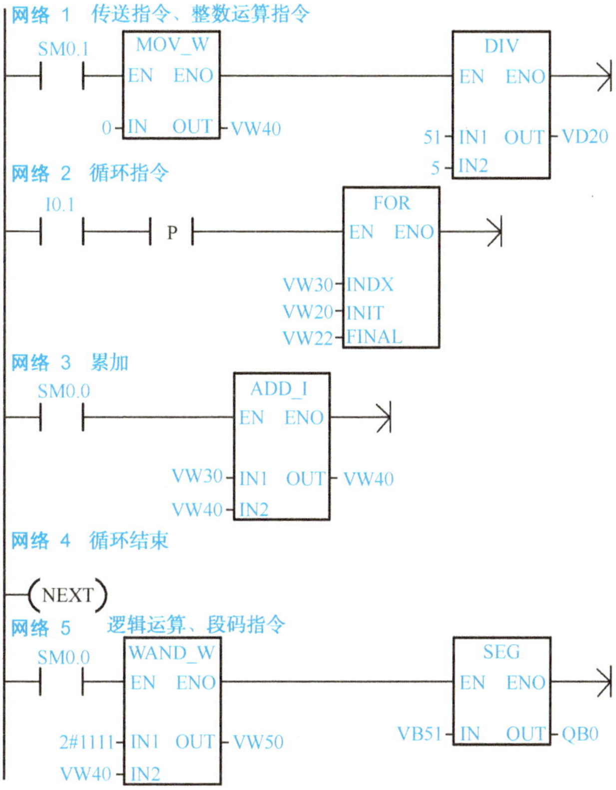

图7-22 功能指令应用梯形图程序

2. 下载、运行录入的功能指令应用程序，监控运行结果，填写表7-26。

表7-26 外部接线与梯形图对应表

I0. 1闭合1次程序运行结果		I0. 1闭合2次程序运行结果	
VW20		VW20	
VW22		VW22	
VW30		VW30	
VW40		VW40	
VW50		VW50	
QB0		QB0	

7.9.2 三相异步电动机正反转PLC控制训练

【任务描述】

利用PLC对三相异步电动机进行正反转运行控制是PLC工业控制方面的典型应用，也是高级维修电工必须熟练掌握的内容，本任务主要包括三相异步电动机正反转PLC控制电路的设计和安装与接线。

【材料准备】

设备、工具、仪表及器材准备清单见表7-27。

表7-27 设备、工具、仪表及器材准备清单

序号	名称	型号与规格	单位	数量	备注
1	三相四线交流电源	～380V/220V，20A	处	1	
2	三极断路器	DZ47—60/D16 3P	个	1	
3	二极断路器	DZ47—60/D16 2P	个	1	
4	熔断器及熔管	RT28N—32X	套	5	
5	万用表	自定	块	1	
6	电工通用工具		套	1	
7	PLC	S7—200 PLC	台	1	
8	交流接触器	CJ10—10，380V	个	3	
9	按钮	NP2	个	2	
10	热继电器	NR—25	个	1	
11	配电板	600mm×600mm×20mm	块	2	
12	三相异步电动机		台	1	
13	接线端子排	JX2—1015，500V（10A，15节）	条	4	
14	别径压端子	UT1—4	个	50	
15	铜线	BVR—1.5mm²	m	20	
16	铜线	BVR—0.5mm²	m	20	
17	行线槽	TC302，两边打ϕ3.5孔	m	10	
18	异形塑料管	ϕ3.5	m	1	
19	木螺钉（自攻螺钉）	ϕ3mm×20	只	30	
20	平垫圈	ϕ4	只	30	
21	绘图工具	自定	套	1	
22	纸	B4	张	4	
23	演草纸	自定	张	2	
24	圆珠笔	自定	支	1	
25	劳保用品	绝缘鞋、工作服等	套	1	

【任务实施】

1. 电路设计

① 根据任务，设计主电路图；

② 列出 PLC 控制 I/O 地址分配表；

③ 根据加工工艺，设计 PLC 控制 I/O 接线图；

④ 根据加工工艺，设计梯形图程序。

2. 安装与接线

① 将断路器、接触器、继电器、PLC 装在一块配线板上，而将按钮等装在另一块配线板上；

② 按照 PLC 控制 I/O 接线图在模拟配线板上正确接线，元件在配线板上布置要合理，安装要准确、紧固，配线、导线要紧固、美观，导线要进行线槽，导线要有端子标号，引出端要用别径压端子；

③ 按照被控设备的动作要求进行模拟调试，直到达到设计要求为止；

④ 经指导教师检查后合闸通电试验，并观查试验结果，填写实验报告。

【参考资料】

1. 三相异步电动机正反转控制的主电路参考原理图如图 7-23 所示。

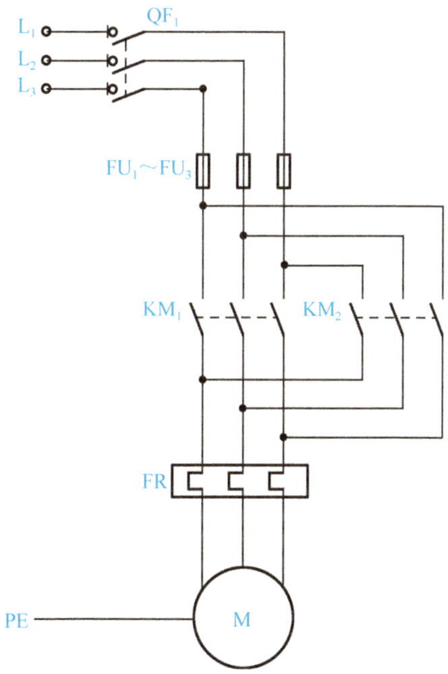

图 7-23 三相异步电动机正反转控制的主电路参考原理图

2. PLC 的 I/O 地址分配见表 7-28。

表 7-28 PLC 的 I/O 地址分配

输入信号	输入点	输出信号	输出点
过载保护 FR	I0.0	正转 KM_1	Q0.0
停止按钮 SB_1	I0.1	反转 KM_2	Q0.1
正转按钮 SB_2	I0.2		
反转按钮 SB_3	I0.3		

3. PLC 的 I/O 端口接线参考图如图 7-24 所示。

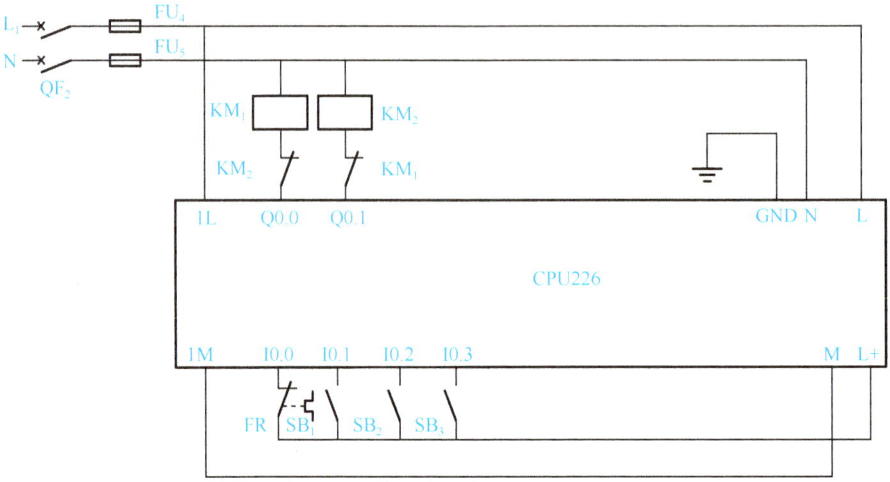

图 7-24 PLC 的 I/O 端口接线参考图

4. 参考 PLC 梯形图程序如图 7-25 所示。

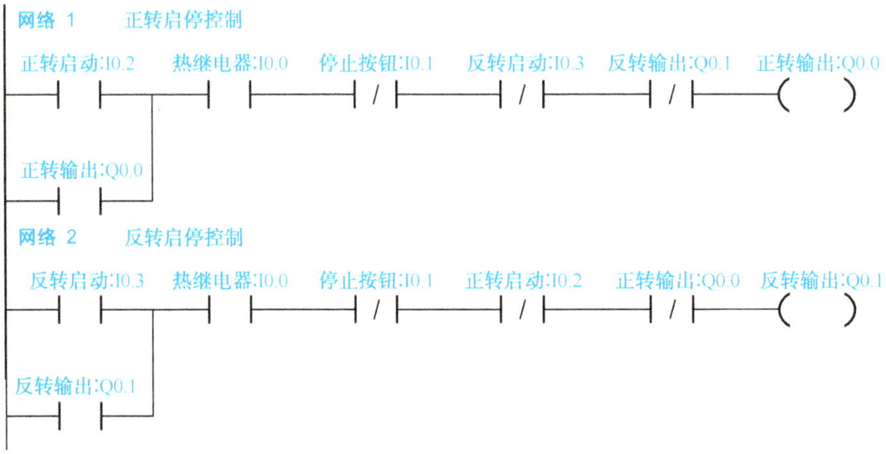

图 7-25 参考 PLC 梯形图程序

思考与练习 7

7.1 试计算以 10 为底的 50（存于 VD0）的对数，并将结果放到 AC0，写出梯形图程序。

7.2 试计算 8^9 的值，并将结果存放到 VD100 中，写出梯形图程序。

7.3 试计算 1＋4＋7＋10＋……＋100 的值，并将结果存放到 VW100 中，写出梯形图程序。

7.4 试计算 sin（60°）的值，并将结果存放到 VD20 中，写出梯形图程序。

7.5 将 VB0 开始的 250 个字节存储单元清零，写出梯形图程序。

7.6 将 IB0 字节高 4 位和低 4 位进行数据交换，并将结果作为定时器 T40 的预置值，编写梯形图程序。

7.7 采用间接寻址方式设计一段程序，将 8 个字节的数据存储在从 VB100 开始的存储单元中，这些数据为 12、34、56、78、96、45、39 和 26。

7.8 用数据类型转换指令实现 100 磅转换成千克。

7.9 编程输出字符 A 的七段显示码。

7.10 编写一段程序，将 VB100 开始的 50 个字的数据传输到 VB500 开始的存储区。

7.11 编写一段程序，将 VB0 开始的 128 个字节存储单元清零。

7.12 编写出先将 VB200 存储单元清零，再将 VB100 字节的高 4 位移入 VB200 存储单元，作为 VB200 的低 4 位，再将 VB200 的结果送入定时器 T37，作为定时器预置值的程序段。

项目8　常用的PLC程序设计方法及应用

【导读】

PLC程序设计是PLC控制系统设计的重要环节，根据系统的控制要求，采用合适的设计方法来设计PLC程序将直接影响整个控制系统性能的优劣。本项目介绍PLC程序的设计步骤，并结合应用实例介绍经验设计法、顺序控制设计法和时序图设计法等常用的PLC程序设计方法。

【应知】

※ 了解PLC程序设计的基本流程及步骤；
※ 了解PLC程序的经验设计法和时序图设计法；
※ 掌握顺序控制程序设计方法及其使用范围；
※ 掌握PLC控制系统的设计方法。

【应会】

☆ 能用顺序控制设计法进行PLC程序设计；
☆ 能用经验设计法进行简单的PLC程序设计；
☆ 能用时序设计法进行特定的PLC程序设计；
☆ 能设计、安装、调试比较复杂的PLC控制系统。

8.1　PLC程序设计步骤

PLC控制系统设计的关键在于控制程序的设计，程序设计得合理、正确才能确保设备或系统安全可靠地运行。PLC的程序设计方法有很多，如经验设计法、时序图设计法、顺序控制设计法等，但不管采用哪种程序设计方法，其设计一般都包括以下步骤。

① 程序设计前的准备工作；
② 程序框图设计；
③ 编写程序；
④ 程序测试；
⑤ 程序调试；
⑥ 编写程序说明书。

1. 程序设计前的准备工作

程序设计前的准备工作大致可分为3个方面。

（1）了解系统概况，形成整体概念　这一步的工作主要是通过系统设计方案和软件规格说明书了解控制系统的全部功能、控制规模、控制方式、输入/输出信号种类和数量、是否有特殊功能接口、与其他设备的关系、通信内容与方式等。没有对整个控制系统的全面了解，就不能对各种控制设备之间的关联有真正的理解，闭门造车和想当然地编程序，编出的程序拿到现场去运行时，肯定问题百出，不能使用。

（2）熟悉被控对象，编制出高质量的程序　这一步的工作是通过熟悉生产工艺说明书和软件规格说明书来进行的。可把控制对象和控制功能分类，按响应要求、信号用途或控制区域划分，确定检测设备和控制设备的物理位置，深入细致地了解每一个检测信号和控制信号的形式、功能、规模，以及它们之间的关系，并预测以后可能出现的问题，使程序设计有的放矢。

在熟悉被控对象的同时，还要认真借鉴前人在程序设计中的经验和教训，总结各种问题的解决方法。总之，在程序设计前，掌握的东西越多，对问题思考得越深入，那么程序设计就会越得心应手。

（3）充分利用手边的硬件和软件工具　硬件工具有编程器、GPC（图形编程器）、FIT（工厂智能终端）等；软件工具有西门子STEP 7等，利用软件编程，可以大大提高编程的效率和质量。

2. 程序框图设计

这一步的主要工作是根据软件设计规格的总体要求和控制系统的具体情况，确定应用程序的基本结构，按程序设计标准绘制程序结构图，然后再根据工艺要求，绘制出各功能单元的详细功能框图。有的系统的应用软件已经模块化，需要对相应程序模块进行定义，规定其功能，确定各模块之间的连接关系，然后再绘制出各模块内部的详细框图。框图是编程的主要依据，要尽可能地详细。如果框图是别人设计的，一定要设法弄清楚其设计思想和方法。这一步完成之后，就会对全部控制程序的功能实现有一个整体概念。

3. 编写程序

编写程序就是根据设计出的框图逐条地编写控制程序，这是整个程序设计工作的核心部分。如果有编程软件如STEP 7，SSS，CPT等，应尽量使用。梯形图语言是最普遍使用的编程语言，对初学者来讲，应在熟悉并掌握“指令系统及简单编程”后，再来编写用户应用程序。在编写程序的过程中，可以借鉴现成的标准程序，但必须弄懂这些程序段，否则会给后续工作带来困难和损失。另外，在编写程序的过程中，应及时地对编出的程序进行注释，养成随编随注的习惯。注释包括程序的功能、逻辑关系说明、设计思想、信号的来源和去向等，以便阅读和调试。

4. 程序测试

程序测试是整个程序设计工作的一项很重要的内容，它可以初步检查程序的实际效果。程序测试和程序编写是分不开的，程序的许多功能是在测试中修改和完善的，测试时先从各功能单元入手，设定输入编号，观察输出信号的变化情况，必要时可以借助某些仪器、仪表。各功能单元测试完成后，再贯通全部程序，测试各部分的接口情况，直到满意为止。程序测试可以在实训室进行，也可以在现场进行。如果是在现场进行程序测试，那就要将PLC控制系统与现场信号隔离，可以使用暂停输入/输出服务指令，也可以切断输入/输出模板的外部电源，以免引起不必要的、甚至是可能造成事故的机械设备动作。

5. 程序调试

程序调试与程序测试不同，它是在成功地进行了程序测试之后才开始的工作。软件测试的目的是尽可能多地发现程序中的错误，程序调试的目的则是进一步诊断和修正程序中的错误。

程序调试又称程序纠错，测试只是提供出错的迹象，剩下的工作就是纠错，包括错误的定位、定性及改正。经验证明，纠错工作中95%的时间花在错误的定位和定性上，而改正错误只是水到渠成的事情，花费不了多少时间。另外，最合理的安排是事先测试，最后统一纠错，测出一个错误就改一个，往往会顾此失彼，有时还会发现前面刚改过的错误并未改好，需要反过来再改，而集中改错可以通盘考虑，改错的质量要高一些。注意，纠错过程中引入新错误的可能性是存在的，因此，纠错之后，必须再进行测试，直到所有测试全部通过为止。

6. 编写程序说明书

程序说明书是对程序的综合说明，是整个程序设计工作的总结。编写程序说明书的目的是便于程序的使用者和现场调试人员使用。对于编程人员本人，程序说明书也是不可或缺的，它是整个程序文件的一个重要组成部分。在程序说明书中通常可以对程序的依据即控制要求、程序的结构、流程图等给予必要的说明，并且给出程序的安装、操作、使用步骤等。

综上，得出PLC程序设计的流程图如图8-1所示。

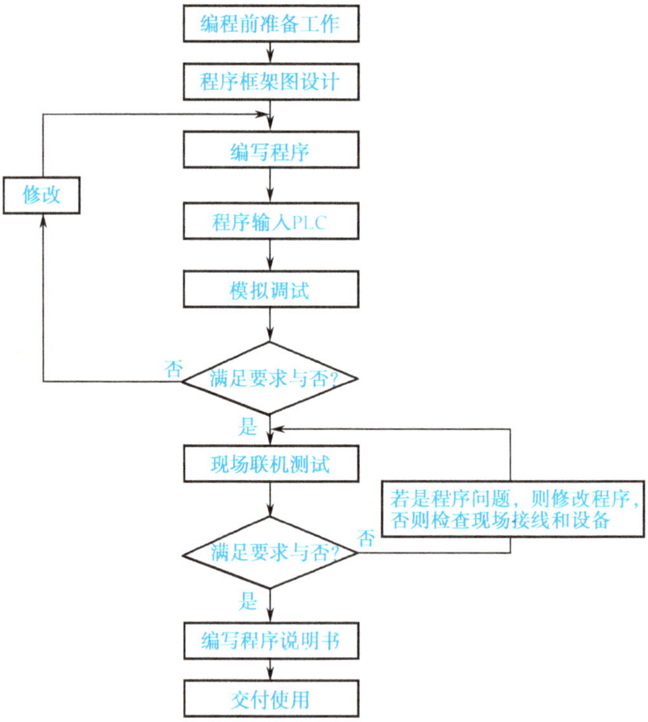

图8-1　PLC程序设计流程图

8.2 经验设计法及其应用

8.2.1 经验设计法简介

经验设计法也称试凑法。在掌握了一些典型的控制环节和电路设计的基础上，根据被控对象对控制系统的具体要求，凭经验进行选择、组合。有时为了得到一个满意的设计结果，需要进行反复的调试和修改，增加一些辅助触点和中间编程环节。这种设计方法没有一个普遍的规律可以遵循，具有一定的试探性和随意性，程序设计所用的时间及程序设计的质量与设计者的经验有关。

经验设计法一般适用于设计一些简单的梯形图程序或复杂系统的某一局部程序（如手动程序等)。如果用来设计复杂系统的梯形图程序，会存在考虑不周、设计麻烦、设计周期长、梯形图的可读性差、系统维护困难等问题。

采用经验设计法设计 PLC 应用程序的一般步骤如下。

① 分析控制要求，确定 I/O 元器件；

② 确定 I/O 点的个数，选择 PLC 机型，进行 I/O 地址分配；

③ 画出系统动作过程的流程图；

④ 选择 PLC 指令并编写程序；

⑤ 根据调试情况修改程序以满足控制要求。

8.2.2 经验设计法应用举例

【例 8-1】 有一部电动运输小车供 8 个加工点使用。对小车的控制要求有以下几点。

① PLC 上电后，车停在某加工点（也称工位)。若没有用车呼叫（也称呼车)，则各工位的指示灯亮，表示各工位均可以呼车。

② 若某工位有呼车（按本工位的呼车按钮)，则其他各工位的指示灯均灭，表示此后再呼车无效。

③ 停车位呼车，则小车不动；当呼车位号大于停车位号时，小车自动向高位行驶；当呼车位号小于停车位号时，小车自动向低位行驶；当小车到达呼车位时，自动停车。

④ 小车到达呼车位时，应停留 30s 供该工位使用，不允许立即被其他工位呼走。

⑤ 临时停车后再复电，小车不会自动启动。

根据上述控制要求，采用经验设计法进行程序设计。

(1) 分析控制要求，确定 I/O 元器件 每个工位应设置一个限位开关和一个呼车按钮，系统要有用于启动和停机的按钮，这些是 PLC 的输入元件；小车要用一台电动机拖动，电动机正转时小车驶向高位，反转时小车驶向低位。电动机正转和反转各需要一个接触器，作为 PLC 的执行元件。另外，各工位还要有指示灯作为呼车显示。电动机和指示灯是 PLC 的控制对象。

各工位的限位开关和呼车按钮的布置如图 8-2 所示，图中 ST 和 SB 的编号也是各工位的编号。ST 为滚动模式，可自动复位。

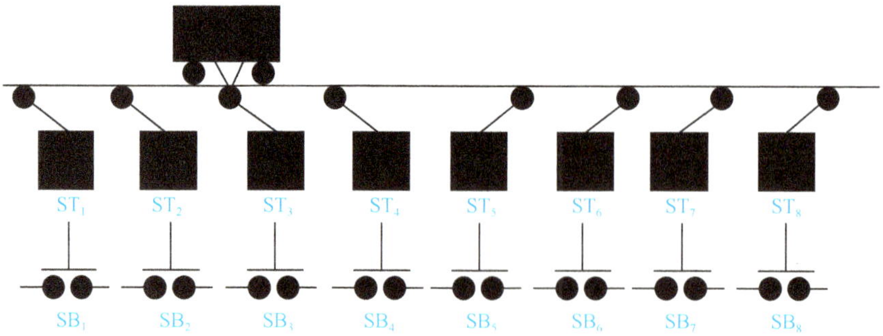

图 8-2　各工位限位开关和呼车按钮的布置

（2）确定输入/输出点的个数，选择 PLC 机型，进行 I/O 地址分配　为了尽量减少占用 PLC 的 I/O 点个数，对于本例，由于各工位的呼车指示灯状态一致，因此可选用小电流的发光元件并联在一起，然后接在一个 PLC 输出点上。使用 S7—226 时所做的 I/O 地址分配见表 8-1。

表 8-1　I/O 地址分配

输　入				输　出	
地址	功能说明	地址	功能说明	地址	功能说明
I0.0	限位开关 ST_1	I1.0	呼车按扭 SB_1	Q0.0	呼车指示灯
I0.1	限位开关 ST_2	I1.1	呼车按扭 SB_2	Q0.1	电动机正转接触线圈
I0.2	限位开关 ST_3	I1.2	呼车按扭 SB_3	Q0.2	电动机反转接触线圈
I0.3	限位开关 ST_4	I1.3	呼车按扭 SB_4		
I0.4	限位开关 ST_5	I1.4	呼车按扭 SB_5		
I0.5	限位开关 ST_6	I1.5	呼车按扭 SB_6		
I0.6	限位开关 ST_7	I1.6	呼车按扭 SB_7		
I0.7	限位开关 ST_8	I1.7	呼车按扭 SB_8		
I2.0	系统启动按扭	I2.1	系统停止按扭		

（3）画出系统动作过程的流程图　为了分析问题方便，可先画出系统动作过程的流程图，如图 8-3 所示。

（4）选择 PLC 指令并编写程序　选择指令是一个经验问题。对于本例的控制要求，一般会想到用传输指令和比较指令，即先把小车所在的工位号传输到一个内存单元中，再把呼车的工位号传输到另一个内存单元中，然后将这两个内存单元的内容进行比较。若呼车的位号大于停车的位号，则小车向高位行驶；若呼车的位号小于停车的位号，则小车向低位行驶。对小车的这种控制是本例程序设计的主线，如图 8-4 中网络 6 程序所示。

（5）根据调试情况修改程序，以满足控制要求　经验设计法具有一定的试探性和随意性，有时为了得到一个满意的设计结果，需要进行反复的调试和修改，增加一些辅助触点和中间编程环节。本例中的网络 3 与网络 2 程序相似，但网络 3 在每个传送指令前都串联了一个被控制的“呼车有效”常开触点，其目的就是满足本例中的要求②（若某工位呼车时，其他各工位的指示灯均灭，表示此后再呼车无效）。网络 5 是对“呼车有效”常开触点的控制。网络

4是对部分数据的初始化，将呼车工位号直接设置为小车当前工位号，可以确保程序开始时如无呼叫，小车保持不动，而定时器T37的PT值初始化为300，确保程序开始时如有呼叫，小车可以直接响应呼叫，无须等待30s。

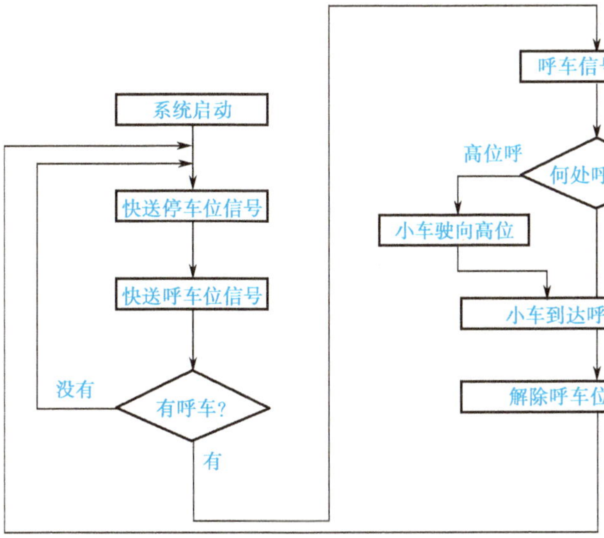

图 8-3 小车系统动作过程流程图

(6) 将对各环节编写的程序合理地联系起来，得到一个满足控制要求的程序。本例设计梯形图程序如图8-4所示。

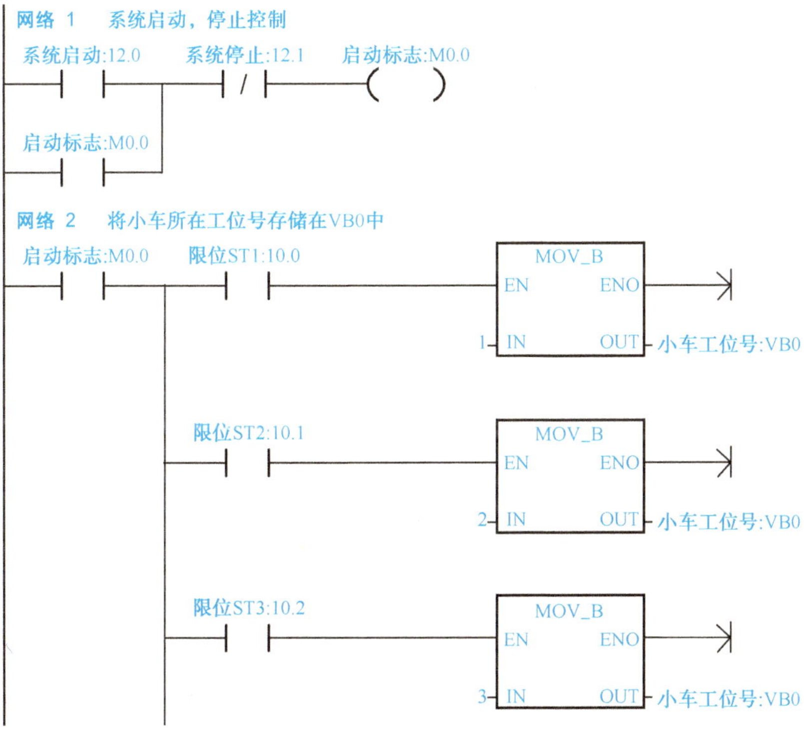

图 8-4 电动运输小车PLC控制梯形图程序

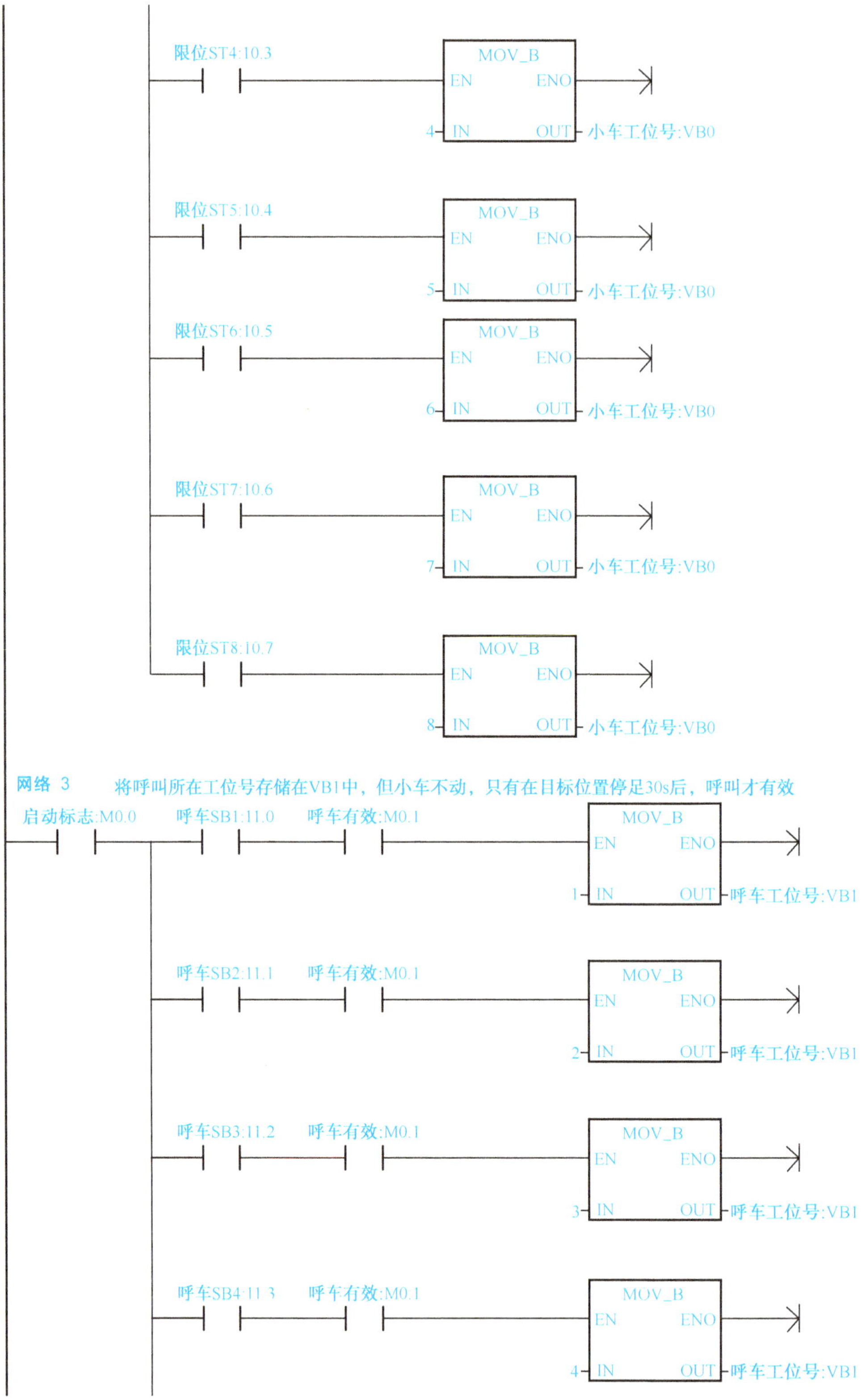

图 8-4 电动运输小车 PLC 控制梯形图程序（续）

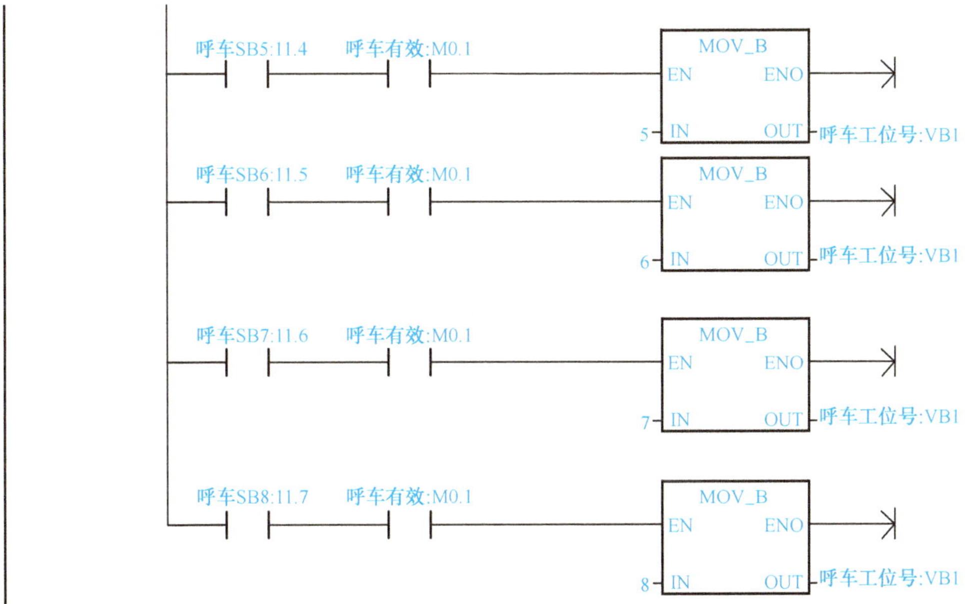

网络 4 初始化:将呼车工位号直接设置为小车当前工位号，程序开始时如无呼叫，小车保持不动

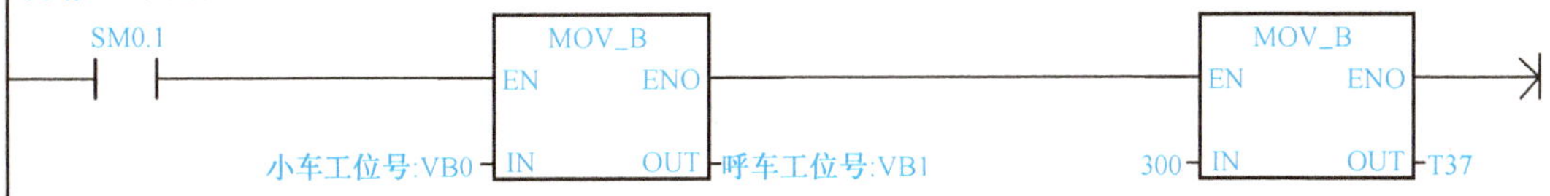

网络 5 只有当小车到达呼车位并停留30s后，再次呼车才有效

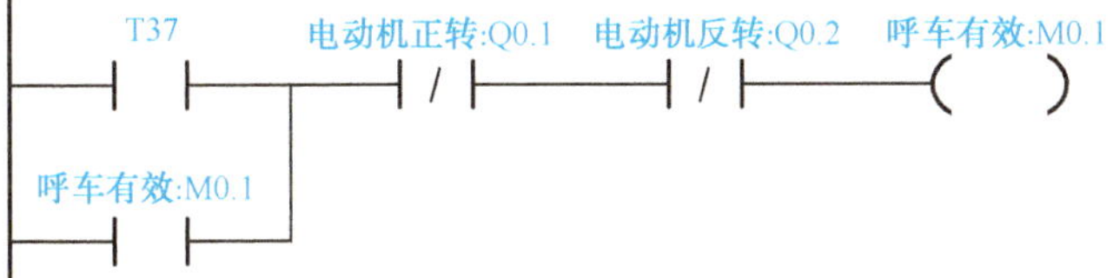

网络 6 当呼车位号大于停车位号时，小车自动向高位行驶（正转）;当呼车位号小于停车位号时，小车自动向低位行驶（反转）。当小车到达呼车位时，自动停车，T37计时

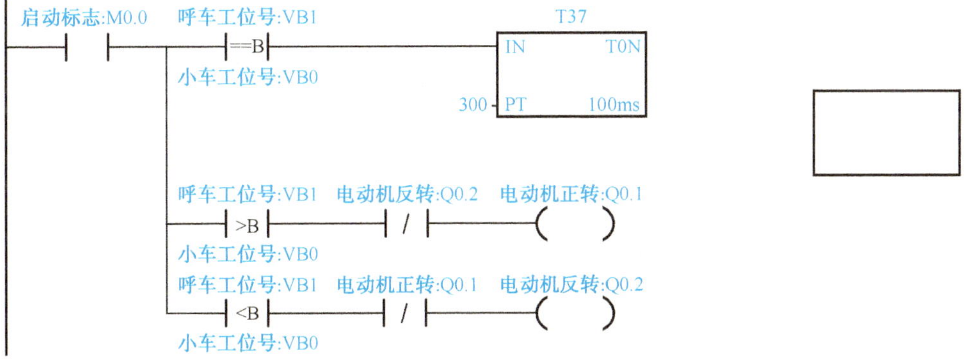

图 8-4 电动运输小车 PLC 控制梯形图程序（续）

8.3 顺序控制设计法及其应用

8.3.1 顺序控制设计法简介

1. 概述

如果一个控制系统可以分解成几个独立的控制动作，且这些动作必须严格按照一定的先后顺序执行才能保证生产过程的正常运行，这样的控制系统称为顺序控制系统，也称步进控制系统，其控制总是一步一步按顺序进行。在工业控制领域中，顺序控制系统的应用很广，尤其在机械行业，几乎无例外地利用顺序控制来实现加工的自动循环。

所谓顺序控制设计法就是针对顺序控制系统的一种专门的设计方法。这种设计方法很容易被初学者接受，对于有经验的工程师，也会提高设计的效率，程序的调试、修改和阅读也很方便。PLC 的设计者们为顺序控制系统的程序编制提供了大量通用和专用的编程元件，开发了专门供编制顺序控制程序用的功能表图，使这种先进的设计方法成为当前 PLC 程序设计的主要方法。

2. 顺序控制设计法的设计步骤

采用顺序控制设计法进行程序设计的基本步骤及内容如下。

（1）步的划分　顺序控制设计法最基本的思想是将系统的一个工作周期划分为若干个顺序相连的阶段，这些阶段称为步，并且用编程元件（辅助继电器 M 或状态器 S）来代表各步。如图 8-5（a）所示，步是根据 PLC 输出状态的变化来划分的，在任何一步之内，各输出状态不变，但是相邻步之间输出状态是不同的。步的这种划分方法使代表各步的编程元件与 PLC 各输出状态之间有着极为简单的逻辑关系。

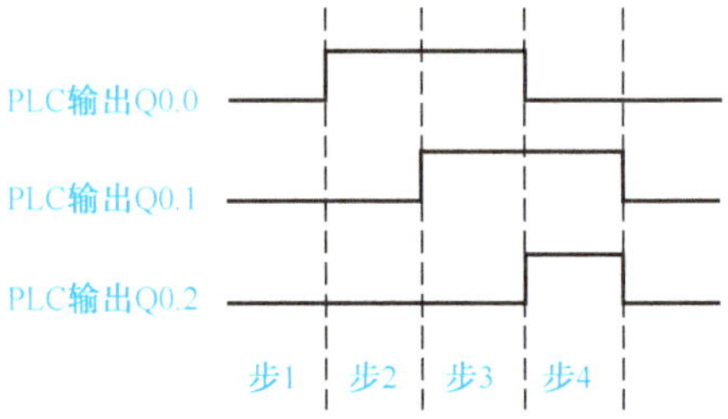

（a）划分方法一

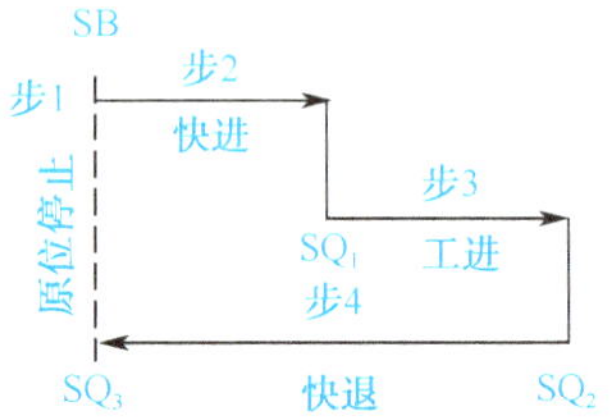

（b）划分方法二

图 8-5　步的划分

步也可根据被控对象工作状态的变化来划分，但被控对象工作状态的变化应该是由 PLC 输出状态变化引起的。如图 8-5（b）所示，某液压滑台的整个工作过程可划分为停止（原位）、快进、工进、快退 4 步，但这 4 步的状态改变都必须是由 PLC 输出状态的变化引起的，否则就不能这样划分。例如，从快进转为工进与 PLC 输出无关，那么快进和工进只能算一步。

（2）转换条件的确定　使系统由当前步转入下一步的信号称为转换条件。转换条件可以是外部输入信号，如按钮、指令开关、限位开关的接通/断开等，也可以是 PLC 内部产生的信号，如定时器、计数器触点的接通/断开等，转换条件还可以是若干个信号的与、或、非逻辑组合。如图 8-5（b）所示的 SB、SQ_1、SQ_2、SQ_3均为转换条件。

顺序控制设计法用转换条件控制代表各步的编程元件，让它们的状态按一定的顺序变化，然后用代表各步的编程元件去控制各输出继电器。

（3）功能表图的绘制　根据以上分析和被控对象工作内容、步骤、顺序和控制要求画出功能表图。绘制功能表图是顺序控制设计法中最为关键的一个步骤。绘制功能表图的具体方法将在后面详细介绍。

（4）梯形图的编制　根据功能表图，按某种编程方式画出梯形图程序。

3. 功能表图的绘制

功能表图又称状态转移图，它是一种描述控制系统的控制过程、功能和特性的图形，也是设计 PLC 顺序控制程序的有力工具。功能表图并不涉及所描述的控制功能的具体技术。

各个 PLC 生产厂家都开发了相应的功能表图，各国家也都制定了功能表图的国家标准。我国于 1986 年颁布了功能表图的国家标准 GB6988. 6—86。

如图 8-6 所示为功能表图的一般形式，它主要由步、有向连线、转换、转换条件和动作（命令）组成。

（1）步与动作

① 步。在功能表图中用矩形框表示步，方框内是该步的编号。如图 8-6 所示，各步的编号为 $n-1$、n、$n+1$。编程时一般用 PLC 内部编程元件来代表各步，因此经常直接用代表该步的编程元件的元件号作为步的编号，如 M0. 0 等，这样在根据功能表图设计梯形图时较为方便。

② 初始步。与系统的初始状态相对应的步称为初始步。初始状态一般是系统等待启动命令的相对静止的状态。初始步用双线方框表示，每一个功能表图至少应该有一个初始步。

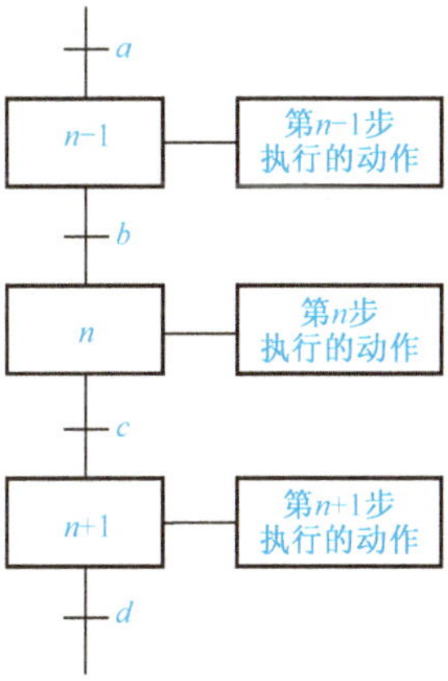

图 8-6　功能表图的一般形式

③ 动作。一个控制系统可以划分为被控系统和施控系统，如在数控车床系统中，数控装置是施控系统，而车床是被控系统。对于被控系统，在某一步中要完成某些“动作”，对于施控系统，在某一步中要向被控系统发出某些“命令”。将动作或命令简称为动作，并用矩形框中的文字或符号表示，该矩形框应与相应的步的符号相连。如果某一步有几个动作，可以用如图 8-7 所示的两种画法来表示，但是图中并不隐含这些动作之间的任何顺序。

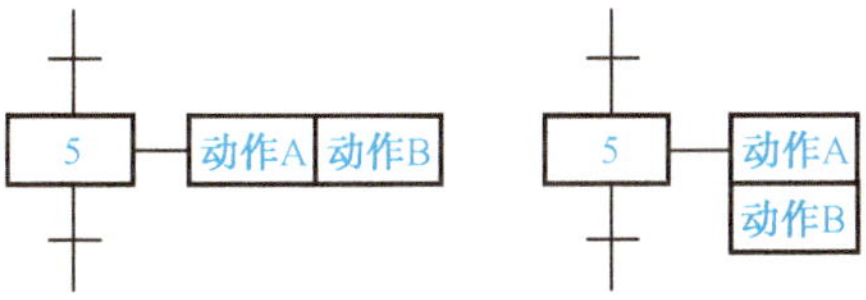

图 8-7　多个动作的表示

④ 活动步。当系统正处于某一步时，该步处于活动状态，称该步为“活动步”。步处于活动状态时，相应的动作被执行。若为保持型动作，则该步不活动时继续执行该动作，若为非保持型动作，则该步不活动时动作也停止执行。一般在功能表图中保持型的动作应该用文

字或助记符标注，而非保持型动作不必标注。

（2）有向连线、转换与转换条件

① 有向连线。在功能表图中，随着时间的推移和转换条件的实现，将会发生步的活动状态的顺序进展，这种进展按有向连线规定的路线和方向进行。在画功能表图时，将代表各步的方框按它们成为活动步的先后次序顺序排列，并用有向连线将它们连接起来。活动状态的进展方向习惯上是从上到下或从左至右，在这两个方向上有向连线的箭头可以省略。如果不是上述的方向，应在有向连线上用箭头注明进展方向。

② 转换。转换用有向连线上与有向连线垂直的短线来表示，用于将相邻两步分隔开。步的活动状态的进展是由转换的实现来完成的，并与控制过程的发展相对应。

③ 转换条件。转换条件是与转换相关的逻辑条件，转换条件可以用文字语言、布尔代数表达式或图形符号标注在表示转换的短线的旁边。转换条件 X 和 $\overline{X}$ 分别表示在逻辑信号 X 为"1"状态和"0"状态时转换实现。符号 X↓ 和 X↑ 分别表示当 X 从 0→1 状态和从 1→0 状态时转换实现。使用最多的转换条件表示法是布尔代数表达式，如转换条件（X0+X3）·C0。

（3）功能表图的基本结构

① 单序列。单序列由一系列相继激活的步组成，每一步的后面仅接有一个转换，每一个转换的后面只有一个步，如图 8-8（a）所示。

② 选择序列。选择序列的开始称为分支，如图 8-8（b）所示，转换符号只能标在水平连线之下。如果步 5 是活动的，并且转换条件 $e=1$，则发生由步 5→步 6 的进展；如果步 5 是活动的，并且 $f=1$，则发生由步 5→步 9 的进展。在某一时刻一般只允许选择一个序列。

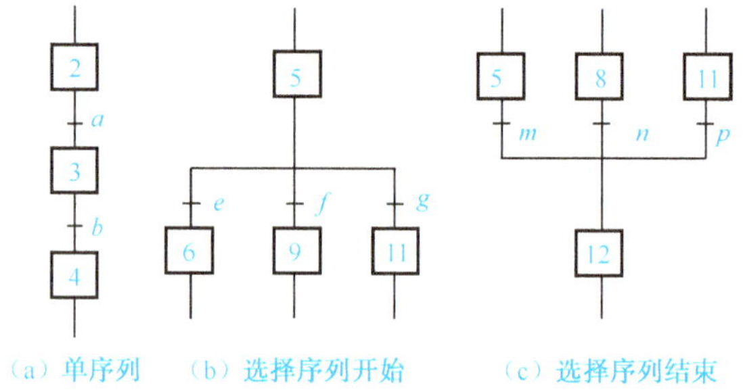

图 8-8 单序列与选择序列

选择序列的结束称为合并，如图 8-8（c）所示。如果步 5 是活动步，并且转换条件 $m=1$，则发生由步 5→步 12 的进展；如果步 8 是活动步，并且 $n=1$，则发生由步 8→步 12 的进展。

③ 并行序列。并行序列的开始称为分支，如图 8-9（a）所示，当转换条件的实现导致几个序列同时被激活时，这些序列称为并行序列。当步 4 是活动步，并且转换条件 $a=1$ 时，步 3，步 7 和步 9 同时变为活动步，同时步 4 变为不活动步。为了强调转换的同步实现，水平连线用双线表示。步 3、步 7、步 9 被同时激活后，每个序列中活动步的进展将是独立的。在表示同步的水平双线之上，只允许有一个转换符号。

并行序列的结束称为合并，如图 8-9（b）所示，在表示同步的水平双线之下，只允许有一个转换符号。当直接连在双线上的所有前级步都处于活动状态，并且转换条件 $b=1$ 时，才会发生步 3、步 6、步 9 到步 10 的进展，即步 3、步 6、步 9 同时变为不活动步，而步 10 变为活动步。并行序列表示系统的几个同时工作的独立部分的工作情况。

④ 子步。如图 8-10 所示，某一步可以包含一系列子步和转换，通常这些序列表示整个系统的一个完整的子功能。子步的使用使系统的设计者在总体设计时容易抓住系统的主要矛盾，用更加简洁的方式表示系统的整体功能和概貌，而不是一开始就陷入某些细节之中。设计者可以从最简单的对整个系统的全面描述开始，然后画出更详细的功能表图，子步中还可以包含更详细的子步，这使设计程序的逻辑性很强，可以减少设计中的错误，缩短总体设计和查错所需要的时间。

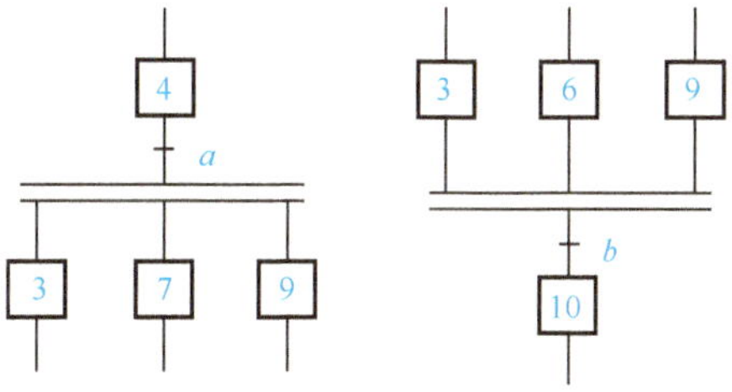

（a）并行序列开始 （b）并行序列结束

图 8-9 并行序列

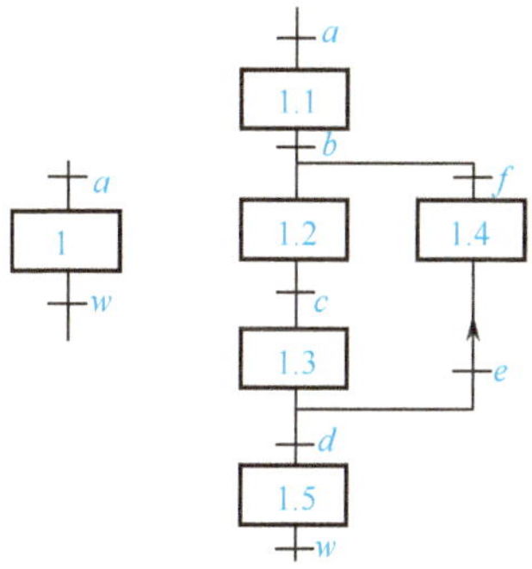

图 8-10 子步

（4）转换实现的基本规则

① 转换实现的条件。在功能表图中，步的活动状态的进展是由转换的实现来完成的。转换实现必须同时满足以下两个条件。

- 该转换所有的前级步都是活动步；
- 相应的转换条件得到满足。

如果转换的前级步或后续步不止一个，转换的实现称为同步实现，如图 8-11 所示。

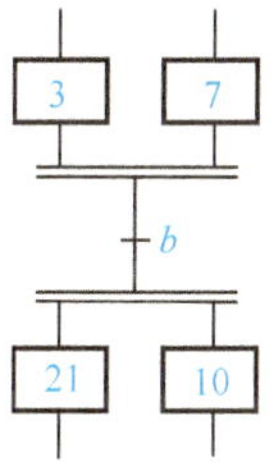

图 8-11 转换的同步实现

② 转换实现应完成的操作。转换的实现应完成以下两个操作。

- 使所有由有向连线与相应转换符号相连的后续步都变为活动步；
- 使所有由有向连线与相应转换符号相连的前级步都变为不活动步。

（5）绘制功能表图时应注意的问题

① 两个步绝对不能直接相连，必须用一个转换将它们隔开。

② 两个转换也不能直接相连，必须用一个步将它们隔开。

③ 功能表图中初始步是必不可少的，它一般对应于系统等待启动的初始状态，这一步可能没有什么动作执行，因此很容易遗漏这一步。如果没有该步，无法表示初始状态，系统也无法返回停止状态。

④ 只有当某一步所有的前级步都是活动步时，该步才有可能变成活动步。如果用无断电保持功能的编程元件代表各步，则 PLC 开始进入 RUN 方式时各步均处于“0”状态，因此必须要有初始化信号，将初始步预置为活动步，否则功能表图中永远不会出现活动步，系统

将无法工作。

（6）绘制功能表图举例　某组合机床液压滑台进给运动示意图如图 8-5（b）所示，其工作过程分成原位、快进、工进、快退 4 步，相应的转换条件为 SB、SQ_1、SQ_2、SQ_3。液压滑台系统各液压元件动作情况见表 8-2。根据上述功能表图的绘制方法，液压滑台系统的功能表图如图 8-12（a）所示。

表 8-2　液压元件动作情况

工步＼元件	YV_1	YV_2	YV_3
原位	—	—	—
快进	+	—	—
工进	+	—	+
快退	—	+	—

如果 PLC 已经确定，可直接用编程元件 M0.0～M0.3（S7—200 系列）来代表这 4 步，设输入/输出设备与 PLC 的 I/O 点对应关系如表 8-3 所示，则可直接画出如图 8-12（b）所示的功能表图接线图，图中 SM0.1 为 S7—200 系列 PLC 产生初始化脉冲的特殊辅助继电器。

表 8-3　输入/输出设备与 PLC 的 I/O 对应关系

PLC 的 I/O 点	I0.0	I0.1	I0.2	I0.3	Q0.0	Q0.1	Q0.2
输入/输出设备	SB	SQ_1	SQ_2	SQ_3	YV_1	YV_2	YV_3

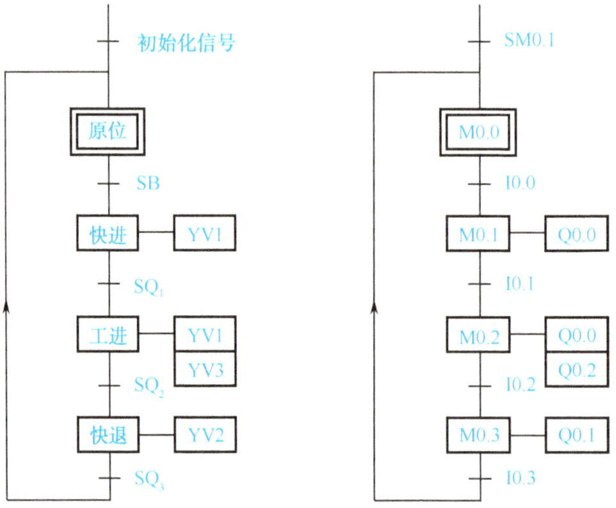

（a）　　（b）

图 8-12　液压滑台系统的功能表图

4. 顺序控制设计法中梯形图的编程方式

梯形图的编程方式是指根据功能表图设计出梯形图的方法。为了适应各厂家的 PLC 在编程元件、指令功能和表示方法上的差异，下面主要介绍使用通用指令的编程方式和以转换为中心的编程方式。

为了便于分析，假设刚开始执行用户程序时，系统已处于初始步（用初始化脉冲 SM0.1 将初始步置位），代表其余各步的编程元件均为 OFF，为转换的实现做好了准备。

编程时用辅助继电器来代表步。某一步为活动步时，对应的辅助继电器为“1”状态，转换实现时，该转换的后续步变为活动步。由于转换条件大都是短信号，即它存在的时间比它激活的后续步为活动步的时间短，因此应使用有记忆（保持）功能的电路来控制代表步的辅助继电器。属于这类的电路有“启—保—停”电路和具有相同功能的使用 S、R 指令的电路。

如图 8-13（a）所示 M_{i-1}、M_i 和 M_{i+1} 是功能表图中顺序相连的 3 步，X_i 是步 M_i 之前的转换条件。

编程的关键是找出它的启动条件和停止条件。根据转换实现的基本规则，转换实现的条件是它的前级步为活动步，并且满足相应的转换条件，所以步 M_i 变为活动步的条件是 M_{i-1} 为活动步，并且转换条件 $X_i=1$，在梯形图中应将 M_{i-1} 和 X_i 的常开触点串联后作为控制 M_i 的启动电路，如图 8-13（b）所示。当 M_i 和 X_{i+1} 均为“1”状态时，步 M_{i+1} 变为活动步，这时步 M_i 应变为不活动步，因此可以将 $M_{i+1}=1$ 作为使 M_i 变为“0”状态的条件，即将 M_{i+1} 的常闭触点与 M_i 的线圈串联。也可用 S、R 指令来代替“启—保—停”电路，如图 8-13（c）所示。本书中均用“启—保—停”电路形式编写梯形图程序，S、R 指令形式可自行转换，不再介绍。

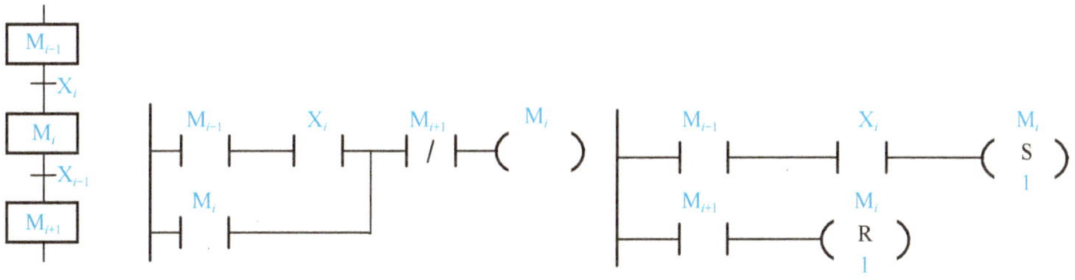

（a）功能表图　（b）“启—保—停”电路梯形图　（c）S、R指令梯形图

图 8-13　使用通用指令的编程方式示意图

这种编程方式仅仅使用与触点和线圈有关的指令，任何一种 PLC 的指令系统都具有这类指令，所以称为使用通用指令的编程方式，可以适用于任意型号的 PLC。

如图 8-14 所示是使用通用指令编写的液压滑台系统梯形图程序。开始运行时应将 M0.0 置为“1”状态，否则系统无法工作，故将 SM0.1 的常开触点作为 M0.0 置为“1”的条件。M0.0 的前级步为 M0.3，后续步为 M0.1。由于步是根据输出状态的变化来划分的，所以梯形图中输出部分的编程极为简单，可以分为两种情况来处理。

① 某一输出继电器仅在某一步中为“1”状态，如 Q0.1 和 Q0.2 就属于这种情况，可以将 Q0.1 线圈与 M0.3 线圈并联，Q0.2 线圈与 M0.2 线圈并联。看起来用这些输出继电器来代表该步（如用 Q0.1 代替 M0.3）可以节省一些编程元件，但 PLC 的辅助继电器数量是充足、够用的，且多用编程元件并不增加硬件费用，所以一般情况下全部用辅助继电器来代表各步，这种方法具有概念清楚、编程规范、梯形图易于阅读和容易查错的优点。

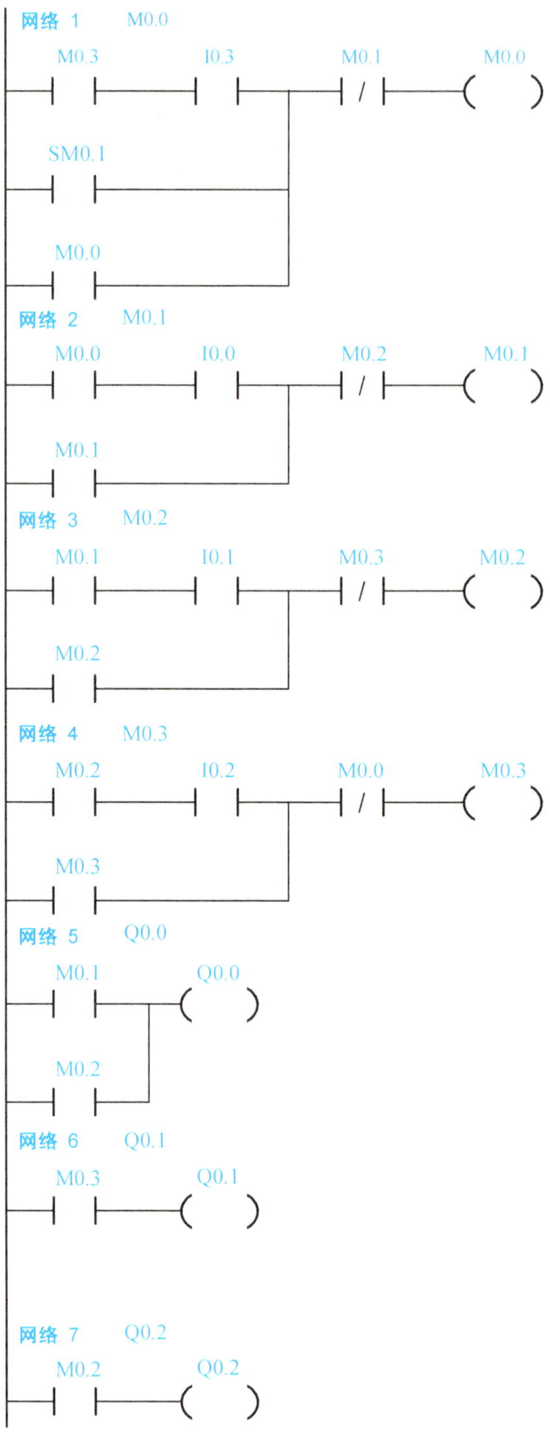

图 8-14 使用通用指令编程的液压滑台系统梯形图程序

② 某一输出继电器在几步中都为“1”状态，应将代表各有关步的辅助继电器的常开触点并联后，驱动该输出继电器的线圈。如 Q0.0 在快进、工进步均为“1”状态，所以将 M0.1 和 M0.2 的常开触点并联后控制 Q0.0 的线圈。注意，为避免出现双线圈现象，不能将

Q0.2 线圈分别与 M0.1 和 M0.2 的线圈并联。

5. 功能表图中几个特殊编程问题

(1) 跳步与循环　复杂的控制系统不仅 I/O 点数多，功能表图也相当复杂，除包括前面介绍的功能表图的基本结构外，还包括跳步与循环控制，而且系统往往还要求设置多种工作方式，如手动和自动（包括连续、单周期、单步等）工作方式。手动程序比较简单，一般用经验法设计，自动程序的设计一般用顺序控制法设计。

① 跳步。如图 8-15 所示用内部标志位 M 来代表各步，当步 M0.1 是活动步，并且 I0.3 变为“1”时，将跳过步 M0.2，由步 M0.1 进展到步 M0.3。这种跳步与 M0.1→M0.2→M0.3 组成的“主序列”中有向连线的方向相同，称为正向跳步。当步 M0.4 是活动步，并且转换条件 $I0.4 \cdot \overline{C0}=1$ 时，将从步 M0.4 返回到步 M0.3，这种跳步与“主序列”中有向连线的方向相反，称为逆向跳步。显然，跳步属于选择序列的一种特殊情况。

② 循环。在设计梯形图程序时，经常遇到一些需要多次重复的操作，如果一次次地编程，显然是非常烦琐的，常采用循环的方式来设计功能表图和梯形图。如图 8-15 所示，假设要求重复执行 10 次由步 M0.3 和步 M0.4 组成的工艺过程，用增计数器 C0 控制循环次数，它的设定值等于循环次数 10。每执行一次循环，在步 M0.4 中使 C0 的当前值加 1，这一操作是由将 M0.4 的常开触点接在 C0 的计数脉冲输入端来实现的，当步 M0.4 变为活动步时，M0.4 的常开触点由断开变为接通，使 C0 的当前值增 1。每次执行循环的最后一步，都根据 C0 的当前值是否为 10 来判别是否应结束循环，图中用步 M0.4 之后选择序列的分支来实现。假设 I0.4 为“1”，如果循环未结束，C0 的常闭触点闭合，转换条件 $I0.4 \cdot \overline{C0}$ 满足并返回步 M0.3；当 C0 的当前值增加到 10，其常开触点接通，转换条件 $I0.4 \cdot \overline{C0}$ 满足，将由步 M0.4 进展到步 M0.5。

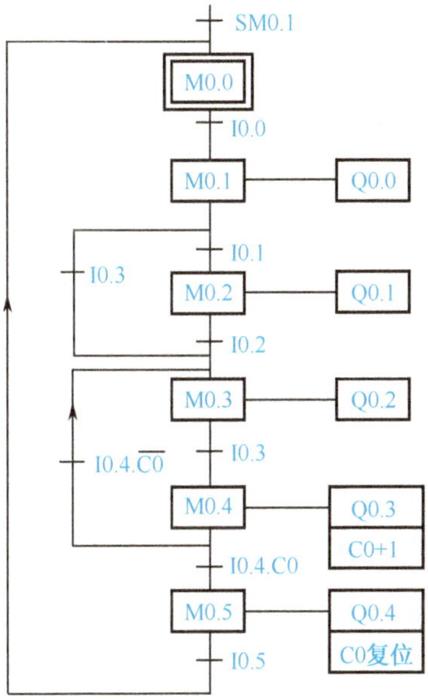

图 8-15　含有跳步和循环的功能表图

在循环程序执行前或执行完毕后，应将控制循环的计数器复位，从而保证下次循环时循环计数。复位操作应放在循环之外，如图 8-15 中计数器复位在步 M0.0 和步 M0.5 之间。

(2) 选择序列和并行序列的编程　循环和跳步都属于选择序列的特殊情况。对选择序列和并行序列编程的关键在于对它们的分支和合并的处理，转换实现的基本规则是设计复杂系统梯形图的基本准则。与单序列不同的是，在选择序列和并行序列的分支、合并处，某一步或某一转换可能有几个前级步或几个后续步，在编程时应注意这个问题。

① 选择序列的编程。如图 8-16 所示为一选择序列功能表图，图 8-17 为对该功能表图使用通用指令编写的梯形图。对于选择序列的分支，当后续步 M0.1 或 M0.3 变为活动步时，都应使 M0.0 变为不活动步，所以应将 M0.1 和 M0.3 的常闭触点与 M0.0 线圈串联。对于选择序列的合并，当步 M0.1 为活动步，并且转换条件 I0.1 满足时，或者步 M0.3 为活动步，并且转换条件 I0.4 满足时，步 M0.2 都应变为活动步，M0.2 的启动条件应为：$M0.1 \cdot I0.1$

＋M0.3·I0.4，对应的启动电路由两条并联支路组成，每条支路分别由M0.1、I0.1和M0.3、I0.4的常开触点串联而成。

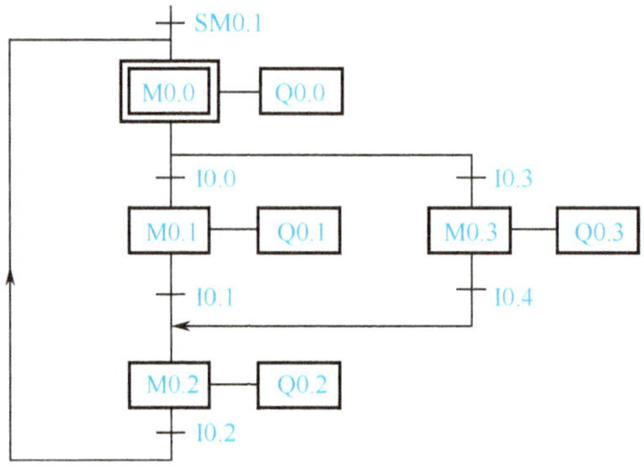

图 8-16　选择序列功能表图

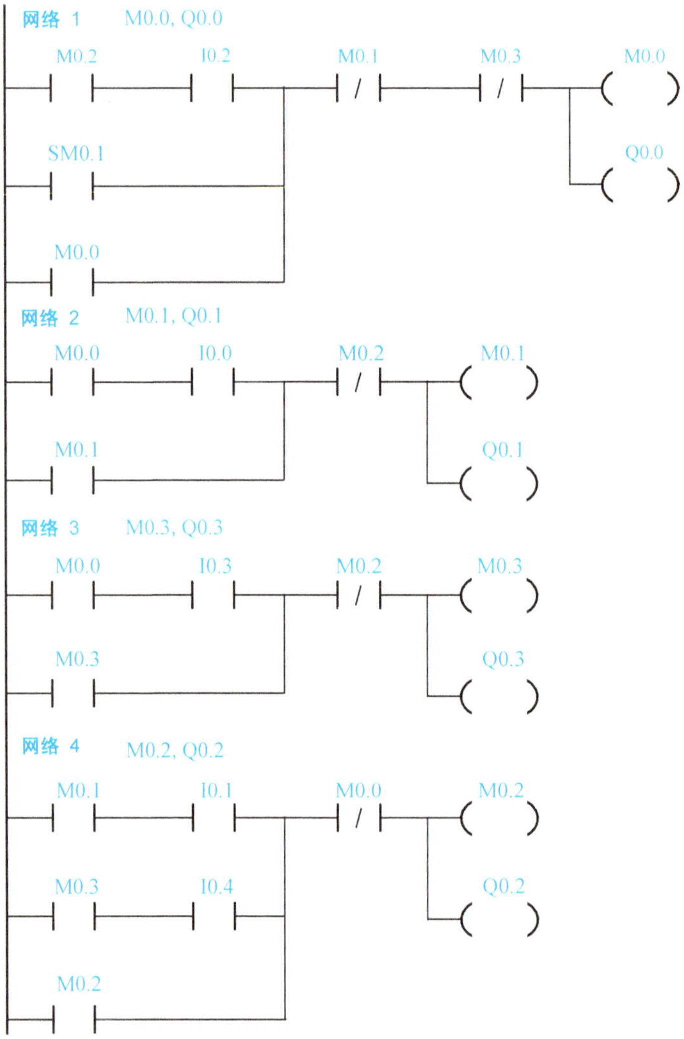

图 8-17　选择序列的梯形图

② 并行序列的编程。使用通用指令进行编程。

图 8-18 所示的复杂功能表图包含了跳步、循环、选择序列和并行序列等基本环节。

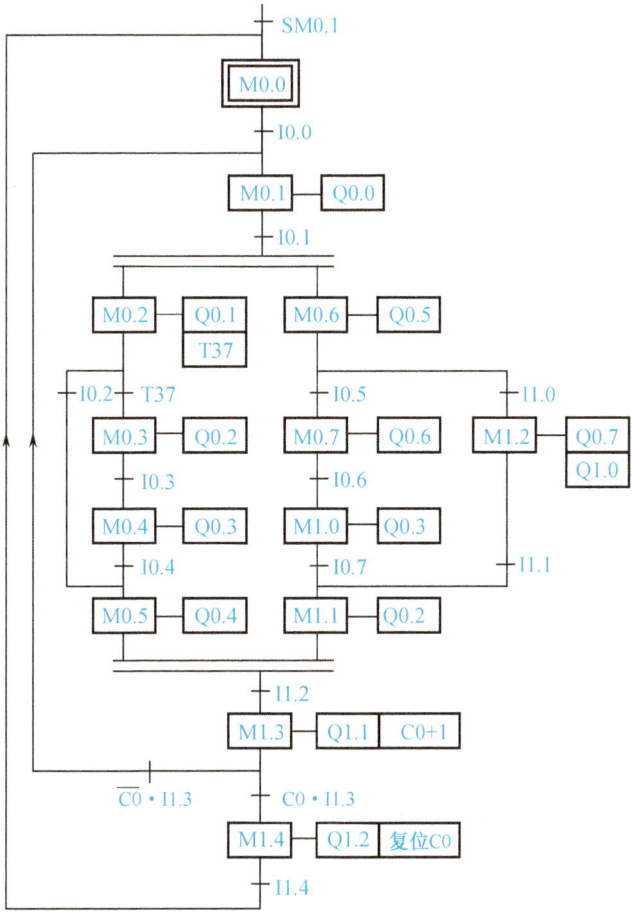

图 8-18 复杂的功能表图

如图 8-19 所示是对图 8-18 的功能表图采用通用指令编写的梯形图。步 M0. 1 之前有一个选择序列的合并，有两个前级步 M0. 0 和 M1. 3，M0. 1 的启动电路由两条串联支路并联而成。M1. 3 与 M0. 1 之间的转换条件为$\overline{C0}$ • I1. 3，相应的启动电路的逻辑表达式为 M1. 3 • $\overline{C0}$ • I1. 3，该串联支路由 M1. 3、I1. 3 的常开触点和 C0 的常闭触点串联而成，另一条启动电路则由 M0. 0 和 I0. 0 的常开触点串联而成。步 M0. 1 之后有一个并行序列的分支，当步 M0. 1 是活动步，并且满足转换条件 I0. 1 时，步 M0. 2 与步 M0. 6 应同时变为活动步，这是用 M0. 1 和 I0. 1 的常开触点组成的串联电路分别作为 M0. 2 和 M0. 6 的启动电路来实现的。与此同时，步 M0. 1 应变为不活动步。步 M0. 2 和 M0. 6 是同时变为活动步的，因此只需要将 M0. 2 的常闭触点与 M0. 1 的线圈串联就行了。

步 M1. 3 之前有一个并行序列的合并，该转换实现的条件是所有的前级步（即步 M0. 5 和 M1. 1）都是活动步和转换条件 I1. 2 满足。由此可知，应将 M0. 5、M1. 1 和 I1. 2 的常开触点串联，作为控制 M1. 3 的启动电路。M1. 3 的后续步为步 M1. 4 和 M0. 1，M1. 3 的停止电路由 M1. 4 和 M0. 1 的常闭触点串联而成。

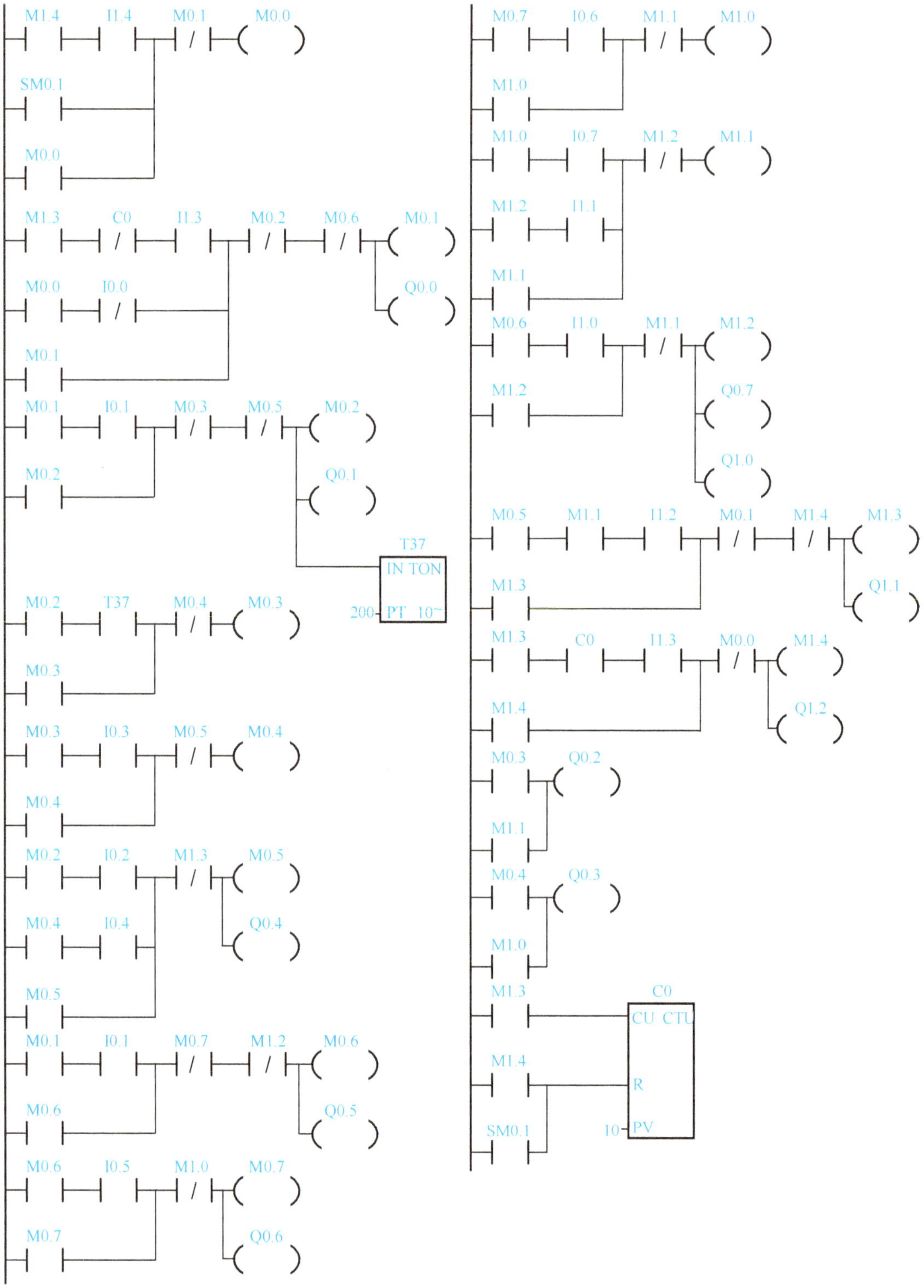

图 8-19 使用通用指令编写的复杂梯形图程序

编程时应该注意以下几个问题。

① 不允许出现双线圈现象。

② 当 M1.4 变为“1”状态后，C0 被复位（如图 8-19 所示），其常闭触点闭合。下一次扫描开始时 M1.3 仍为“1”状态（因为在梯形图中 M1.3 的控制电路放在 M1.4 的上面），使 M0.1 的控制电路中最上面的一条启动电路接通，M0.1 的线圈被错误地接通，出现了 M1.4 和 M0.1 同时为“1”状态的异常情况。为了解决这一问题，将 M1.4 的常闭触点与 M0.1 的线圈串联。

③ 如果在功能表图中有仅由两步组成的小闭环，如图 8-20（a）所示，则相应的辅助继电器的线圈不能“通电”。例如，在 M0.2 和 I0.2 均为“1”状态时，M0.3 的启动电路接通，但是这时与它串联的 M0.2 的常闭触点却是断开的，因此 M0.3 的线圈将不能“通电”。出现上述问题的根本原因是步 M0.2 既是步 M0.3 的前级步，又是它的后序步。如图 8-20（b）所示在小闭环中增设一步就可以解决这一问题，这一步只起延时作用，延时时间可以取很短，对系统的运行不会有什么影响。

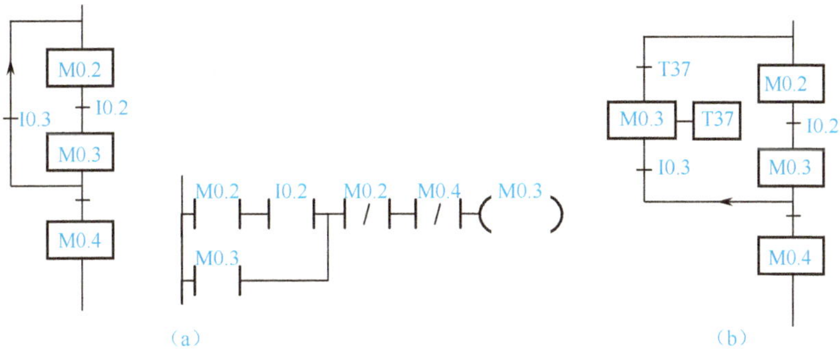

图 8-20 仅有两步的小闭环的处理

8.3.2 顺序控制设计法应用举例

【例 8-2】 按下启动按钮后，小车从起始位置（A 仓）开始右行，运行到 B 仓，右限位开关动作，小车停止，装料 7s 后，小车左行，左行至 A 仓，左限位开关动作，小车停止，卸料 5s 后，小车右行，依此往返。设计满足此控制要求的 PLC 控制系统。

图 8-21 运料小车动作示意图

下面采用顺序控制设计法进行程序设计。

1. 控制要求分析

本例中，要求有两个输出端口连接控制小车右行和左行的交流接触器 KM_1 和 KM_2，4 个输入端口分别连接启动按钮 SB_1、停止按钮 SB_2、左限位开关 SQ_2 和右限位开关 SQ_1，故可以确定 PLC 输入/输出地址分配见表 8-4。

表 8-4　I/O 地址分配

输入				输出	
SB_1	SB_2	SQ_1	SQ_2	KM_1	KM_2
I0. 0	I0. 1	I0. 2	I0. 3	Q0. 0	Q0. 1

根据题目要求，小车每个运动周期共有 4 个动作，分别是右行、停车装货计时、左行、停车卸货计时。每个工作之间有不同的转换条件，如右行转换为停车装货计时的条件是右限位开关 SQ_2 动作，而停车装货计时转换为左行的条件是计时达到 7s。根据以上分析及题目已给条件，可以画出该控制任务描述图，如图 8-22（a）所示。

2. 功能表图的绘制

根据输入/输出地址分配和任务描述图，绘制功能表图如图 8-22（b）所示。较为熟练的设计者可以直接绘制功能表图，无须绘制任务描述图，本例绘制任务描述图以示其关系。

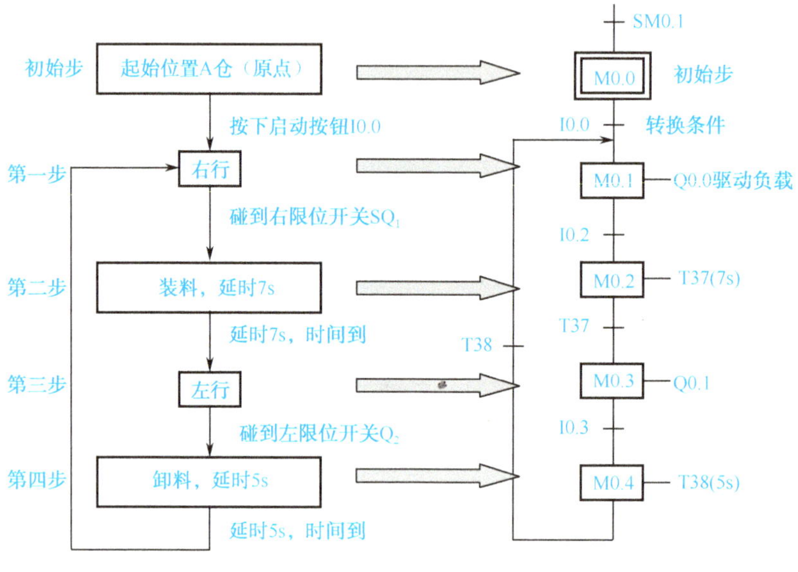

（a）任务描述图　　　（b）功能表图

图 8-22　任务描述图与功能表图

3. 梯形图的编制

根据功能表图，按本节前面介绍的顺序控制设计法中梯形图的编制方法，编制运料小车的 PLC 控制梯形图程序，如图 8-23 所示。

4. 停止小车运行的几种方式

由于本例控制要求中没有明确要求如何停止小车运行，但实际上必须有停止按钮才可以控制小车停止运行。一般停止输出有急停和复位停止两种方式，当按下急停按钮时，立即停止所有输出；当按下复位停止按钮时，系统将继续执行本周期剩下的所有动作，直到回到原始出发点后才停止运行。急停控制相对简单，只需对顺序控制中的各步进行复位便可，如图 8-24所示的急停控制梯形图程序中网络 10 即可实现急停效果，程序相对独立，无须在功能表图中体现。

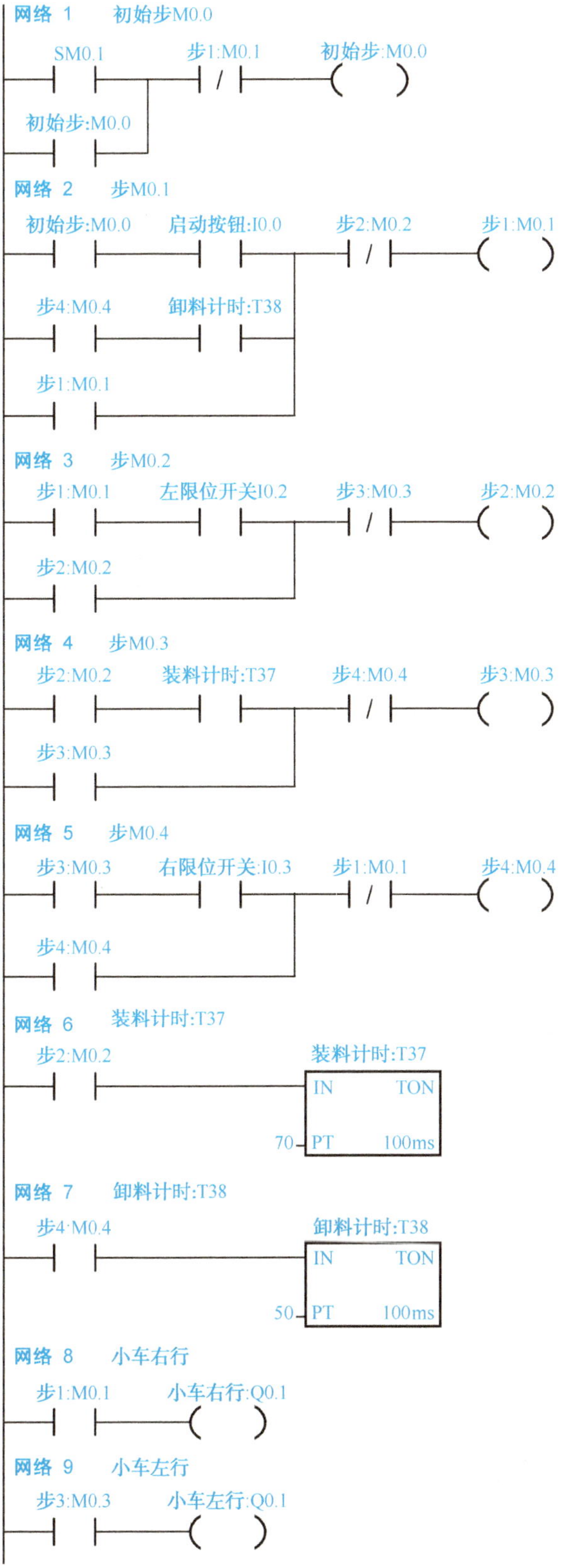

图 8-23 运料小车 PLC 控制梯形图程序

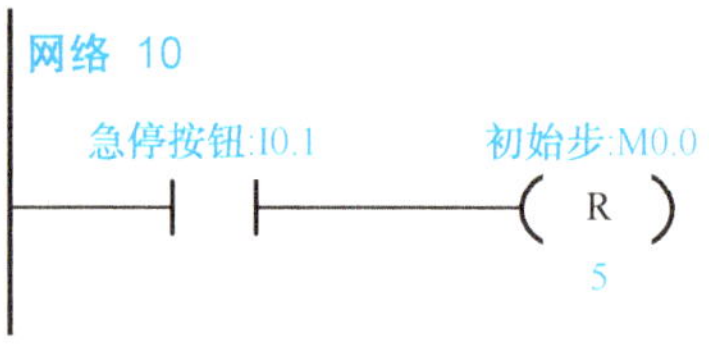

图 8-24 急停控制梯形图程序

复位停止相对复杂，需要在功能表图中体现出来，本例加上复位停止后的功能表图如图 8-25（a）所示，其中 I0.4 连接复位停止按钮。当程序运行到步 M0.4，且定时器 T38 定时达到预定值时，如果此时 I0.4 为 ON 则程序运行到初始步 M0.0，实现复位停止，但如果此时 I0.4 为 OFF，则程序运行到步 M0.1，继续循环。从功能表图可以看出，要实现复位停止，必须在程序运行到步 M0.4，且 T38 计时达到预定值的时刻，复位停止按钮是闭合的，这可能需要复位按钮一直闭合等待一段时间才能实现。显然，这样设计不太合理。图 8-25（b）有效克服了这一缺点，只要在程序运行的任何时刻按下复位停止按钮，均由 M2.0 记忆下来，并在运行到 M0.4 后自动选择复位停止。M2.0 由复位停止按钮和启动按钮控制，如图 8-26 所示的复位停止控制梯形图程序中网络 11 所示。

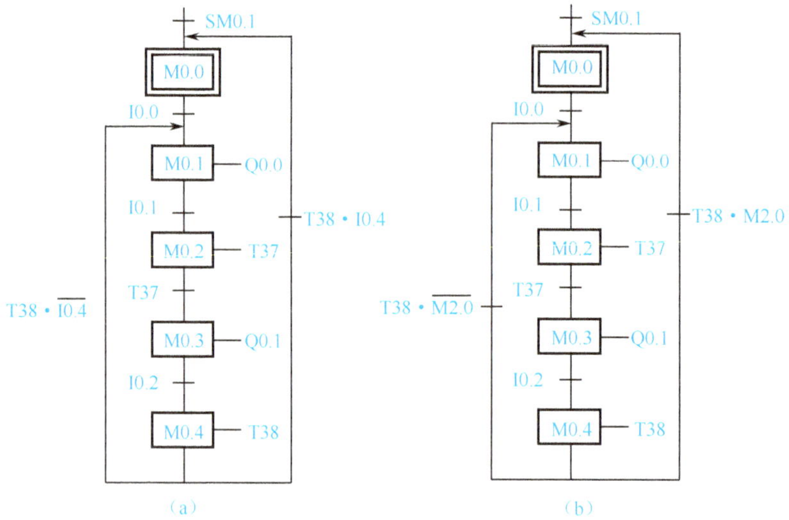

图 8-25 带有复位停止控制的小车往返运行控制功能表图

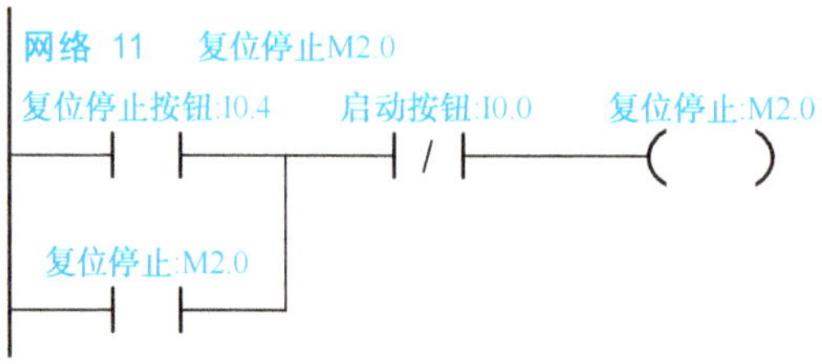

图 8-26 复位停止控制梯形图程序

【例 8-3】 在十字路口设置的红、黄、绿交通信号灯的布置如图 8-27 所示。由于东西方向的车流量较小、南北方向的车流量较大，所以南北方向的放行时间（绿灯亮）为 30s，东西方向的放行时间（绿灯亮）为 20s。当东西（或南北）方向的绿灯灭时，该方向的黄灯与南北（或东西）方向的红灯一起以 1Hz 的频率闪烁 5s，以提醒司机和行人注意。然后，立即开始另一个方向的放行。

下面介绍顺序控制设计法的主要思路。

① 分析 PLC 的输入和输出信号，作为选择 PLC 机型的依据之一。在满足控制要求的前提

下，应尽量减少占用 PLC 的 I/O 点。由上述控制要求可知，控制开关输入的启、停信号是输入信号，PLC 的输出信号控制各指示灯的亮、灭。在图 8-27 中，南北方向的三色灯共 6 盏，同颜色的灯在同一时间亮、灭，所以可将同色灯两两并联，用一个输出信号控制。同理，东西方向的三色灯也依此设计，只占 6 个输出点。整个系统的输入/输出地址分配见表 8-5。

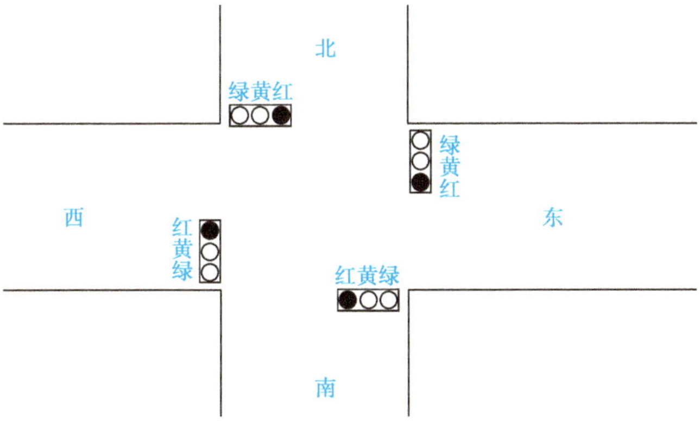

图 8-27　交通信号灯布置图

表 8-5　输入/输出地址分配

输　入		输　出					
启动按钮	停止按钮	南北绿灯	南北黄灯	南北红灯	东西绿灯	东西黄灯	东西红灯
I0. 0	I0. 1	Q0. 0	Q0. 1	Q0. 2	Q0. 3	Q0. 4	Q0. 5

② 根据以上分析，画出十字路口交通灯 PLC 控制的功能表图，如图 8-28 所示。

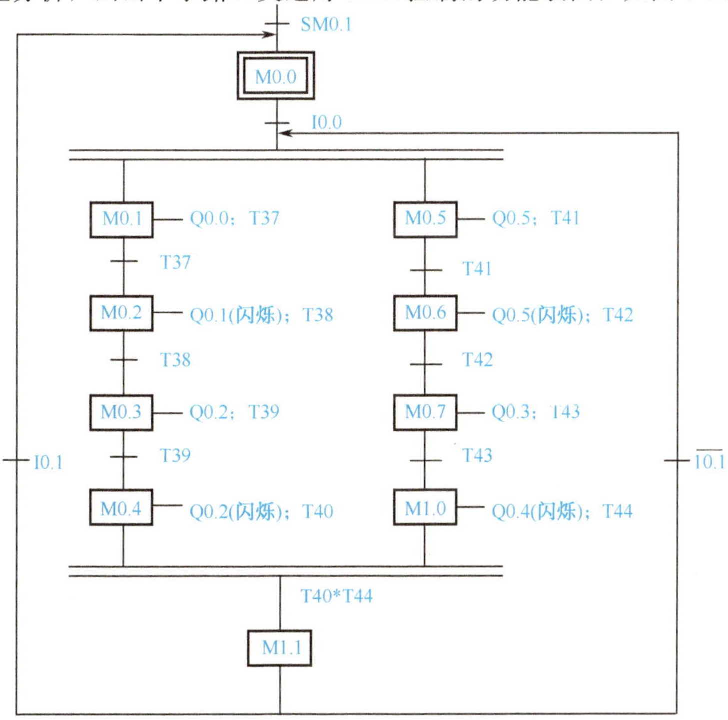

图 8-28　十字路口交通灯 PLC 控制的功能表图

③ 将功能表图转换为梯形图。采用顺序控制设计法，梯形图程序容易出现遗漏或重复编写某段程序的情况，为了便于梯形图程序调试与纠错，在将功能表图转换成梯形图程序时，建议按照以下三步转换。第一步，依次转换各“步”；第二步，依次转换定时器和计数器等内部储存器；第三步，依次转换外部“输出”。下面以图 8-28 为例介绍将功能表图转换为梯形图的方法。

第一步：依次转换“步 M”。本功能表图中共有 9 个中间步 M0.0～M1.1，只需根据本项目图 8-13（b）中的通用指令编程方式编写 9 个网络。

注意：如果当前步有若干个上一步，则需要将所有可能出现的上一步的常开触点都并联在一起；如果当前步有若干个下一步，同样也要将所有可能出现的下一步的常闭触点串联在一起。如步 M0.1 的上一步可能是 M0.0，也可能是 M1.0，即该步有两个上一步，故转换该步的梯形图程序时需要将这两步并联在一起。而步 M0.0 有两个下一步 M0.1 和 M0.5，故转换该步的梯形图程序时需要将这两步的常闭触点串联在一起。

根据以上形式，可以方便地编制 M0.0～M1.1 的梯形图。步“M”的控制梯形图程序如图 8-29 所示。

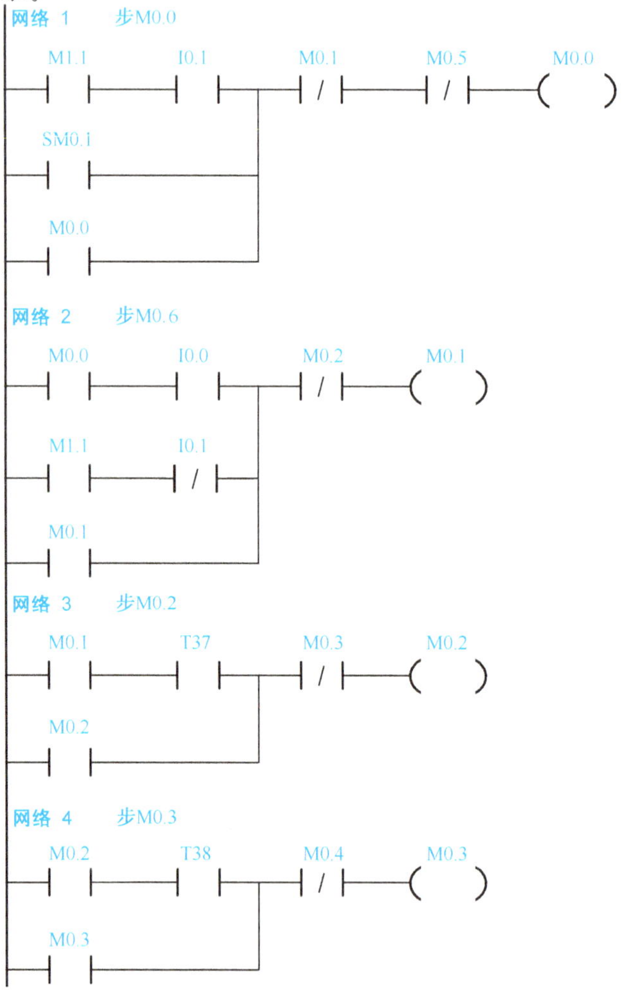

图 8-29　“步 M”的控制梯形图程序

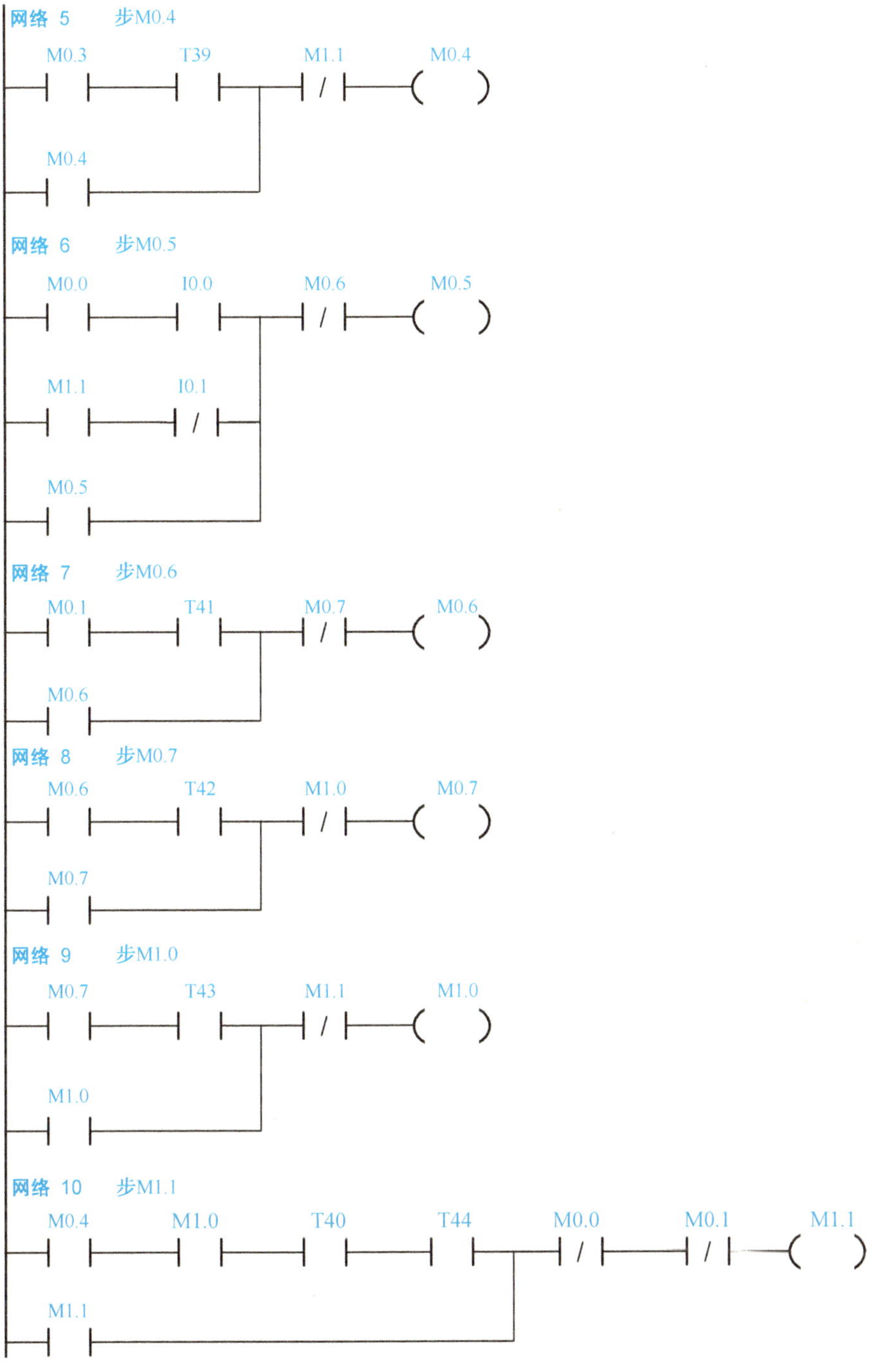

图 8-29 “步 M”的控制梯形图程序（续）

第二步：依次转换定时器和计数器等内部存储器。本功能表图中没有计数器，只有 8 个定时器 T37～T44。定时器可以直接挂到各 M 网路中，但计数器不能直接挂，只能单独编写，为了便于程序调试纠错，防止漏写或多写，建议定时器单独写。本功能表图中的 8 个定时器 T37～T44 的梯形图程序如图 8-30 所示。

第三步：依次转换外部“输出”。本功能表图中共有 6 个输出 Q0.0～Q0.5，故需要编写 6 个网络。注意，每个输出只能有一个网路，如果功能表图存在多个地方同时有一个输出，转换为梯形图时一定要合并，如本例中的步 M0.3 和 M0.4 中均有 Q0.2 输出，步 M0.5 和 M0.6 中均有 Q0.5 输出，都需要合并。本功能表图中 6 个输出的梯形图程序如图 8-31 所示。

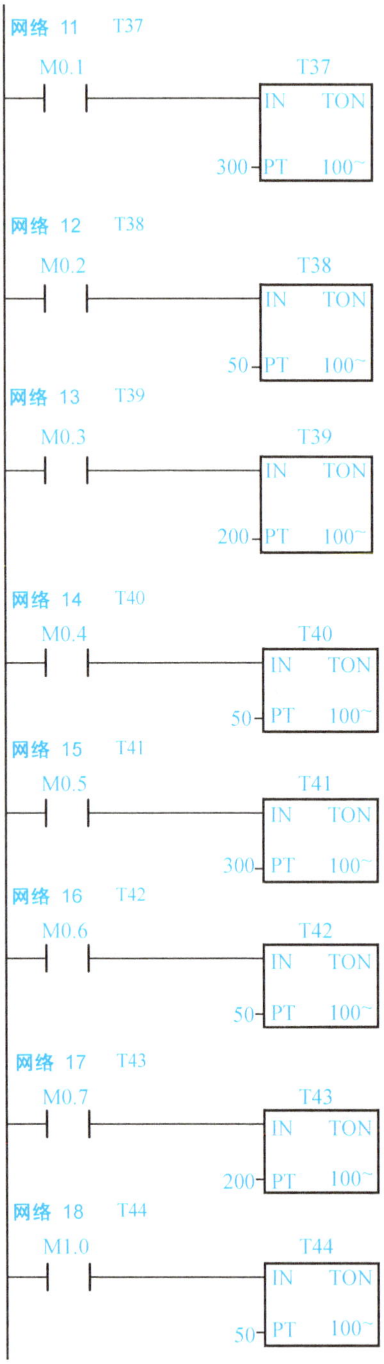

图 8-30 定时器的梯形图程序

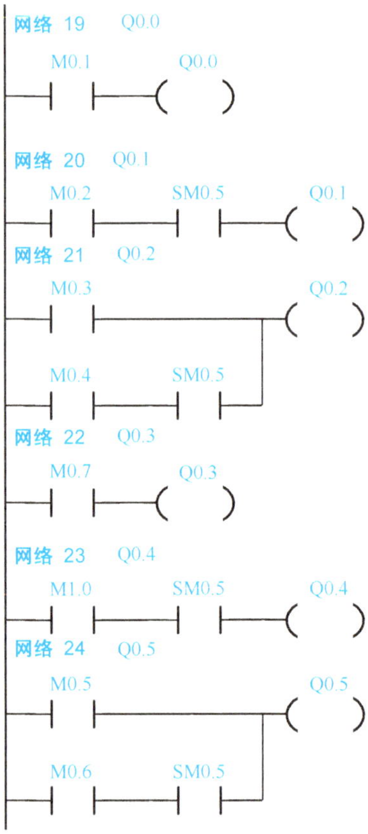

图 8-31 输出的梯形图程序

8.4 时序图设计法及其应用

8.4.1 时序图设计法简介

时序图设计法是指用定时器实现顺序定时控制，从而使控制要求按时间先后顺序执行的一种编程方法。在程序设计时要先画出各输出信号的时序图，找出各状态转换的时刻和转换的条件，从而建立清晰的设计思路。

时序图程序设计方法及步骤如下所述。

① 根据控制要求，确定 I/O 地址分配；

② 将时序图划分成若干个时间区段，找出区段间的分界点，弄清分界点处各输出信号状态的转换关系和转换条件；

③ 确定所需定时器的个数，同时设定各定时器的常数；

④ 根据 I/O 分配表、画出的时序图和指定的定时器画出梯形图。

8.4.2 时序图设计法应用举例

【例 8-4】 重新设计例 8-3。

按下启动按钮后红灯亮起，5s 后黄灯自动亮起，5s 后绿灯自动亮起，各灯亮 10s 后自动熄灭，熄灭 10s 后又自动亮起，依次循环。循环期间如按下停止按钮，各灯同时熄灭。

时序图设计法编程的思路如下。

① 分析 PLC 的输入和输出信号，作为选择 PLC 机型的依据之一。由上述控制要求可知，控制开关输入的启、停信号是输入信号，由 PLC 的输出信号控制各指示灯的亮、灭。本例输入、输出较为简单，输入点只需 2 个，即开始和停止按钮连接端；输出点只需 3 个，红、黄、绿灯各一个，输入/输出地址分配见表 8-6。

表 8-6 输入/输出地址分配

输　入		输　出		
启动按钮	停止按钮	红灯	黄灯	绿灯
I0. 0	I0. 1	Q0. 0	QO. 1	Q0. 2

② 为了弄清各灯之间亮、灭的时间关系，根据控制要求，可以先画出各方向三色灯的工作时序图，如图 8-32 所示，按下启动按钮后，红灯、黄灯、绿灯依次相隔 5s 亮起，各亮 10s 后依次熄灭，当按下停止按钮时，三色灯同时熄灭。

③ 由时序图分析输出信号之间的时间关系。在图 8-32 中，每个循环周期为 20s，0～10s 时，红灯亮；5～15s 时，红灯亮；10～20s 时，红灯亮；依此循环。

④ 根据输入、输出信号之间的时间关系分析和输入、输出地址分配，编制梯形图。编制的三色灯 PLC 控制梯形图程序如图 8-33 所示。

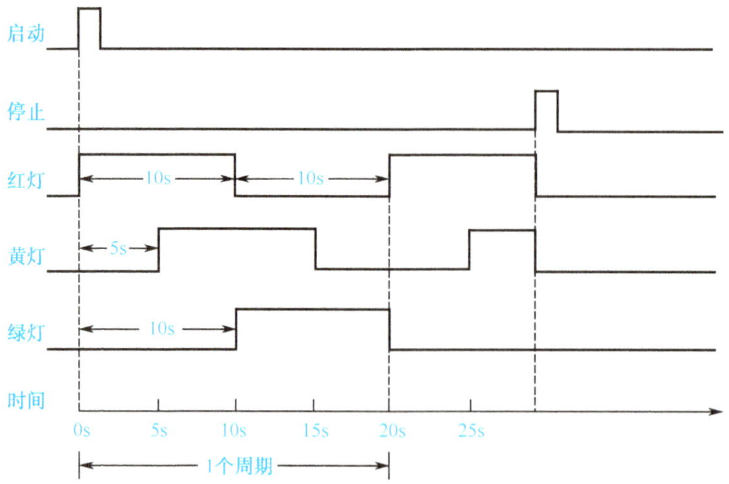

图 8-32 三色灯工作时序图

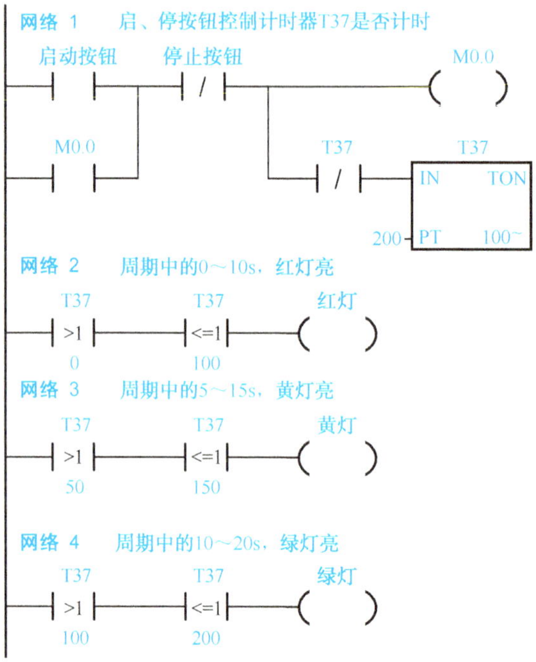

图 8-33 基于时序图设计法的三色灯 PLC 控制梯形图程序

【例 8-5】 控制要求同例 8-3。

时序图设计计法编程的思路如下。

① 整个系统的输入/输出地址分配同表 8-5。

② 为了弄清各灯之间亮、灭的时间关系，根据控制要求，可以先画出各方向三色灯的工作时序图，如图 8-34 所示。

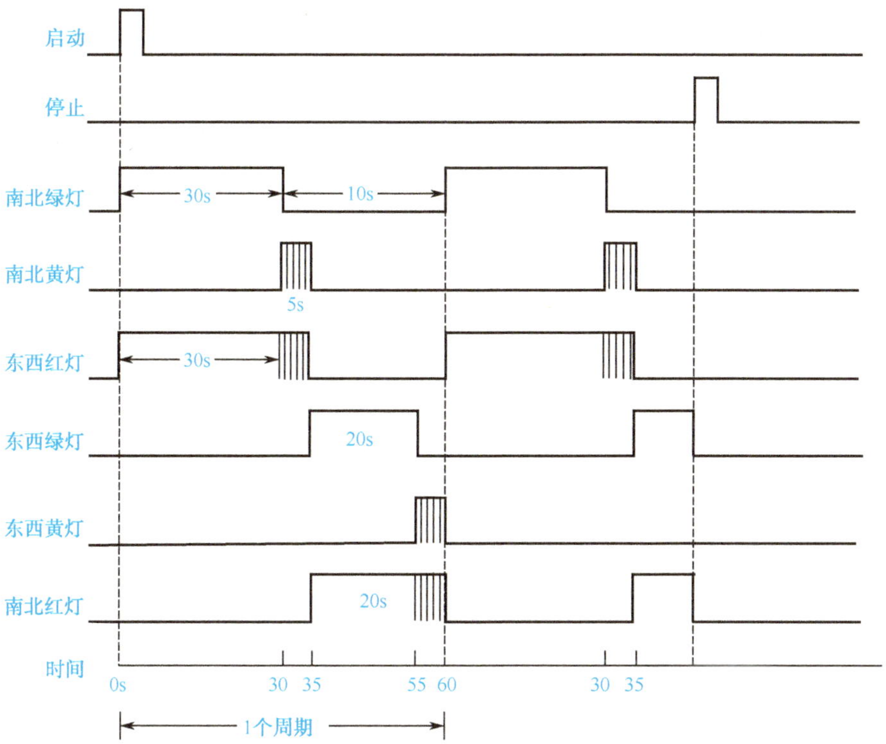

图 8-34 交通灯工作时序图

③ 由时序图分析输出信号之间的时间关系。图 8-34 中，南北方向放行时间可分为两个时间区段：南北方向的绿灯和东西方向的红灯亮，换向前东西方向的红灯与南北方向的黄灯一起闪烁；东西方向放行时间也分为两个时间区段：东西方向的绿灯和南北方向的红灯亮，换向前南北方向的红灯与东西方向的黄灯一起闪烁。一个循环分为 4 个区段，这 4 个时间区段对应 4 个分界点，在这 4 个分界点处，信号灯的状态将发生变化。每个循环周期为 60s。0～30s时，南北方向的绿灯和东西方向的红灯亮；30～35s 时，东西方向的红灯与南北方向的黄灯一起闪烁；35～55s 时，东西方向的绿灯和南北方向的红灯亮；55～60s 时，南北方向的红灯与东西方向的黄灯一起闪烁；依此循环。

④ 从上面的时序图可以看出，本例中的输入、输出信号之间只有简单的时间关系，利用 PLC 的比较指令就可以编写出满足控制要求的梯形图程序，如图 8-35 所示。

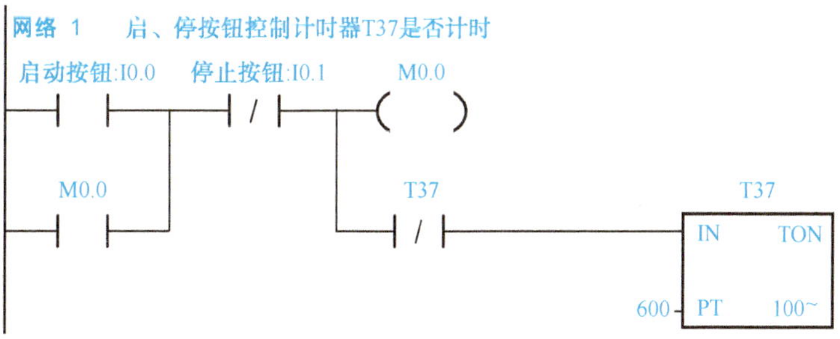

图 8-35 基于时序编程方法的交通灯 PLC 控制梯形图程序

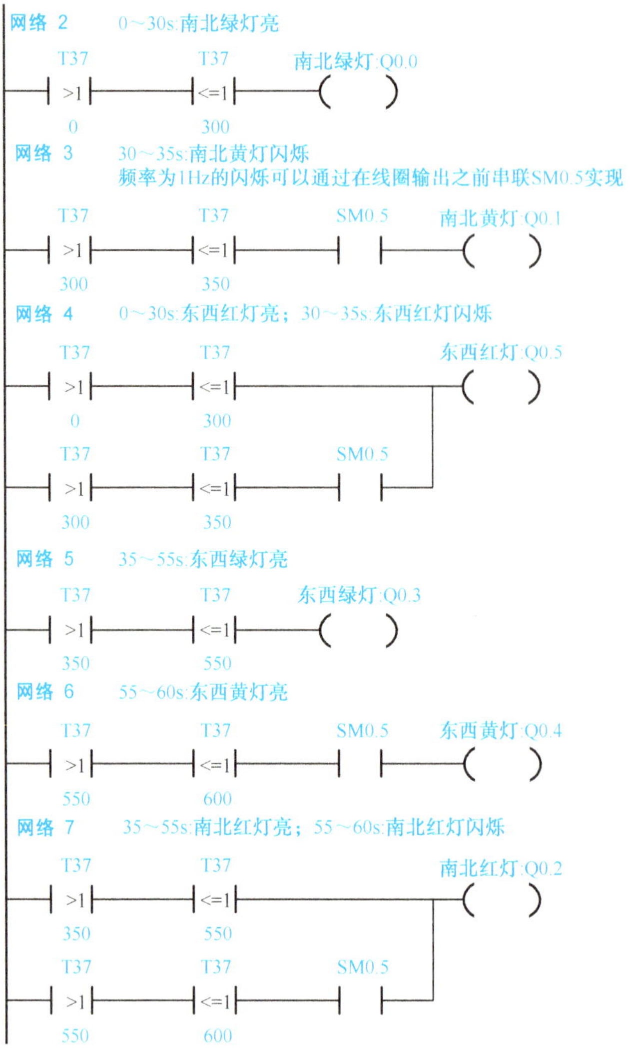

图 8-35　基于时序编程方法的交通灯 PLC 控制梯形图程序（续）

8.5　技能训练：常用 PLC 程序设计方法的应用训练

8.5.1　PLC 控制机械手系统程序

□【任务描述】

如图 8-36 所示是一种简单的机械手装置，其工作循环过程为：机械手的初始位置在左限位 SQ_1 和上限位 SQ_3 处。当按下启动按钮时，机械手向下移动，当机械手移动到下限位 SQ_4 处时，机械手停止移动，同时机械手将物品夹住，2s 后机械手夹住物品向上移动；当机械手向上移动到上限位 SQ_3 处时，机械手停止向上移动，3s 后开始向右移动；当机械手向右移动

到右限位 SQ_2 处时，停止向右移动，开始向下移动；当机械手向下移动到下限位 SQ_4 处时，机械手停止向下移动，同时机械手打开将物品放下，2s 后机械手向上移动；当机械手向上移动到上限位 SQ_3 后，机械手停止向上移动的同时向左移动到左限位 SQ_1 处（即回到初始位置），等待下一个启动信号到来开始新的循环。

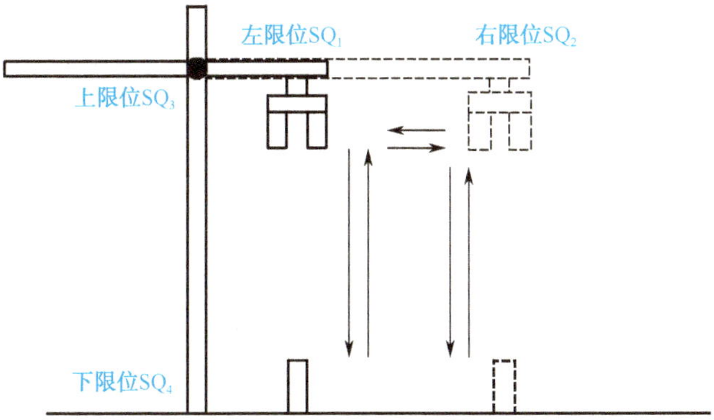

图 8-36　机械手运动控制示意图

【材料准备】

需准备的设备、工具、仪表及器材清单见表 8-7。

表 8-7　设备、工具、仪表及器材清单

序　号	名　称	型号与规格	单　位	数　量	备　注
1	三相四线交流电源	～380V/220V，20A	处	1	
2	三极断路器	DZ47—60/D16	个	1	
3	熔断器及熔管	RT28N—32X	套	5	
4	万用表	自定	块	1	
5	电工通用工具		套	1	
6	PLC	S7—200 PLC	台	1	
7	配电板	600mm×600mm×20mm	块	2	
8	按钮	NP2	个	2	
9	限位开关	LX19—111	只	4	
10	接线端子排	JX2—1015，500V（10A，15 节）	条	4	
11	别径压端子	UT1—4	个	50	
12	铜线	BVR—1.5mm^2	m	20	
13	铜线	BVR—0.5mm^2	m	20	
14	行线槽	TC302，两边打 ϕ3.5mm 孔	m	10	
15	异型塑料管	ϕ3.5mm	m	1	
16	木螺钉（自攻螺钉）	ϕ3mm×20mm	只	30	
17	平垫圈	ϕ4mm	只	30	
18	绘图工具	自定	套	1	

续表

序　号	名　称	型号与规格	单　位	数　量	备　注
19	纸	B4	张	4	
20	演草纸	自定	张	2	
21	圆珠笔	自定	支	1	
22	劳保用品	绝缘鞋、工作服等	套	1	

【任务实施】

1. 电路设计

① 根据任务，设计主电路图；

② 列出 PLC 控制 I/O 地址分配表；

③ 根据加工工艺，设计 PLC 控制 I/O 接线图；

④ 根据加工工艺，利用顺序控制设计方法设计梯形图。

2. 安装与接线

① 将熔断器、继电器、PLC 装在一块配线板上，将组合开关、行程开关、按钮等装在另一块配线板上；

② 按 PLC 控制 I/O 接线图在模拟配线板上正确安装，元件在配线板上布置要合理，安装要准确、紧固，配线导线要紧固、美观，导线要进行线槽，导线要有端子标号，引出端要用别径压端子；

③ 按照被控设备的动作要求进行模拟调试，达到设计要求；

④ 经指导教师检查后合闸通电试验，观查试验结果，书写试验报告。

⑤ 操作中出现不正常现象时，应切断电源，分析故障原因并排除故障后才能再次通电。

8.5.2　用 PLC 控制电动机 Y/△降压启动

【任务描述】

一台电动机采用 Y/△降压启动。PLC 控制要求：按下启动按钮，Y形启动，延时 3s，转换成△形正常运行，电动机有短路保护、过载保护和停止按钮。

【材料准备】

需准备的设备、工具、仪表及器材清单见表 8-8。

表 8-8　设备、工具、仪表及器材清单

序　号	名　称	型号与规格	单　位	数　量	备　注
1	三相四线交流电源	～380V/220V，20A	处	1	
2	三极断路器	DZ47—60/D16	个	1	
3	熔断器及熔管	RT28N—32X	套	5	
4	万用表	自定	块	1	

续表

序号	名称	型号与规格	单位	数量	备注
5	电工通用工具		套	1	
6	PLC	S7—200 PLC	台	1	
7	交流接触器	CJ10—10，380V	个	3	
8	按钮	NP2	个	2	
9	热继电器	NR—25	个	1	
10	配电板	600mm×600mm×20mm	块	2	
11	三相异步电动机		台	1	
12	接线端子排	JX2—1015，500V（10A，15 节）	条	4	
13	别径压端子	UT1—4	个	50	
14	铜线	BVR—1. 5mm^2	m	20	
15	铜线	BVR—0. 5mm^2	m	20	
16	行线槽	TC302，两边打 ϕ3. 5mm 孔	m	10	
17	异型塑料管	ϕ3. 5mm	m	1	
18	木螺钉（自攻螺钉）	ϕ3mm×20mm	只	30	
19	平垫圈	ϕ4mm	只	30	
20	绘图工具	自定	套	1	
21	纸	B4	张	4	
22	演草纸	自定	张	2	
23	圆珠笔	自定	支	1	
24	劳保用品	绝缘鞋、工作服等	套	1	

□【任务实施】

1. 电路设计

① 根据任务，设计主电路图；

② 列出 PLC 控制 I/O 地址分配表；

③ 根据加工工艺，设计 PLC 控制 I/O 接线图；

④ 根据加工工艺，设计梯形图。

2. 安装与接线

① 将熔断器、接触器、继电器、PLC 装在一块配线板上，将按钮等装在另一块配线板上；

② 按 PLC 控制 I/O 接线图在模拟配线板上正确安装，元件在配线板上布置要合理，安装要准确、紧固，配线导线要紧固、美观，导线要进行线槽，导线要有端子标号，引出端要用别径压端子；

③ 按照被控设备的动作要求进行模拟调试，达到设计要求；

④ 经指导教师检查后合闸通电试验，观查试验结果，书写试验报告。

⑤ 操作中出现不正常现象时，应切断电源，分析故障原因并排除故障后才能再次通电。

思考与练习 8

8.1　简述 PLC 系统的设计原则。

8.2　简述 PLC 系统的设计步骤。

8.3　某三层大楼安装了一部电梯，楼层的每一层安装一个呼叫按钮和一个呼叫灯。电梯的升降由一台电动机控制，电动机正转，电梯上升，电动机反转，电梯下降；每层设置有行程开关，当电梯到达时，行程开关触点接通。请选择 PLC 机型，画出 PLC 外部接线图，设计一个满足要求的梯形图程序。

要求：

① 电梯在一层时，二层呼叫，电梯上升到二层。

② 电梯在一层或二层时，三层呼叫，电梯上升到三层。

③ 电梯在三层时，二层呼叫，电梯下降到二层。

④ 电梯在二层或三层时，一层呼叫，电梯下降到一层。

⑤ 电梯在一层时，二层呼叫后，三层又呼叫，电梯上升到二层停 10s 后，继续上升到三层。

⑥ 电梯在一层时；三层呼叫后，电梯到达二层前，二层呼叫，电梯在二层停 10s 后，继续上升到三层。若是到达二层后，二层呼叫，则不理会二层呼叫。

⑦ 电梯在一层时，二层呼叫后，一层又呼叫，电梯上升到二层停 10s 后，下降到一层。

⑧ 电梯在三层时，一层呼叫后，电梯到达二层前，二层呼叫，则电梯在二层停 10s 后，继续下降到一层。若是到达二层后，二层呼叫，则不理会二层呼叫。

⑨ 电梯在二层时，一层呼叫后，二层也呼叫，则电梯下降到一层，在一层停 10s 后，上升到二层。

⑩ 电梯在二层时，三层呼叫后，一层也呼叫，则电梯上升到三层，在三层停 10s 后下降到一层。

⑪ 电梯在上升或下降途中，任何反方向的呼叫无效。

项目9 S7—300系列PLC基础

【导读】

西门子公司的PLC以其极高的性价比，在国内外占有很高的市场份额，在各行各业得到了广泛应用。S7—300/400属于模块式PLC，主要由机架、CPU模块、信号模块、功能模块、接口模块、通信模块、电源模块和编程设备组成，各种模块安装在机架上，其编程方法与S7—200系列PLC有较大的不同。本项目简要介绍S7—300系列PLC的系统结构和程序设计功能模块，并以往返运煤小车的PLC控制为例，简要介绍S7—300系列PLC的应用。

【应知】

※ 了解S7—300系列PLC的硬件组成；
※ 了解S7—300系列PLC的程序设计功能模块；
※ 了解S7—300系列PLC程序设计的基本步骤和方法；
※ 掌握STEP 7软件的使用方法。

【应会】

☆ 能正确将S7—300系列PLC各模块安装在机架上；
☆ 会利用STEP 7软件设计简单的S7—300系列PLC控制程序；
☆ 会利用S7—300系列PLC进行简单的控制系统设计。

9.1 S7—300系列PLC简介

9.1.1 S7—300系列PLC的系统结构

S7—300系列PLC是小型模块化PLC系统，能满足中等性能要求的应用。各种单独的模块之间可进行组合，构成不同要求的系统。与S7—200系列PLC比较，S7—300系列PLC采用模块化结构，具备高速（0.6～0.1μs）的指令运算速度；用浮点数运算比较有效地实现了更为复杂的算术运算；一个带标准用户接口的软件工具方便用户给所有模块进行参数赋值；方便的人机界面服务已经集成在S7—300操作系统内，人机对话的编程要求大大减少。SIMATIC人机界面（HMI）从S7—300中取得数据，S7—300按用户指定的刷新速度传送这些数据。S7—300操作系统自动处理数据的传送；CPU的智能化诊断系统连续监控系统的功能是否正常、记录错误和特殊系统事件（如超时、模块更换等）；多级口令保护便于用户、有效地保护其技术机密，防止未经允许的复制和修改；S7—300 系列 PLC 设有操作方式选择开关，操作方式选择开关像钥匙一样可以拔出，当钥匙拔出时，就不能改变操作方式，这样可防止非法删除或改写用户程序。S7—300 系列 PLC 具备强大的通信功能，可通过编程软件 STEP 7 的用户界面提供通信组态功能，这使得组态非常容易、简单。S7—300 系列 PLC 具有多种不同的通信接口，并通过多种通信处理器来连接 AS—I 总线接口和工业以太网总线系统；串行通信处理器用来连接点到点的通信系统；多点接口（MPI）集成在 CPU 中，用于同时连接编程器、PC、人机界面系统及其他 SIMATIC S7/M7/C7 等自动控制系统。

S7—300 系列 PLC 的电源、CPU 和其他模块都是独立的，可以通过 U 形总线把它们紧密固定在 PLC 的标准轨道上。每个模块都有一个总线连接器，后者插在各模块的背后。电源模块总是安装在机架的最左边，CPU 模块紧靠电源模块，CPU 的右边是可以选择的 IM 接口模块，如果只用主架导轨而没有使用扩展支架，可以不选择 IM 接口模块。

STEP 7 编程软件组态主架导轨硬件时，电源、CPU 和 IM 分别放在导轨的 1 号槽、2 号槽和 3 号槽上。一条导轨共有 11 个槽号：1 号槽至 11 号槽，其中 4～11 号槽可以随意放置除电源、CPU 和 IM 以外的其他模块，如 DI（数字量输入）、DO（数字量输出）、AI（模拟量输入）、AO（模拟量输出）、FM（功能模块）和 CP（通信模块）等。

9. 1. 2　S7—300 系列 PLC 的 CPU 模块

CPU 模块是控制系统的核心，负责系统的中央控制功能，存储并执行程序，实现通信功能，为 U 形总线提供 5V 电源。

CPU 有 4 种操作模式：停机（STOP），启动（STARTUP），运行（RUN）和保持（HOLD）。在所有的模式中，都可以通过 MPI 接口与其他设备通信。

S7—300 系列 PLC 的 CPU 模块大致可以分为以下几类。

① 6 种紧凑型 CPU，带有集成功能和 I/O 端口。包括 CPU 312C、313C、313C—PtP、313C—2DP、314C—PtP 和 314C—2DP。

② 革新的标准型 CPU。包括 CPU 312、314 和 315—2DP。

③ 5 种标准的 CPU。包括 CPU 313、314、315、315—2DP 和 316—2DP。

④ 户外型 CPU。包括 CPU 312 IFM、314 IFM、314 户外型和 315—2DP。

⑤ 大容量高端型 CPU。包括 317—2DP 和 CPU 318—2DP。

⑥ 主从接口安全型 CPU。包括 CPU 315F—2DP。

9. 1. 3　S7—300 系列 PLC 的模拟量输入模块

在生产过程中有大量的连续变化的模拟量需要用 PLC 来测量或控制。有的是非电量，如温度、压力、流量物体的成分和频率等；有的是强电量，如发电机组的电流、电压、有功功率和无功功率等。变送器用于将传感器提供的电量或非电量转换成标准量程的直流电流和直流电压信号，如 DC 1～5V 和 DC 4～20mA。

模拟量输入模块用于将模拟量信号转换为 CPU 内部处理用的数字信号，其主要组成部分是 A/D 转换器。模拟量输入模块的输入信号一般都是模拟量变送器输出的标准量程的直流电压和直流电流信号。

模拟量输入/模块中模拟量对应的数字称为模拟值，模拟值用16位二进制补码来表示，最高位为符号位。模拟量输入模块的模拟值与百分数表示的模拟量之间的对应关系为：双极性模拟量量程的上下限（100%和－100%）分别对应模拟值27648和－27648；单极性模拟量量程的上下限（100%和0%）分别对应模拟值27648和0。

9.2 S7—300系列PLC程序设计应用举例

S7—300系列PLC的主要组成部分有导轨（RACK）、电源模块（PS）、中央处理单元模块（CPU）、接口模块（IM）、信号模块（SM）、功能模块（FM）等，通过多点接口直接与编程器PG、操作面板OP和其他PLC相连。下面以往返运煤小车的PLC控制为例，简要介绍一下S7—300系列PLC的应用。

1. 直接创建项目

单击“文件”→“新建”，将出现如图9-1所示的对话框，在该对话框中分别输入“名称”、“存储位置”等内容，单击“确定”按钮，完成一个空项目的创建工作。

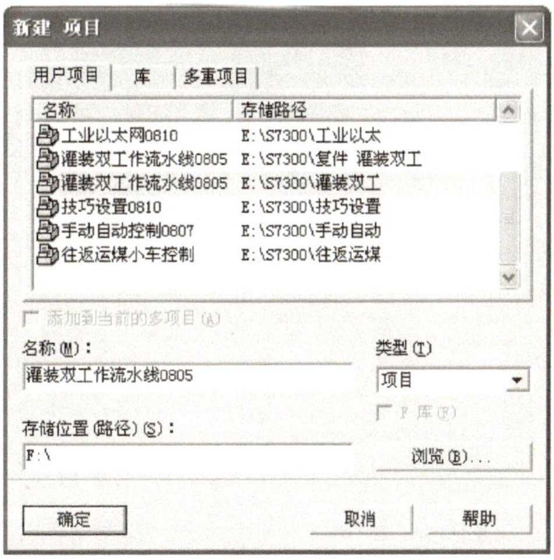

图9-1 “新建项目”对话框

2. 插入站点

根据实际情况插入300或400站点，如图9-2所示为插入一个300站点。

3. 硬件组态

硬件组态的任务就是在STEP 7中生成一个与实际的硬件系统完全相同的系统，如要生成网络、网络中各个站的导轨和模块，以及设置各硬件组成部分的参数，即给参数赋值。所有模块的参数都是用编程软件来设置的，完全取消了过去用来设置参数的硬件DIP开关。硬件组态确定了PLC输入/输出变量的地址，为设计用户程序打下了基础。

① 生成站，双击硬件（Hardware）图标，进入硬件组态窗口，如图9-3所示。

② 生成导轨（RACK），在导轨中放置模块。

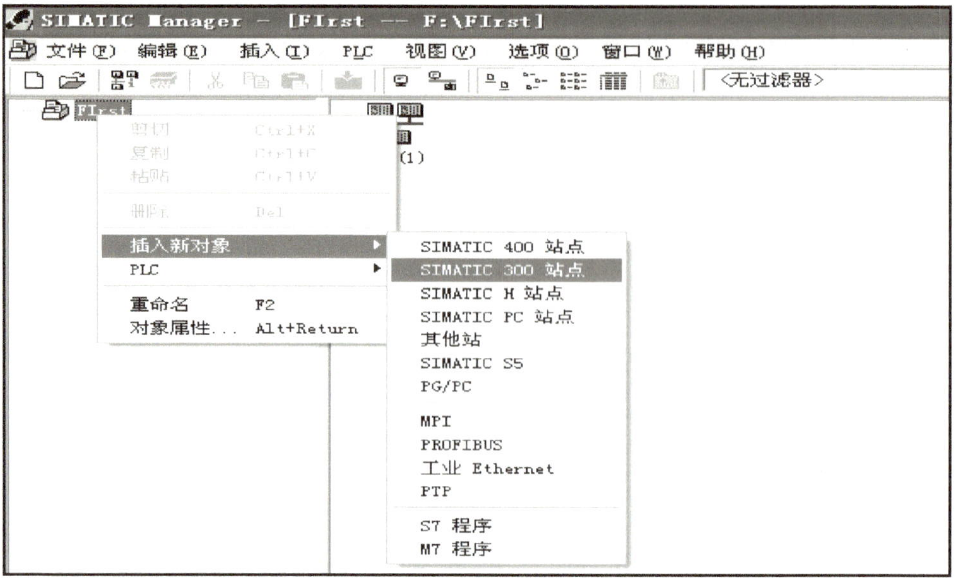

图 9-2 插入一个 300 站点

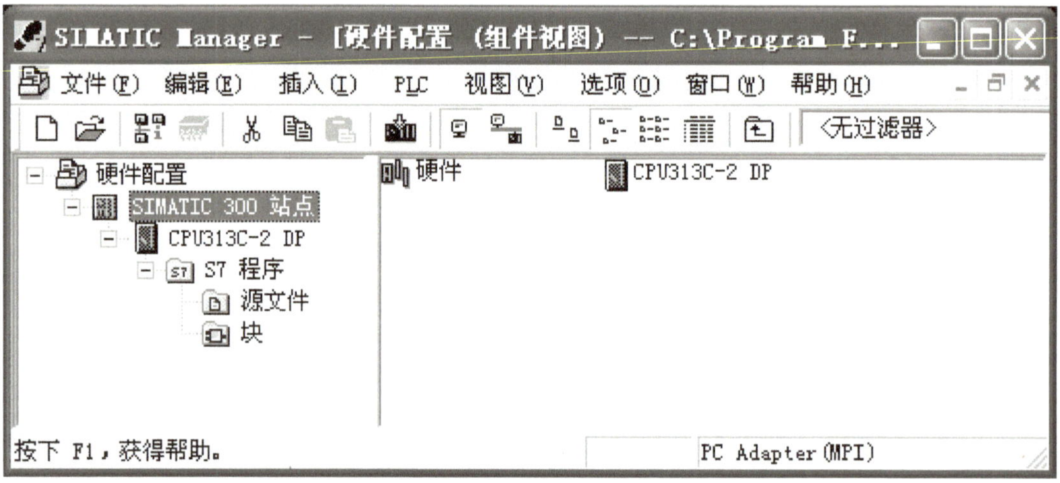

图 9-3 进入硬件组态窗口

③ 双击模块，在打开的对话框中设置模块的参数，包括模块的属性和 DP 主站、从站的参数；通常 1 号槽放电源模块，2 号槽放 CPU，3 号槽放接口模块（使用多机架安装，单机架安装则保留），从 4～11 号则安放信号模块（SM、FM、CP），如图 9-4 所示。值得注意的是，在进行硬件组态时，选择的每个模块型号都必须要与实际模块上的订货号对应（如图 9-5所示），否则编译时会出错。

④ 保存硬件设置，并将它下载到 PLC 中。完成的硬件组态如图 9-6 所示。

4. 程序设计

① 创建符号表。根据实际控制要求，创建符号表。“符号编辑器”窗口如图 9-7 所示，创建完毕一定要保存，再关闭窗口。程序设计前创建的符号表往往不能包括程序中的所有符号，在程序设计过程中如果需要用到新的符号，可以再补充定义符号。

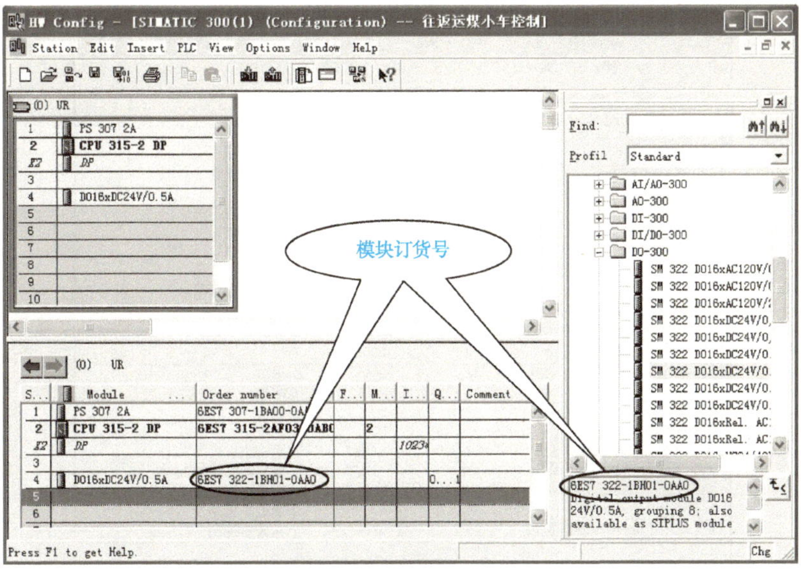

图 9-4 硬件组态窗口

图 9-5 模块订货号

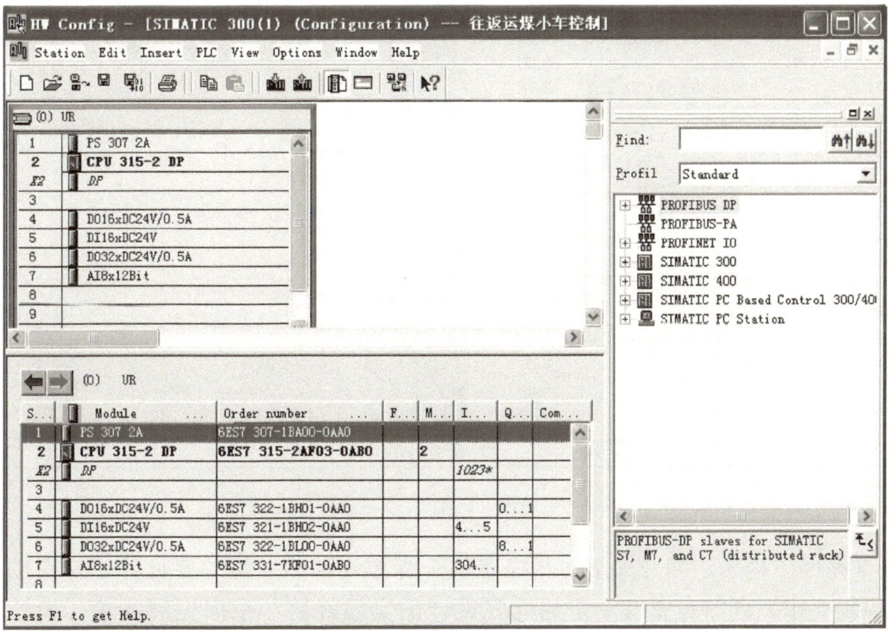

图 9-6 完成的硬件组态

符号编辑器 - [S7 程序(1) (符号) -- 往返运煤小车控制\SIMATIC 300(1)\C

符号表(S) 编辑(E) 插入(I) 视图(V) 选项(O) 窗口(W) 帮助(H)

全部符号

	状态	符号	地址		数据类型	注释
1		Count	C	0	COUNTER	
2		Count_Reset	I	...	BOOL	计数清零
3		Count_Run	I	...	BOOL	小车运行计数
4		Count_Set	I	...	BOOL	置数
5		CountOut	M	...	BOOL	计数器软寄存器输出
6		Light_LeftRun	Q	...	BOOL	左行指示灯
7		Light_RightRun	Q	...	BOOL	右行指示灯
8		Light_Stop	Q	...	BOOL	停止指示灯
9		LoadOut	M	...	BOOL	装载寄存器输出
10		Run_Left	Q	...	BOOL	左行
11		Run_LeftStart	I	...	BOOL	左启动
12		Run_Right	Q	...	BOOL	右行
13		Run_RightStart	I	...	BOOL	右启动
14		Sensor_Left	I	...	BOOL	左限位
15		Sensor_Right	I	...	BOOL	右限位
16		Stop	I	...	BOOL	停止按钮
17		Timer_Load	T	0	TIMER	左限位装料时间30ms
18		Timer_UnLoad	T	1	TIMER	右限位卸料时间20ms
19		UnLoadOut	M	...	BOOL	卸载寄存器输出
20		VAT_1	VAT	1		小车控制监控表
21		小车输煤控制	OB	1	OB 1	小车输煤控制
22						

图 9-7 “符号编辑器”窗口

② 创建变量表。创建变量表的目的是为了方便对程序运行进行监控，还可以对变量进行强制修改。创建的变量表如图 9-8 所示。

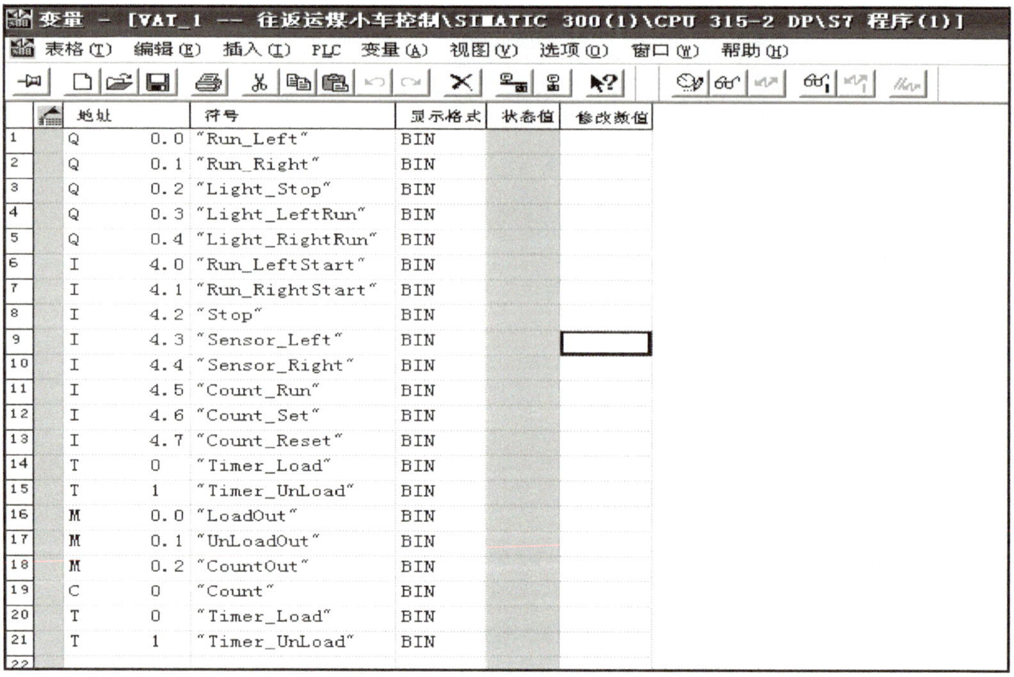

变量 - [VAT_1 -- 往返运煤小车控制\SIMATIC 300(1)\CPU 315-2 DP\S7 程序(1)]

表格(T) 编辑(E) 插入(I) PLC 变量(A) 视图(V) 选项(O) 窗口(W) 帮助(H)

	地址		符号	显示格式	状态值	修改数值
1	Q	0.0	"Run_Left"	BIN		
2	Q	0.1	"Run_Right"	BIN		
3	Q	0.2	"Light_Stop"	BIN		
4	Q	0.3	"Light_LeftRun"	BIN		
5	Q	0.4	"Light_RightRun"	BIN		
6	I	4.0	"Run_LeftStart"	BIN		
7	I	4.1	"Run_RightStart"	BIN		
8	I	4.2	"Stop"	BIN		
9	I	4.3	"Sensor_Left"	BIN		
10	I	4.4	"Sensor_Right"	BIN		
11	I	4.5	"Count_Run"	BIN		
12	I	4.6	"Count_Set"	BIN		
13	I	4.7	"Count_Reset"	BIN		
14	T	0	"Timer_Load"	BIN		
15	T	1	"Timer_UnLoad"	BIN		
16	M	0.0	"LoadOut"	BIN		
17	M	0.1	"UnLoadOut"	BIN		
18	M	0.2	"CountOut"	BIN		
19	C	0	"Count"	BIN		
20	T	0	"Timer_Load"	BIN		
21	T	1	"Timer_UnLoad"	BIN		
22						

图 9-8 创建的变量表

③ 编写梯形图程序。编写梯形图程序是整个程序设计的关键。要设计好梯形图，首先要十分熟悉控制要求，同时还要有一定的电气设计的实践经验。根据控制要求，设计程序梯形图如图 9-9 所示。

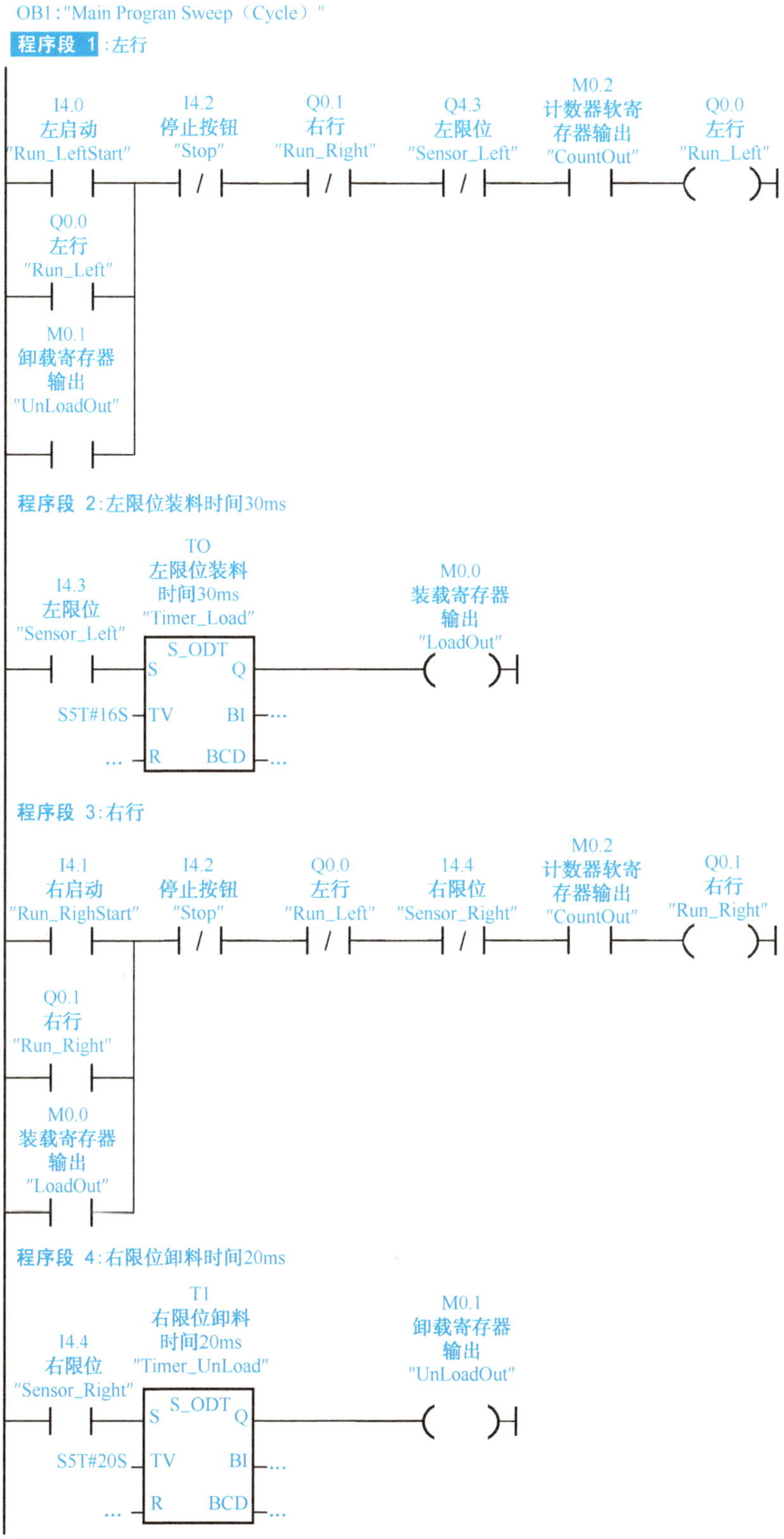

图 9-9　往返运煤小车 PLC 控制梯形图程序

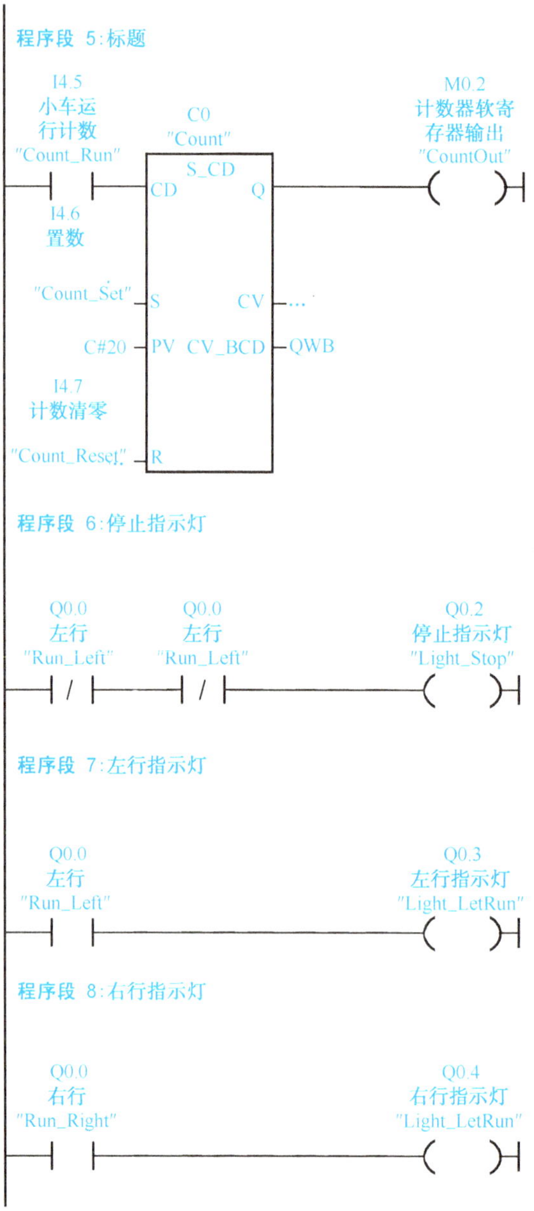

图 9-9 往返运煤小车 PLC 控制梯形图程序（续）

5. 下载，调试

下载前先单击“PLC”菜单中的“诊断/设置”选项下的“清除/复位”选项，进行 PLC 复位，再单击下载图标进行程序下载，下载时不要展开 SIMATIC 300（1）站点。也可用仿真软件功能模块对程序进行仿真，仿真也要先复位，再下载。

9.3 技能训练：常用 PLC 程序设计方法的应用训练

9.3.1 基于 S7—300 系列 PLC 的往返运料小车控制程序设计

【任务描述】

利用 S7—300 系列 PLC 编写满足下面控制要求的 PLC 控制程序。

某自动生产线上使用有轨小车来运输工序之间的物件，小车的驱动采用电动机拖动，其行驶示意图如图 9-10 所示。

图 9-10 往返运料小车行驶示意图

控制过程如下。

① 小车从 A 站出发驶向 B 站，抵达后，立即返回 A 站；

② 接着直向 C 站驶去，到达后立即返回 A 站；

③ 第三次出发一直驶向 D 站，到达后返回 A 站；

④ 必要时，小车按上述要求出发三次运行一个周期后能停下来；

⑤ 根据需要，小车能重复上述过程，不停地运行下去，直到按下停止按钮为止。

【任务实施】

根据控制工艺要求，进行创建项目、插入站点、硬件组态、程序设计、下载和调试等环节的操作。

9.3.2 基于 S7—300 系列 PLC 的鼓风机控制程序设计

【任务描述】

利用 S7—300 系列 PLC 编写满足下面控制要求的 PLC 控制程序。

设计鼓风机系统控制程序。鼓风机系统一般由引风机和鼓风机两级构成，控制要求如下。

① 按下启动按钮后首先启动引风机，引风机指示灯亮，10s 后鼓风机自动启动，鼓风机指示灯亮；按下停止按钮后首先关断鼓风机，鼓风机指示灯灭，经 20s 后自动关断引风机，引风机指示灯灭。

② 启动按钮接 I0.0，停止按钮接 I0.1。鼓风机及其指示灯由 Q4.1 和 Q4.2 驱动，引风机及其指示灯由 Q4.3 和 Q4.4 驱动。

【任务实施】

根据控制工艺要求，进行创建项目、插入站点、硬件组态、程序设计、下载和调试等环节的操作。

思考与练习 9

9.1 SIMATIC S7—300 系列 PLC 有哪几种寻址方式？直接寻址与间接寻址有何区别？

9.2 SIMATIC S7—300 系列 PLC 的 CPU 模块可分为哪几类？

9.3 某设备有 3 台风机，当设备处于运行状态时，如果有 2 台或 2 台以上风机工作，则指示灯常亮，指示“正常”；如果仅有 1 台风机工作，则该指示灯以 0.5Hz 的频率闪烁，指示“一级警报”；如果没有风机工作，则指示灯以 2Hz 的频率闪烁，指示“严重警报”。当设备不运转时，指示灯不亮。试用 STL 及 LAD 编写符合要求的控制程序。

提示：本题要点是如何实现“一灯多用”功能。指示灯 H_1 指示了 4 种状态：正常、一级警报、严重警报、设备停止。

9.4 如图 9-11 所示为物料检测站，若传送带上 30s 内无产品通过，则报警器报警，试编写其梯形图程序。

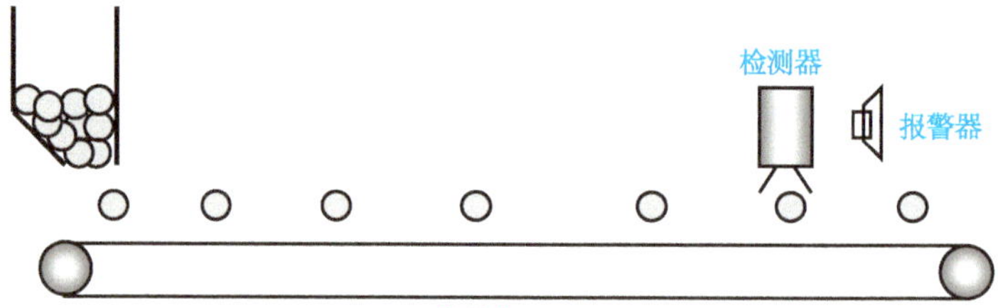

图 9-11 物料检测站示意图

9.5 如图 9-12 所示为一个大型反应器，反应过程要求在恒温和恒压下进行。对于该系统分别安装有温度传感器 T 和压力传感器 P，反应器的温度和压力调节通过加热器 H、冷却水供给装置 K 和安全阀 S 来实现。工艺要求如下。

① 安全阀 S 在下述条件下启动：压力 P 过高，同时温度 T 过高或温度 T 正常。

② 冷却液供给装置 K 在下述条件下启动：温度 T 过高，同时压力 P 过高或正常。

③ 加热器 H 在下述条件下启动：温度 T 过低，同时压力 P 不太大；或者温度 T 正常，同时压力 P 太小。

④ 如果反应器的冷却水供给装置 K 或加热器 H 启动工作，则搅拌器 U 将自动伴随其工作，保证反应器中的化学反应均匀。

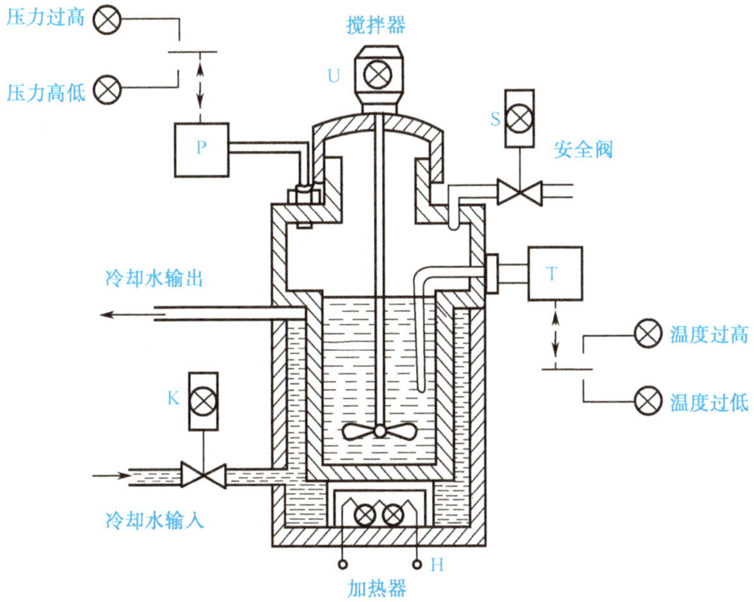

图 9-12　大型反应器示意图

附　　录

附录 A　维修电工中、高级试题及参考答案（机床电气控制与 PLC 部分）

中级应知部分

一、判断题

1. “短时”运行方式的电动机不能长期运行。（　）

2. 20/5t 桥式起重机安装前，仅检查并清点电气部件和材料是否齐全。（　）

3. 20/5t 桥式起重机安装前，检查各电器是否良好，如发现质量问题，应定期修理和更换。（　）

4. 20/5t 桥式起重机安装前，应准备好辅助材料，但不包括螺钉和螺母。（　）

5. 20/5t 桥式起重机保护功能校验与零位启动校验两者步骤不同。（　）

6. 20/5t 桥式起重机电动机定子回路调试时，把手柄置于中间“零”位，则 $2L_1$、$2L_3$ 与 U、W 均不断开。（　）

7. 20/5t 桥式起重机电动机转子回路调试时，反向转动手柄与正向转动手柄，短接情况是完全不同的。（　）

8. 20/5t 桥式起重机调整制动瓦与制动轮的间距时，要求在制动时，制动瓦紧贴在制动轮圆面上无间隙。（　）

9. 20/5t 桥式起重机敷线时，进入接线端子箱的线束用蜡线捆扎。（　）

10. 20/5t 桥式起重机加载试车调试时，非调试人员应离开现场，进入安全区。（　）

11. 20/5t 桥式起重机零位校验时，把凸轮控制器置“零”位。（　）

12. 20/5t 桥式起重机限位开关包括小车前后极限限位开关、大车左右极限限位开关等。（　）

13. 20/5t 桥式起重机主钩下降控制线路校验时，空载慢速下降时，应注意在“4”挡停留时间不宜过长。（　）

14. 20/5t 桥式起重机主钩下降控制线路校验时，首先断开电源，然后将电动机连接线封接并妥善处理，防止碰线或短路。（　）

15. CA6140 型车床的主轴、冷却、刀架快速移动分别由两台电动机拖动。（　）

16. MGB1420 型万能磨床的工件电动机控制回路中，将 SA_1 扳在试挡时，直流电动机 M 处于高速点动状态。（　）

17. MGB1420 型万能磨床电动机空载通电调试时，把电动机转速调到 700～800r/min 的

范围内，加大电动机负载，使电流达到额定电流的 2.4 倍。（　）

18. MGB1420 型万能磨床电动机空载通电调试时，给定电压信号逐渐上升，电动机速度应平滑上升，无振动、噪声等异常情况。否则反复调节 RP_6，直至达到最佳状态为止。（　）

19. MGB1420 型万能磨床电动机转速稳定调整时，调节 RP_4 便可调节电流正反馈强度。（　）

20. MGB1420 型万能磨床电气故障检修时，如果 KM_2 不能吸合，应检查电源电压、控制电压是否正常，检查热继电器 FR_1～FR_4 是否跳开未复位，触点是否有接触不良现象。（　）

21. MGB1420 型万能磨床工件无级变速直流拖动系统故障检修时，锯齿波随控制信号电压改变而均匀改变，其移相范围应在 150°左右。（　）

22. MGB1420 型万能磨床晶闸管直流调速系统控制回路的辅助环节中，由 C2、C5、C10 等组成积分校正环节。（　）

23. MGB1420 型万能磨床晶闸管直流调速系统控制回路的辅助环节中，在电压微分负反馈环节中，调节 RP_4 阻值大小，可以调节反馈量的大小。（　）

24. MGB1420 型万能磨床晶闸管直流调速系统控制回路的同步信号输入环节中，当控制电路交流电源电压过零的瞬间反向电压为 0，V_{36} 瞬时导通旁路电容 C2，以清除残余脉冲电压。（　）

25. MGB1420 型万能磨床晶闸管直流调速系统中，由运算放大器 AJ、V_{38}、V_{39} 等组成电流截止负反馈环节。（　）

26. MGB1420 型万能磨床控制回路电气故障检修时，自动循环磨削加工时不能自动停机，可能是电磁阀 YV 线圈烧坏，应更换线圈。（　）

27. MGB1420 型万能磨床试车调试时，将 SAJ 开关转到“试”的位置，中间继电器 KA_1 接通电位器 RP_6。（　）

28. MGB1420 型万能磨床在检修晶闸管调速电路常见故障时，电动机 M 的转速调不上去，可能是三极管 V_{35}、V_{37} 击穿。（　）

29. X6132 型万能铣床导线与端子连接时，敷设完毕，进行修整，然后固定绑扎导线，最后用小铁锤将线轻轻敲打平整。（　）

30. X6132 型万能铣床的电气控制板制作前，应检测电动机三相电阻是否平衡，绝缘是否良好。若绝缘电阻低于 0.5MΩ，可继续使用。（　）

31. X6132 型万能铣床的电器元件的安装，应保证门开关时，元件之间、元件与箱体之间不会发生碰撞。（　）

32. X6132 型万能铣床的动力电源是三相交流 380V，变压器两侧均有熔断器作过载（短路）保护，三个电动机还有热继电器作短路和缺相保护。（　）

33. X6132 型万能铣床的冷却泵和机床照明灯分别由专门的开关控制。（　）

34. X6132 型万能铣床电动机安装时，一般起吊装置需最后撤去。（　）

35. X6132 型万能铣床电气控制板制作前，应检查开关元件的开关性能是否良好，外形可不检查。（　）

36. X6132 型万能铣床电气控制板制作前，应准备必要的工具。（　）

37. X6132 型万能铣床调试前，检查熔丝时，用万用表检查熔丝是否良好，其型号、规格是否正确。（　）

38. X6132 型万能铣床工作台变换进给速度时，当蘑菇形手柄向前拉至极端位置且在反向推回之前，借孔盘推动行程开关 SQ_6 瞬时接通接触器 KM_3，则进给电动机作瞬时转动，使齿轮容易啮合。（　　）

39. X6132 型万能铣床工作台的快速移动是通过点动与连续控制实现的。（　　）

40. X6132 型万能铣床工作台左右运动时，手柄所指的方向与运动的方向无关。（　　）

41. X6132 型万能铣床工作台快速进给调试时，工作台只可以在横向作快速运动。（　　）

42. X6132 型万能铣床工作台升降（上下）和横向（前后）移动调试时，通过调整操纵手柄联动机构及限位开关 SQ_3 和 SQ_4 的位置，使开关可靠动作。（　　）

43. X6132 型万能铣床工作台向后、向上手柄压下 SQ_4 时，接通接触器 KM_4 线圈，工作台仍不能按选择方向作进给运动。（　　）

44. X6132 型万能铣床工作台向上运动时，手柄压下 SQ_2，工作台即可按选择方向作进给运动。（　　）

45. X6132 型万能铣床工作台纵向移动由横向操作手柄来控制。（　　）

46. X6132 型万能铣床进给运动时，用于控制工作台向后和向上运动的行程开关是 SQ_3。（　　）

47. X6132 型万能铣床控制板安装时，在控制板和控制箱壁之间不允许垫螺母或垫片，以免通电后造成短路事故。（　　）

48. X6132 型万能铣床所使用导线的绝缘耐压等级为 200V。（　　）

49. X6132 型万能铣床线路导线与端子连接时，根据实际需要，连接导线可走架空线。（　　）

50. X6132 型万能铣床线路左、右侧配电箱控制板的电器元件安装时，元件布置要美观、流畅、均匀，并固定电气标牌。（　　）

51. X6132 型万能铣床限位开关安装时，要将限位开关放置在撞块安全撞压区外，并固定牢固。（　　）

52. X6132 型万能铣床圆工作台作回转运动调试时，圆工作台可以双向旋转。（　　）

53. X6132 型万能铣床只有在主轴启动以后，进给运动才能动作；未启动主轴时，工作台所有运动均不能进行。（　　）

54. X6132 型万能铣床主轴变速的主轴电动机的冲动控制，先把主轴瞬时冲动手柄向下压，并拉到后面，转动主轴调速盘，选择所需的转速，再把冲动手柄以较快速度推回原位。（　　）

55. X6132 型万能铣床主轴上刀完毕，即可直接启动主轴。（　　）

56. X6132 型万能铣床主轴停车时没有制动，如果主轴电磁离合器两端直流电压低，可能是直流电源整流桥路中有一臂开路而成为半波整流。（　　）

57. X6132 型万能铣床主轴在变速时，为了便于齿轮啮合，需使主轴电动机长时间转动。（　　）

58. 安装接线图只表示电器元件的安装位置、实际配线方式等，而不明确表示电路的原理和电器元件的控制关系。（　　）

59. 当 X6132 型万能铣床工作台不能快速进给时，经检查 KM_2 已吸合，则应检查 KM_1 的主触点是否接触不良。（　　）

60. 当 X6132 型万能铣床主轴电动机已启动，而进给电动机不能启动时，接触器 KM_3 或 KM_4 不能吸合，则可能是圆工作台转换开关 SA_1 接触不良造成的。（　）

61. 电气测绘一般要求严格按规定步骤进行。（　）

62. 电气测绘最后绘出的是线路控制原理图。（　）

63. 分析控制电路时，如线路较简单，则可先排除照明、显示等与控制关系不密切的电路，集中进行主要功能分析。（　）

64. 过电压保护的作用是：一旦有大电流产生威胁到晶闸管时，能在允许时间内快速地将过电流切断，以防晶闸管损坏。（　）

65. 机床的电气连接安装完毕后，若正确无误，则将按钮盒安装就位，关上控制箱门，即可准备试车。（　）

66. 机床的电气连接时，元器件上端子的接线无具体要求。（　）

67. 机械设备电气控制线路闭环调试时，应先调节速度环，再调节电流环。（　）

68. 机械设备电气控制线路调试前，应将电子器件的插件全部插好，检查设备的绝缘及接地是否良好。（　）

69. 机械设备电气控制线路调试时，应先接入电机进行调试，然后再接入电阻性负载进行调试。（　）

70. 机械设备电气控制线路控制电流测试时，应用万用表测量各点电压是否符合要求。（　）

71. 接地体制作完成后，在深 0.8～2.0m 的沟中将接地体垂直打入土壤中。（　）

72. 起重机照明及信号电路所取电源，严禁利用起重机壳体作为电源回路。（　）

73. 桥式起重机操纵室、控制箱内配线时，对线前应准备好号码标识管，在对号的同时套好号码标识管并做线结，以防号码标识管脱落。（　）

74. 桥式起重机的凸轮控制器安装时，控制转轴要竖直放置，安装后应转动灵活。（　）

75. 桥式起重机电线管路固定后，要求横平、竖直、合理、美观、牢固。（　）

76. 桥式起重机电源线接线完毕后，应用万用表检测是否有短路现象，确认完好后，在导管另一端套上封盖端帽。（　）

77. 桥式起重机根据小车在使用过程中不断运动的特点，通常有软线和硬线两种供、馈电线路。（　）

78. 桥式起重机供电导管调整完毕后，应将受电器在导管中反复推行，重点检查接头处有无撞击阻碍现象，是否能运动自如。（　）

79. 桥式起重机接地体的一端通常加工成尖状。（　）

80. 桥式起重机接地体埋设时，若条件不允许，可在垃圾、灰渣填埋处埋设。（　）

81. 桥式起重机接地体制作时，所有扁钢均要求平、直。（　）

82. 桥式起重机接线结束后，应再次检查，确认无误。（　）

83. 桥式起重机橡胶软电缆供、馈电线路采用拖缆安装方式，电缆移动端与小车上支架固定连接以减小钢缆受力，钢缆上涂一层黏油用以润滑、防锈。（　）

84. 桥式起重机支架安装要求牢固、垂直、排列整齐。（　）

85. 若因电动机过载导致直流电动机不能启动时，应将负载降到额定值。（　）

86. 为了提高工作效率，X6132 型万能铣床主轴上刀时可以转动。（　）

87. 为确保安全，20/5t 桥式起重机主钩上升控制调试时，可首先将主钩上升极限位置开关上调到某一位置，确认限位开关保护功能正常后，再恢复到正常位置。（　）

88. 由于测绘判断的需要，确定要开动机床或设备时，一定要由熟练的操作工操作。（　）

89. 在 MGB1420 型万能磨床的工件电动机控制回路中，电动机 M 的启动、点动及停止由主令开关 SA_1 控制中间继电器 KA_1、KA_2 来实现，开关 SA_1 有 3 挡。（　）

90. 在 MGB1420 型万能磨床的晶闸管直流调速系统中，R_3 为能耗制动电阻。（　）

91. 在 MGB1420 型万能磨床的晶闸管直流调速系统中，工件电动机必须使用三相异步电动机。（　）

92. 在 MGB1420 型万能磨床的内外磨砂轮电动机控制回路中，只有 FR_1～FR_3 三只热继电器起过载保护作用。（　）

93. 在 MGB1420 型万能磨床的砂轮电动机控制回路中，FR_1～FR_4 四只热继电器均起过载保护作用。（　）

94. 在 MGB1420 型万能磨床晶闸管直流调速系统控制回路的基本环节中，V_{34} 为移相触发器。（　）

95. 在 MGB1420 型万能磨床晶闸管直流调速系统控制回路电源部分，由 V_9 经 R_{20}、V_{30} 稳压后取得＋30V 电压，以供给定信号电压和电流截止负反馈等电路使用。（　）

96. 在 MGB1420 型万能磨床中，充电电阻 R 如果选得太大，会使单结晶体管导通后不再关断。（　）

97. 在 MGB1420 型万能磨床中，可用钳形电流表测量设备的绝缘电阻。（　）

98. 在 X6132 型万能铣床工作台进给变速冲动调试过程中，当手柄推回时，用万用表 R×10k 挡测量触点动作情况。（　）

二、选择题

1. 20/5t 桥式起重机连接线必须采用铜芯多股软线，而导线一般选用（　）。

A. 铜芯多股软线　B. 橡胶绝缘电线　C. 护套线　D. 塑料绝缘电线

2. 20/5t 桥式起重机安装前检查各电器是否良好，其中包括检查（　）、电磁制动器、凸轮控制器及其他控制部件。

A. 电动机　B. 过电流继电器　C. 中间继电器　D. 时间继电器

3. 20/5t 桥式起重机安装前应准备好辅助材料，包括电气连接所需的各种规格的导线、压接导线的线鼻子、（　）及钢丝等。

A. 剥线钳　B. 尖嘴钳　C. 电工刀　D. 绝缘胶布

4. 20/5t 桥式起重机的保护功能校验时，短接 KM 辅助触点和线圈触点，用万用表测量 L_1～L_2 应导通，这时手动断开（　）、SQ_1、SQFW、SQBW，L_1～L_2 应断开。

A. SA_1　B. SA_2　C. SA_3　D. SA_4

5. 20/5t 桥式起重机的电源线应接入安全供电滑触线导管的（　）上。

A. 合金导体　B. 银导体　C. 铜导体　D. 钢导体

6. 20/5t 桥式起重机的移动小车上装有（　）、小车前后运动电动机及上升限位开关等。

A. 小车左右运动电动机　B. 下降限位开关

C. 断路开关　　D. 主副卷扬机

7. 20/5t 桥式起重机电动机定子回路调试时，在断电情况下，顺时针方向扳动凸轮控制器操作手柄，同时用万用表（　）测量 $2L_3$—W 及 $2L_1$—U，在 5 挡速度内应始终保持导通。

A. R×1Ω 挡　　B. R×10 挡　　C. R×100 挡　　D. R×1k 挡

8. 20/5t 桥式起重机电线管路安装时，根据导线直径和根数选择电线管规格，用（　）、螺钉紧固或焊接方法固定。

A. 卡箍　　B. 铁丝　　C. 硬导线　　D. 软导线

9. 20/5t 桥式起重机电线管路安装时，根据导线直径和根数选择电线管规格，用卡箍、螺钉紧固或（　）固定。

A. 焊接方法　　B. 铁丝　　C. 硬导线　　D. 软导线

10. 20/5t 桥式起重机吊钩加载试车时，加载过程中要注意是否有（　）、声音等不正常现象。

A. 电流过大　　B. 电压过高　　C. 打火　　D. 空载损耗大

11. 20/5t 桥式起重机吊钩加载试车时，加载要（　）。

A. 快速进行　　B. 先快后慢　　C. 逐步进行　　D. 先慢后快

12. 20/5t 桥式起重机零位校验时，把凸轮控制器置（　）位，短接 KM 线圈，用万用表测量 L_1～L_2，当按下启动按钮 SB 时应为导通状态。

A. “零”　　B. “最大”　　C. “最小”　　D. “中间”

13. 20/5t 桥式起重机零位校验时，把凸轮控制器置“零”位，短接 KM 线圈，用万用表测量（　），当按下启动按钮 SB 时应为导通状态。

A. L_1～L_2　　B. L_1～L_3　　C. L_2～L_3　　D. L_3

14. 20/5t 桥式起重机通电调试前，检查过电流继电器的电流整定情况时，各个分过电流继电器电流整定在各自所保护的电动机额定电流的（　）。

A. 0.5 倍　　B. 2.25～2.5 倍　　C. 1.5 倍　　D. 2.5 倍

15. 20/5t 桥式起重机通电调试前，检查过电流继电器的电流整定情况时，整定总过电流继电器的电流为全部电动机额定电流之和的（　）倍。

A. 1.2　　B. 1.5　　C. 2　　D. 2.5

16. 20/5t 桥式起重机通电调试前的绝缘检查，应用（　）兆欧表测量设备的绝缘电阻。

A. 250V　　B. 500V　　C. 1 000V　　D. 2 500V

17. 20/5t 桥式起重机通电调试前的绝缘检查，应用 500V 兆欧表测量设备的绝缘电阻，要求该阻值不低于（　），潮湿天气不低于 0.25MΩ。

A. 0.5MΩ　　B. 1MΩ　　C. 1.5MΩ　　D. 2MΩ

18. 20/5t 桥式起重机限位开关的安装要求是：依据设计位置固定限位开关，限位开关的型号、规格要符合设计要求，以保证（　）、动作灵敏、安装可靠。

A. 绝缘良好　　B. 安全撞压　　C. 触点使用合理　　D. 便于维护

19. 20/5t 桥式起重机主钩上升控制时，接通电源，合上 QS_1、QS_2 使主钩电路的电源接通，合上（　）使控制电源接通。

A. QS_3　　B. QS_4　　C. QS_5　　D. QS_6

20. 20/5t 桥式起重机主钩上升控制通电调试时，将控制手柄置于控制第三挡，确认（　　）动作灵活。然后，测试 R_{13}～R_{15} 间应短接，由此确认 KM_3 吸合可靠。

A. KM_1　　B. KM_2　　C. KM_3 消息　　D. KM_4

21. 20/5t 桥式起重机主钩下降控制过程中，空载慢速下降，可以利用制动（　　）挡配合强力下降"3"挡交替操纵实现控制。

A. "1"　　B. "2"　　C. "4"　　D. "5"

22. 20/5t 桥式起重机主钩下降控制过程中，在下降方向，在第一挡不允许停留时间超过（　　）。

A. 2s　　B. 3s　　C. 8s　　D. 10s

23. 20/5t 桥式起重机主钩下降控制线路校验时，置下降第四挡位，观察 KMD、KMB、（　　）、KM_2 吸合可靠，KMD 接通主钩电动机下降电源。

A. KM_1　　B. KM_3　　C. KM_4　　D. KM_5

24. CA6140 型车床控制线路的电源是通过变压器 TC 引入到熔断器 FU_2 的，经过串联在一起的热继电器 FR_1 和 FR_2 的辅助触点接到端子板（　　）上。

A. 1 号线　　B. 2 号线　　C. 4 号线　　D. 6 号线

25. CA6140 型车床三相交流电源通过电源开关引入端子板，并分别接到接触器 KM_1 和熔断器（　　）上。

A. FU_1　　B. FU_2　　C. FU_3　　D. FU_4

26. CA6140 型车床三相交流电源通过电源开关引入端子板，并分别接到接触器 KM_1 和熔断器 FU_1 上，从接触器 KM_1 出来后接到热继电器 FR_1 上，并与电动机（　　）相连接。

A. M_1　　B. M_2　　C. M_3　　D. M_4

27. CA6140 型车床是机械加工行业中最为常见的金属切削设备，其机床电源开关在机床（　　）。

A. 右侧　　B. 正前方　　C. 左前方　　D. 左侧

28. CA6140 型车床是机械加工行业中最为常见的金属切削设备，其主轴控制在溜板箱的（　　）。

A. 后下方　　B. 正前方　　C. 左前方　　D. 前下方

29. MGB1420 型磨床电气故障检修时，如果冷却泵电动机输入端电压不正常，则可能是（　　）接触不良，可进一步检查、修理。

A. QS_1　　B. QS_2　　C. QS_3　　D. QS_4

30. MGB1420 型磨床电气故障检修时，如果液压泵、冷却泵都不转动，则应检查熔断器 FU_1 是否熔断，再看接触器（　　）是否吸合。

A. KM_1　　B. KM_2　　C. KM_3　　D. KM_4

31. 在 MGB1420 型万能磨床的内外磨砂轮电动机控制回路中，接通电源开关 QS_1，（　　）交流控制电压通过开关 SA_3 控制接触器 KM_2 的通断，达到内外磨砂轮电动机的启动和停止。

A. 36V　　B. 110V　　C. 220V　　D. 380V

32. 在 MGB1420 型万能磨床的砂轮电动机控制回路中，接通电源开关 QS_1 后，（　　）交流控制电压通过开关 SA_2 控制接触器 KM_1，从而控制液压、冷却泵电动机。

A. 24V　　B. 36V　　C. －110V　　D. 220V

33. 在 MGB1420 型万能磨床的自动循环工作电路系统中，通过微动开关 SQ_1，SQ_2，行程开关（　　），万能转换开关 SA_4，时间继电器 KT 和电磁阀 YT 与油路、机械方面配合实现磨削自动循环工作。

A. SQ_3　　B. SQ_4　　C. SQ_5　　D. SQ_6

34. 在分析较复杂电气原理图的辅助电路时，要对照（　　）进行分析。

A. 主线路　　B. 控制电路　　C. 照明电路　　D. 联锁与保护环节

35. MGB1420 型磨床控制回路电气故障检修时，中间继电器 KA_2 不吸合，可能是开关（　　）接触不良或已损坏。

A. SA_1　　B. SA_2　　C. SA_3　　D. SA_4

36. MGB1420 型磨床控制回路电气故障检修时，自动循环磨削加工不能自动停机，可能是时间继电器（　　）已损坏，可进行修复或更换。

A. KA　　B. KT　　C. KM　　D. SQ

37. MGB1420 型万能磨床电动机空载通电调试时，将 SA_1 开关转到"开"的位置，中间继电器（　　）接通，并把调速电位器接入电路，慢慢转动 RP_1 旋钮，使给定电压信号逐渐上升。

A. KA_1　　B. KA_2　　C. KA_3　　D. KA_4

38. MGB1420 型万能磨床电动机转数稳定调整时，调节（　　）可调节电压微分负反馈，以改善电动机运转时的动态特性。

A. RP_1　　B. RP_2　　C. RP_4　　D. RP_5

39. MGB1420 型万能磨床电流截止负反馈电路调整时，工件电动机的额定电流为 3A，应将截止电流调至（　　）左右。

A. 1. 5A　　B. 2A　　C. 3A　　D. 4. 2A

40. 在分析主电路时，应根据各电动机和执行电器的控制要求，分析其控制内容，如电动机的启动、（　　）等基本控制环节。

A. 工作状态显示　　B. 正反转控制　　C. 电源显示　　D. 参数测定

41. X6132A 型万能铣床工作台变换进给速度时，当蘑菇形手柄向（　　）拉至极端位置且在反向推回之前借孔盘推动行程开关 SQ_6，瞬时接通接触器 KM_3，则进给电动机作瞬时转动，使齿轮容易啮合。

A. 前　　B. 后　　C. 左　　D. 右

42. X6132A 型万能铣床工作台的左右运动由操纵手柄来控制，其联动机构控制行程开关 SQ_1 和 SQ_2，它们分别控制工作台（　　）及向左运动。

A. 向上　　B. 向下　　C. 向后　　D. 向右

43. X6132A 型万能铣床工作台向后、向上压手柄 SQ_4 及工作台向左压手柄 SQ_2，接通接触器（　　）线圈，即按选择方向作进给运动。

A. KM_1　　B. KM_2　　C. KM_3　　D. KM_4

44. X6132A 型万能铣床工作台向前、向下运动是通过操作手柄压合 SQ_3 及工作台向右运动操作手柄压合 SQ_1，接通接触器（　　）线圈，即按选择方向作进给运动。

A. KM_1　　B. KM_2　　C. KM_3　　D. KM_4

45. X6132A 型万能铣床进给运动时，升降台的上下运动和工作台的前后运动完全由操纵手柄通过行程开关来控制。其中，行程开关 SQ_3 用于控制工作台向前和（　　）的运动。

A. 向左　　B. 向右　　C. 向上　　D. 向下

46. X6132A 型万能铣床进给运动时，升降台的上下运动和工作台的前后运动完全由操纵手柄通过行程开关来控制。其中，用于控制工作台向后和向上运动的行程开关是（　　）。

A. SQ_1　　B. SQ_2　　C. SQ_3　　D. SQ_4

47. X6132A 型万能铣床控制电路中，机床照明由照明变压器供给，照明灯本身由（　　）控制。

A. 主电路　　B. 机床控制电路　　C. 开关　　D. 无专门

48. X6132A 型万能铣床控制电路中，将转换开关 SA_4 扳到（　　）位置，冷却泵电动机启动。

A. 接通　　B. 断开　　C. 中间　　D. 极限

49. X6132A 型万能铣床启动主轴时，先闭合 QS 开关，接通电源，再把换向开关（　　）转到主轴所需的旋转方向。

A. SA_1　　B. SA_2　　C. SA_3　　D. SA_4

50. X6132A 型万能铣床启动主轴时，先接通电源，再把换向开关 SA_3 转到主轴所需的旋转方向，然后按下启动按钮 SB_3 或 SB_4，接通接触器 KM_1，即可启动主轴电动机（　　）。

A. M_1　　B. M_2　　C. M_3　　D. M_4

51. X6132A 型万能铣床停止主轴时，按停止按钮 SB_1—1 或 SB_2—1，切断接触器 KM_1 线圈的供电电路，并接通主轴制动电磁离合器（　　），主轴即可停止转动。

A. HL_1　　B. FR_1　　C. QS_1　　D. YC_1

52. X6132A 型万能铣床主轴启动后，若将快速按钮（　　）或 SB_6 按下，接通接触器 KM_2 线圈电源，接通 YC_3 快速离合器，并切断 YC_2 进给离合器，工作台按原运动方向作快速移动。

A. SB_3　　B. SB_4　　C. SB_5　　D. SB_2

53. X6132A 型万能铣床主轴上刀换刀时，先将转换开关 SA_2 扳到（　　）位置确保主轴不能旋转，然后再上刀换刀。

A. 接通　　B. 断开　　C. 中间　　D. 极限

54. X6132A 型万能铣床主轴上刀完毕后，将转换开关 SA_2 扳到（　　）位置，主轴方向启动。

A. 接通　　B. 断开　　C. 中间　　D. 极限

55. X6132 型万能铣床板前明线敷设控制板选用（　　）。

A. 单芯硬导线　　B. 多芯硬导线　　C. 多芯软导线　　D. 双绞线

56. X6132 型万能铣床的全部电动机都不能启动，可能是由于（　　）造成的。

A. 停止按钮常闭触点短路　　B. SQ_7 常开触点接触不良

C. SQ_7 常闭触点接触不良　　D. 电磁离合器 YC_1 无直流电压

57. X6132 型万能铣床的全部电动机都不能启动，可能是由于（　　）造成的。

A. 停止按钮常闭触点短路　　B. SQ_7 常开触点接触不良

C. 换刀制动开关 SA_2 不在正确位置　　D. 电磁离合器 YC_1 无直流电压

58. X6132 型万能铣床电动机的安装，一般采用起吊装置，先将电动机（　　）吊起至中心高度并与安装孔对正，再将电动机与齿轮连接件啮合，对准电动机安装孔，旋紧螺栓，最后撤去起吊装置。

A. 垂直　　B. 倾斜 30°　　C. 倾斜 45°　　D. 水平

59. 在分析主电路时，应根据各电动机和执行电器的控制要求，分析其控制内容，如电动机的启动、（　　）等基本控制环节。

A. 工作状态显示　　B. 正反转控制　　C. 电源显示　　D. 参数测定

60. X6132 型万能铣床电气控制板制作前绝缘电阻低于（　　），则必须进行烘干处理。

A. 0.3MΩ　　B. 0.5MΩ　　C. 1.5MΩ　　D. 4.5MΩ

61. X6132 型万能铣床电气控制板制作前应检测电动机（　　）。

A. 是否有异味　　B. 是否有异常声响　　C. 三相电阻是否平衡　　D. 是否振动

62. X6132 型万能铣床调试前，应首先检查主回路是否短路，断开变压器一次回路，用万用表（　　）挡测量电源线与保护线之间是否短路。

A. R×1Ω　　B. R×10Ω　　C. R×100Ω　　D. R×1kΩ

63. X6132 型万能铣床调试前，应首先检查主回路是否短路，断开电源和变压器一次绕组，用（　　）兆欧表测量绝缘损坏情况。

A. 250V　　B. 500V　　C. 1000V　　D. 2500V

64. X6132 型万能铣床敷连接线时，将连接导线从床身或穿线孔穿到相应位置，在两端临时把套管固定，然后用（　　）校对连接线，套上号码管固定好。

A. 试电笔　　B. 万用表　　C. 兆欧表　　D. 单臂电桥

65. X6132 型万能铣床工作台操作手柄在中间时，行程开关不动作，（　　）电动机处于静止状态。

A. M_1　　B. M_2　　C. M_3　　D. M_4

66. X6132 型万能铣床工作台操作手柄在左时，（　　）行程开关动作，M_3 电动机反转。

A. SQ_1　　B. SQ_2　　C. SQ_3　　D. SQ_5

67. X6132 型万能铣床工作台进给变速冲动时，先将蘑菇形手柄向外拉并转动手柄，将转盘调到所需进给速度，然后将蘑菇形手柄拉到极限位置，这时连杆机构压合（　　），M_3 接通正转。

A. SQ_2　　B. SQ_3　　C. SQ_4　　D. SQ_6

68. X6132 型万能铣床工作台进给运动时，将（　　）扳到“断开”位置，SA_1—1 闭合，SA_1—2 断开，SA_1－3 闭合，通过操作手柄，铣床工作台可以完成 6 个方向的进给运动。

A. SA_1　　B. SA_2　　C. SA_3　　D. SA_4

69. X6132 型万能铣床工作台快速进给调试时，将操作手柄扳到相应的位置，按下按钮（　　），KM_2 得电，其辅助触点接通 YC_3，工作台按选定的方向快进。

A. SB_1　　B. SB_2　　C. SB_3　　D. SB_6

70. X6132 型万能铣床工作台快速进给调试时，将操作手柄扳到相应的位置，按下按钮 SB_5，KM_2 得电，其辅助触点接通（　　），工作台按选定的方向快进。

A. YC_1　　B. YC_2　　C. YC_3　　D. YC_4

71. X6132 型万能铣床工作台快速移动可提高工作效率，调试时，必须保证当按下（　　）

时，YC_3 动作的即时性和准确性。

A. SB_2　　B. SB_3　　C. SB_4　　D. SB_6

72. X6132 型万能铣床工作台快速移动时，在其 6 个方向上，工作台可以由电动机 M_3 拖动和快速离合器（　　）配合来实现快速移动控制。

A. YC_1　　B. YC_2　　C. YC_3　　D. YC_5

73. X6132 型万能铣床机床床身立柱上电气部件与升降台电气部件之间的连接导线用（　　）保护。

A. 绝缘胶布　　B. 卡子　　C. 金属软管　　D. 塑料套管

74. X6132 型万能铣床线路采用走线槽敷设法敷线时，应采用（　　）。

A. 塑料绝缘单芯硬铜线　　B. 塑料绝缘软铜线

C. 裸导线　　D. 护套线

75. X6132 型万能铣床线路导线与端子连接时，当导线根数不多且位置宽松时，采用（　　）。

A. 单层分列　　B. 多层分列　　C. 横向分列　　D. 纵向分列

76. 钻床采用十字开关操作的优点是（　　）。

A. 节省按钮　　B. 操作方便　　C. 不误动作　　D. 省电

77. X6132 型万能铣床线路沿板面敷设法敷设时，在平行于板面方向上的导线应（　　）。

A. 交叉　　B. 垂直　　C. 平行　　D. 平直

78. X6132 型万能铣床线路制作左、右侧配电箱控制板时，油漆干后，固定好（　　）、热继电器、熔断器、变压器、整流电源和端子等。

A. 电流继电器　　B. 接触器　　C. 中间继电器　　D. 时间继电器

79. X6132 型万能铣床限位开关安装前，应检查限位开关（　　）。

A. 是否完好　　B. 绝缘性能　　C. 操作性能　　D. 易操作性

80. X6132 型万能铣床限位开关安装前，应检查限位开关支架和（　　）是否完好。

A. 撞块　　B. 动触点　　C. 静触点　　D. 弹簧

81. X6132 型万能铣床圆工作台回转运动调试时，主轴电动机启动后，进给操作手柄打到“零”位置，并将（　　）打到圆工作台回转运动方式位置。

A. SA_1　　B. SA_2　　C. SA_3　　D. SA_4

82. X6132 型万能铣床制作电气控制板时，画出安装标记后进行钻孔、攻螺纹、去毛刺、修磨操作，将板两面刷防锈漆，并在正面喷涂（　　）。

A. 黑漆　　B. 白漆　　C. 蓝漆　　D. 黄漆

83. X6132 型万能铣床制作电气控制板时，应用（　　）厚的钢板按要求裁剪出不同规格的控制板。

A. 1mm　　B. 1.5mm　　C. 2.5mm　　D. 4mm

84. X6132 型万能铣床主轴电动机的冲动控制中，元件动作顺序为：（　　）动作→KM_1 动合触点闭合接通→电动机 M_1 转动→SQ_7 复位→KM_1 失电→电动机 M_1 停止，冲动结束。

A. SQ_1　　B. SQ_2　　C. SQ_3　　D. SQ_7

85. X6132 型万能铣床主轴启动时，将换向开关（　　）拨到标示牌所指示的正转或反转位置，再按下按钮 SB_3 或 SB_4，主轴旋转的转向要正确。

A. SA_1　　B. SA_2　　C. SA_3　　D. SA_4

86. X6132 型万能铣床主轴上刀制动时，把（　　）打到“接通”位置，SA_2—1 断开 127V 控制电源，主轴刹车离合器 YC_1 得电，主轴不能启动。

A. SA_1—1　　B. SA_1—2　　C. SA_2—1　　D. SA_2—2

87. X6132 型万能铣床主轴停车时没有制动，若主轴电磁离合器 YC_1 两端无直流电压，则检查熔断器（　　）是否熔断。

A. FU_1　　B. FU_3　　C. FU_4　　D. FU_5

88. X6132 型万能铣床主轴停车时没有制动，若主轴电磁离合器 YC_1 两端直流电压低，则可能因（　　）线圈内部有局部短路。

A. YC_1　　B. YC_2　　C. YC_3　　D. YC_4

89. X6132 型万能铣床主轴制动时，按下停止按钮后，（　　）首先断电，主轴刹车离合器 YC_1 得电吸合，电动机转速很快降低并停下来。

A. KM_1　　B. KM_2　　C. KM_3　　D. KM_4

90. X6132 型万能铣床主轴制动时，元件动作顺序为：SB_1（或 SB_2）按钮动作→KM_1、M_1 失电→（　　）常闭触点闭合→YC_1 得电。

A. KM_1　　B. KM_2　　C. KM_3　　D. KM_4

91. 大型及复杂设备的调速方法较多采用（　　）。

A. 电气调速　　B. 机械调速

C. 电气与机械相结合的调速　　D. 液压调速

92. 直流电动机的过载保护就是电动机的（　　）。

A. 过电压保护　　B. 过电流保护　　C. 超速保护　　D. 短路保护

93. 当 X6132 型万能铣床工作台不能快速进给时，检查接触器 KM_2 是否吸合，如果已吸合，则应检查（　　）。

A. KM_2 的线圈是否断线　　B. 离合器摩擦片

C. 快速按钮 SB_5 的触点是否接触不良　　D. 快速按钮 SB_6 的触点是否接触不良

94. 当 X6132 型万能铣床工作台不能快速进给时，检查接触器 KM_2 是否吸合，如果已吸合，则应检查（　　）。

A. YC_2 的线圈是否断线　　B. KM_2 的辅助触点是否接触不良

C. 快速按钮 SB_5 的触点是否接触不良　　D. 快速按钮 SB_6 的触点是否接触不良

95. 当 X6132 型万能铣床主轴电动机已启动，而进给电动机不能启动时，接触器 KM_3 或 KM_4 不能吸合，则应检查（　　）。

A. 接触器 KM_3、KM_4 线圈是否断线

B. 电动机 M_3 的进线端电压是否正常

C. 熔断器 FU_2 是否熔断

D. 接触器 KM_3、KM_4 的主触点是否接触不良

96. 当 X6132 型万能铣床主轴电动机已启动，而进给电动机不能启动时，首先检查接触器 KM_3 或（　　）是否吸合。

A. KM_1　　B. KM_2　　C. KM_3　　D. KM_4

97. 电气测绘前，先要了解原线路的控制过程、（　　）、控制方法和布线规律等。

A. 控制顺序　B. 工作原理　C. 元件特点　D. 工艺

98. 电气测绘前，先要了解原线路的控制过程、控制顺序、控制方法和（　）等。

A. 布线规律　B. 工作原理　C. 元件特点　D. 工艺

99. 电气测绘时，一般先测绘（　），最后测绘各回路。

A. 输入端　B. 主干线　C. 简单后复杂　D. 主线路

100. 电气测绘时，一般先测绘（　），然后测绘输出端。

A. 输入端　B. 各支路　C. 某一回路　D. 主线路

101. 电气测绘时应避免大拆大卸，对去掉的线头应（　）。

A. 记录　B. 恢复绝缘　C. 不予考虑　D. 重新连接

102. 电气测绘中，发现接线错误时，首先应（　）。

A. 做好记录　B. 重新接线　C. 继续测绘　D. 使故障保持原状

103. 直流电动机电枢回路串电阻后，电动机的转速（　）。

A. 升高　B. 降低　C. 不变　D. 无法确定

104. 对交流电器而言，若操作频率过高，会导致（　）。

A. 铁芯过热　B. 线圈过热　C. 触点过热　D. 触点烧坏

105. 工厂中进行电工测量时，应用最多的是（　）。

A. 指示仪表　B. 比较仪器　C. 示波器　D. 电桥

106. 绘制电气原理图时，通常把主电路和辅助电路分开，主电路用（　）画在辅助电路的左侧或上部，辅助电路用细实线画在主电路的右侧或下部。

A. 粗实线　B. 细实线　C. 点画线　D. 虚线

107. 机床电气连接时，所有接线应（　），不得松动。

A. 连接可靠　B. 长度合适　C. 整齐　D. 除锈

108. 机床电气连接时，元器件上端子的接线用剥线钳剪切出适当长度，剥出接线头，除锈，然后（　），套上号码套管，接到接线端子上用螺钉拧紧即可。

A. 镀锡　B. 测量长度　C. 整理线头　D. 清理线头

109. 较复杂机械设备开环调试时，应用示波器检查（　）与同步变压器二次侧相对相序、相位必须一致。

A. 脉冲变压器　B. 整流变压器　C. 旋转变压器　D. 自耦变压器

110. 接地体制作完成后，应将接地体垂直打入土壤中，至少打入 3 根接地体，接地体之间相距（　）。

A. 5m　B. 6m　C. 8m　D. 10m

111. 接地体制作完成后，在宽（　）、深 0.8～1.0m 的沟中将接地体垂直打入土壤中，直至接地体上端与坑沿地面间的距离为 0.6m 为止。

A. 0.5m　B. 1.2m　C. 2.5m　D. 3m

112. 快速熔断器的额定电流指的是（　）。

A. 有效值　B. 最大值　C. 平均值　D. 瞬时值

113. 拉长直流接触器的铁芯行程时，其吸力（　）。

A. 减小　B. 增大　C. 不变　D. 不能确定

114. 起重机桥箱内电风扇和电热取暖设备的电源用（　）电源。

A. 380V　　B. 220V　　C. 36V　　D. 24V

115. 起重机照明电源由 380V 电源电压经隔离变压器取得 220V 和 36V，36V 用于(　　)照明和桥架上维修照明。

A. 桥箱控制室内　　B. 桥下　　C. 桥箱内电风扇　　D. 桥箱内电热取暖

116. 起重机照明及信号电路所取用的 220V 及（　　）电源均不接地。

A. 12V　　B. 24V　　C. 36V　　D. 380V

117. 钳形电流表按结构原理不同，可分为（　　）和电磁式两种。

A. 磁电式　　B. 互感器式　　C. 电动式　　D. 感应式

118. 钳形电流表每次测量只能钳入（　　）导线。

A. 1 根　　B. 2 根　　C. 3 根　　D. 4 根

119. 桥式起重机操纵室、控制箱内的配线，控制回路导线可用（　　）。

A. 铜芯多股软线　　B. 橡胶绝缘电线　　C. 塑料绝缘导线　　D. 护套线

120. 桥式起重机电线管进、出口处，线束上应套以（　　）保护。

A. 铜管　　B. 塑料管　　C. 铁管　　D. 钢管

121. 桥式起重机电源接入部分主要构成部件是导管和（　　）。

A. 受电器　　B. 导轨　　C. 钢轨　　D. 拨叉

122. 桥式起重机接地体安装时，接地体埋设位置应距建筑物（　　）以上，应选在土壤导电性较好的地方。

A. 1m　　B. 2m　　C. 3m　　D. 5m

123. 桥式起重机接地体安装时，接地体埋设应选在（　　）的地方。

A. 土壤导电性较好　　B. 土壤导电性较差　　C. 土壤导电性一般　　D. 任意

124. 桥式起重机接地体的制作时，可选用专用接地体或用（　　）角钢，截取长度为 2.5m，其一端加工成尖状。

A. 20mm×20mm×2mm　　B. 30mm×30mm×3mm

C. 40mm×40mm×4mm　　D. 50mm×50mm×5mm

125. 桥式起重机接地体制作所用扁钢、角钢均要求（　　）。

A. 表面镀锌　　B. 整齐　　C. 表面清洁　　D. 硬度好

126. 桥式起重机连接接地体的扁钢采用（　　）而不能平放，所有扁钢要求平、直。

A. 立行侧放　　B. 横放　　C. 倾斜放置　　D. 纵向放置

127. 桥式起重机主钩电动机下放空钩时，电动机工作在（　　）状态。

A. 正转电动　　B. 反转电动　　C. 倒拉反接　　D. 再生发电

128. 万能铣床的操作方法是（　　）。

A. 全用按钮　　B. 全用手柄

C. 既有按钮又有手柄　　D. 用行程开关控制

129. 在 MGB1420 型万能磨床的工件电动机控制回路中，电动机 M 的启动、点动及停止由主令开关（　　）控制中间继电器 KA_1、KA_2 来实现。

A. SA_1　　B. SA_2　　C. SA_3　　D. SA_4

130. 在 MGB1420 型万能磨床的工件电动机控制回路中，主令开关 SA_1 扳在“开”挡时，中间继电器（　　）线圈吸合。

A. KM_1　　B. KA_2　　C. KA_1　　D. KM_2

131. 在 MGB1420 型万能磨床的晶闸管直流调速系统中，该系统的工件电动机功率为（　　）。

A. 0. 15kW　　B. 0. 22kW　　C. 0. 55kW　　D. 0. 75kW

中级应会部分

试题 1　安装和调试并励直流电动机电枢回路串电阻二级启动控制电路，其原理图如图 A-1所示。

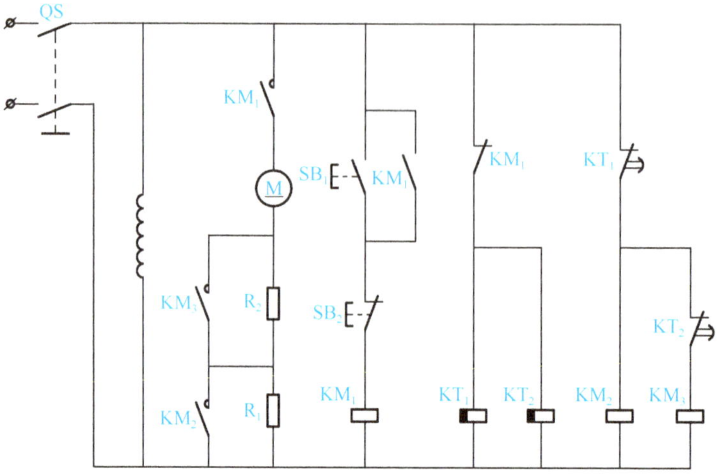

图 A-1　并励直流电动机电枢回路串电阻二级启动控制电路原理图

考核要求：

① 按图纸的要求进行正确熟练的安装；元件在配线板上布置要合理，安装要正确、紧固，配线要求紧固、美观，导线要进行线槽。正确使用工具和仪表。

② 按钮盒不固定在板上，电源和电动机配线、按钮接线要接到端子排上，进出线槽的导线要有端子标号，引出端要用别径压端子。

③ 安全文明操作。

④ 满分 40 分，考试时间 180 分钟。

⑤ 考核过程中，考评员要进行监护，注意安全。

试题 2　安装和调试通电延时带直流能耗制动的 Y—△降压启动的控制电路，其原理图如图 A-2 所示。

考核要求：

① 按图纸的要求进行正确熟练地安装；元件在配线板上布置要合理，安装要正确、紧固，布线要求横平竖直，应尽量避免交叉跨越，接线紧固、美观。正确使用工具和仪表。

② 按钮盒不固定在板上，电源和电动机配线、按钮接线要接到端子排上，要注明引出端子标号。

③ 安全文明操作。

④ 满分 40 分，考试时间 240 分钟。

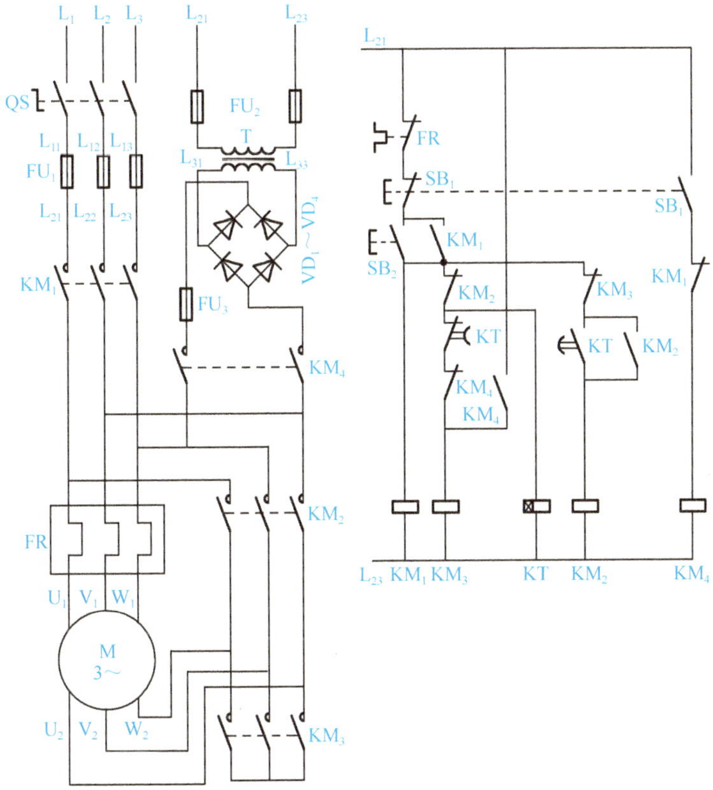

图 A-2　直流能耗制动的 Y—△降压启动控制电路原理图

试题 3　根据 X62W 型万能铣床电路图，安装与调试主轴控制和快速进给控制线路零压保护，并试车。

考核要求：

① 按图纸的要求进行正确熟练地安装；元件在配线板上布置要合理，安装要正确、紧固，配线要求紧固、美观，导线要进行线槽。正确使用工具和仪表。

② 按钮盒不固定在板上，电源和电动机配线、按钮接线要接到端子排上，进出线槽的导线要有端子标号，引出端要用别径压端子。

③ 安全文明操作。

④ 满分 40 分，考试时间 240 分钟。

试题 4　安装和调试双速交流异步电动机自动变速控制电路，其原理图如图 A-3 所示。

考核要求：

① 按图纸的要求进行正确熟练地安装；元件在配线板上布置要合理，安装要正确、紧固，布线要求横平竖直，应尽量避免交叉跨越，接线紧固、美观。正确使用工具和仪表。

② 按钮盒不固定在板上，电源和电动机配线、按钮接线要接到端子排上，要注明引出端子标号。

③ 安全文明操作。

④ 满分 40 分，考试时间 240 分钟。

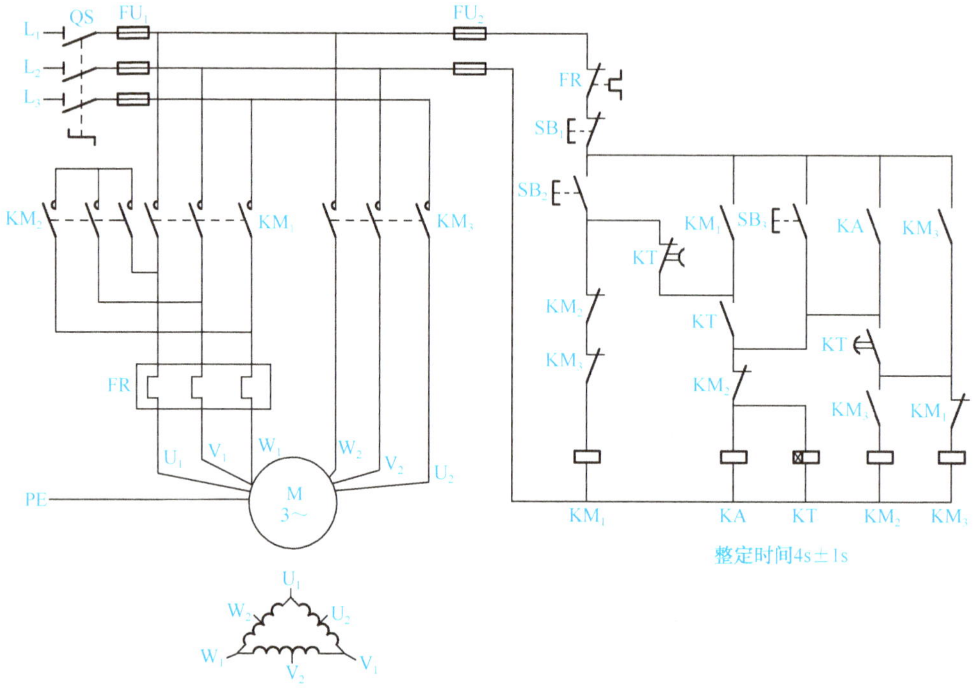

图 A-3　双速交流异步电动机自动变速控制电路原理图

试题 5　按图安装 M7120 平面磨床的电气控制线路。

考核要求：

① 按图纸的要求进行正确熟练地安装；元件在配线板上布置要合理，安装要正确、紧固，配线要求紧固、美观，导线要进行线槽。正确使用工具和仪表。

② 按钮盒不固定在板上，电源和电动机配线、按钮接线要接到端子排上，进出线槽的导线要有端子标号，引出端要用别径压端子。

③ 安全文明操作。

④ 满分 40 分，考试时间 240 分钟。

试题 6　检修 Z35 摇臂钻床的电气线路故障。

在 Z35 摇臂钻床电气线路上，设隐蔽故障 3 处，其中主回路 1 处，控制回路 2 处。考生向考评员询问故障现象时，考评员可以将故障现象告诉考生，考生必须单独排除故障。

考核要求：

① 从设置故障开始，考评员不得进行提示。

② 根据故障现象，在电气控制原理图上分析故障可能产生的原因，确定故障发生的范围。

③ 排除故障过程中如果扩大故障，在规定时间内可以继续排除故障。

④ 正确使用工具和仪表。

⑤ 满分 40 分，考试时间 45 分钟。

⑥ 在考核过程中，要注意安全。

高级应知部分

一、判断题

1. 非门的逻辑功能可概括为“有 0 出 1，有 1 出 0”。（ ）
2. 算数逻辑处理器简称 CPU。（ ）
3. 为简化二进制数才引进十六进制数，其实机器并不能直接识别十六进制数。（ ）
4. PLC 输入继电器不仅能由外部输入信号驱动，而且也能被程序指令驱动。（ ）
5. PLC 交流电梯自由状态时，按下直达按钮电梯迅速到达所需要层。（ ）
6. 为了保证 PLC 交流电梯安全运行，安全触点采用常开触点输入到 PLC 的输入端口。（ ）
7. 微机用于工业控制时又称可编程控制器。（ ）
8. CA6140 型车床使用多年，对车床电气大修应对电动机进行大修。（ ）
9. 主回路和控制回路的导线颜色应有明显的区别。（ ）
10. 铜的线膨胀系数比铁的小。（ ）
11. 可编程控制器的程序由编程器送入处理器中的控制器，可以方便地读出、检查与修改。（ ）
12. S7—200 系列可编程控制器的计数继电器输入指令用 T 表示。（ ）
13. 数据存储器一般用随机存储器（ROM）。（ ）
14. 电气测绘最后绘出的是线路控制原理图。（ ）
15. 当 PLC 由于各种原因所引起的故障报警时，报警指示灯亮，可进一步通过面板监控查看报警信息。（ ）
16. S7—200 系列可编程控制器的输出继电器输出指令用 OUT Q（加软元件编号）表示。（ ）
17. S7—200 系列可编程控制器的定时器输出指令用 OUT T（加软元件编号）表示。（ ）
18. 把可编程控制器作为下位机，同与其上级的可编程控制器或上位机进行通信，可以完成数据的处理和信息交换。（ ）
19. S7—200 系列可编程控制器系统由基本单元、扩展单元、编程器、用户程序、写入器和程序存入器等组成。（ ）
20. S7—200 系列可编程控制器内部元件计数器为减法计数器，当计数器接通后，从设定值一直减到零时，计数器线圈有电，相应触点动作。（ ）
21. S7—200 系列可编程控制器中的 AND 指令用于常开触点的串联。（ ）
22. FOR 和 NEXT 指令必须成对使用。（ ）
23. 可编程控制器及其有关的外围设备都应按照易于与工业控制系统形成一个整体，不易于扩展其功能的原则进行设计。（ ）
24. 安装前熟悉电气原理图和 PLC 及有关资料，检查电动机、电器元件，准备好仪器、仪表、工具和安装材料，并根据电气原理图安装电气管路。（ ）
25. 根据梯形图分析和判断故障是诊断所控制设备故障的基本方法。（ ）
26. 语法检查属于程序检查。（ ）

27. LDN 和 LD 分别取常开和常闭触点，并且都是从输入公共线开始。（　　）

二、选择题

1. 可编程控制器依据负载情况不同，输出接口有（　　）种类型。

A. 3　　B. 1　　C. 2　　D. 4

2. 微机的核心是（　　）。

A. 存储器　　B. 总线　　C. CPU　　D. I/O 接口

3. 在梯形图编程中，常闭触点与母线连接指令的助记符应为（　　）。

A. LDN　　B. LD　　C. OR　　D. ORN

4. 自动生产流水线电气部分，由顺序控制器装置、执行器、被控对象和检测元件组成，其中核心部分是（　　）。

A. 执行器　　B. 被控对象　　C. 顺序控制器　　D. 检测元件

5. PLC 交流集选电梯，当电梯（司机状态）三层向上运行时，二层有人按向上呼梯按钮，四层有人按向下呼梯按钮，同时轿厢内司机按下五层指令按钮与直达按钮，则电梯应停于（　　）层。

A. 四　　B. 二　　C. 五　　D. 一

6. 微机中的中央处理器包括控制器和（　　）。

A. ROM　　B. RAM　　C. 存储器　　D. 运算器

7. 十进制数 59 转换为二进制数是（　　）。

A. 00111011　　B. 10110111　　C. 10011111　　D. 10010011

8. PLC 交流双速电梯，PLC 输出接口一般采用（　　）方式。

A. 晶闸管　　B. 继电器　　C. 晶体管　　D. 单晶管

9. 在十进制加法计数器中，当计数器状态为 0101 时，表示十进制数的（　　）。

A. 3　　B. 4　　C. 5　　D. 6

10. 输入采样阶段是 PLC 的中央处理器对各输入端进行扫描，将输入端信号送入（　　）。

A. 累加器　　B. 指针寄存器　　C. 状态寄存器　　D. 存储器

11. PLC 整个工作过程分五个阶段，当 PLC 通电运行时，第一个阶段应为（　　）。

A. 与编程器通信　　B. 执行用户程序　　C. 读入现场信号　　D. 自诊断

12. PLC 整个工作过程分五个阶段，当 PLC 通电运行时，第四个阶段应为（　　）。

A. 与编程器通信　　B. 执行用户程序　　C. 读入现场信号　　D. 自诊断

13. 在梯形图编程中，常开触点与母线连接指令的助记符应为（　　）。

A. LDN　　B. LD　　C. OR　　D. ORN

14. 在梯形图编程中，传送指令（MOV）的功能是（　　）。

A. 将源通道内容传送给目的通道，源通道内容清零

B. 将源通道内容传送给目的通道，源通道内容不变

C. 将目的通道内容传送给源通道，目的通道内容清零

D. 将目的通道内容传送给源通道，目的通道内容不变

15. 国内外 PLC 各生产厂家都把（　　）作为第一用户编程语言。

A. 梯形图　　B. 指令表　　C. 逻辑功能图　　D. C 语言

16. 三相异步电动机启动瞬间，启动电流很大，启动转矩（　　）。

A. 最大　　B. 很大　　C. 为零　　D. 不很大

17. 将二进制数 00111011 转换为十六进制数是（　　）。

A. 2AH　　B. 3AH　　C. 2BH　　D. 3BH

18. CNC 数控机床中的可编程控制器得到控制指令后，可以去控制机床（　　）。

A. 工作台的进给　　B. 刀具的进给

C. 主轴变速与工作台进给　　D. 刀具库换刀，油泵升起

19. 维修电工所用图纸以电气原理图、（　　）和平面布置图最为重要。

A. 配线方式图　　B. 安装接线图

C. 接线方式图　　D. 组件位置图

20. 读图的基本步骤有：（　　），看电路图，看安装接线图。

A. 图样说明　　B. 看技术说明

C. 看图样说明　　D. 组件明细表

21. Y—Δ 降压启动是指电动机启动时，把（　　）连接成 Y 形，以降低启动电压，限制启动电流。

A. 定子绕组　　B. 电源　　C. 转子　　D. 定子和转子

22. 按钮联锁正反转控制电路的优点是操作方便，缺点是容易产生（　　）短路事故。

A. 电源两相　　B. 电源三相　　C. 电源一相　　D. 电源

23. 在供电为短路接地的电网系统中，人体因触及外壳带电设备的一点同站立地面一点之间有电位差而触电称为（　　）。

A. 单相触电　　B. 两相触电　　C. 接触电压触电　　D. 跨步电压触电

24. 高压设备室内不得接近故障点（　　）以内。

A. 1m　　B. 2m　　C. 3m　　D. 4m

25. 可编程控制器是一种工业控制计算机，有很强的自检功能。可通过其自检功能，诊断出许多（　　）。

A. 自身故障　　B. 外围设备的故障

C. 自身故障或外围设备的故障　　D. 程序故障或自身故障

26. 正常时每个输出端口对应的指示灯应随该端口有输出或无输出而亮或熄，否则就是有故障。其原因可能是（　　）。

A. 输出元件短路　　B. 开路　　C. 烧毁　　D. 以上都是

27. 组合机床继电器控制回路采用交流（　　）电源。

A. 380V　　B. 220V　　C. 127V　　D. 110V

28. 可编程控制器的接地线截面一般大于（　　）。

A. $1mm^2$　　B. $1.5mm^2$　　C. $2mm^2$　　D. $2.5mm^2$

29. 强供电回路的管线尽量避免与可编程控制器输出、输入回路（　　），且线路不在同一根管路内。

A. 垂直　　B. 交叉　　C. 远离　　D. 平行

30. 根据梯形图程序，下列指令正确的是（　　）。

A. O I0.1　　B. LD Q0.0　　C. A I0.2　　D. =Q0.0

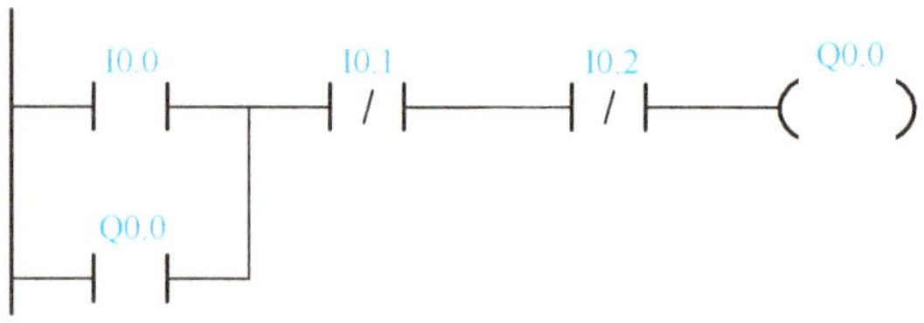

31. 根据梯形图程序，下列指令错误的是（　　）。

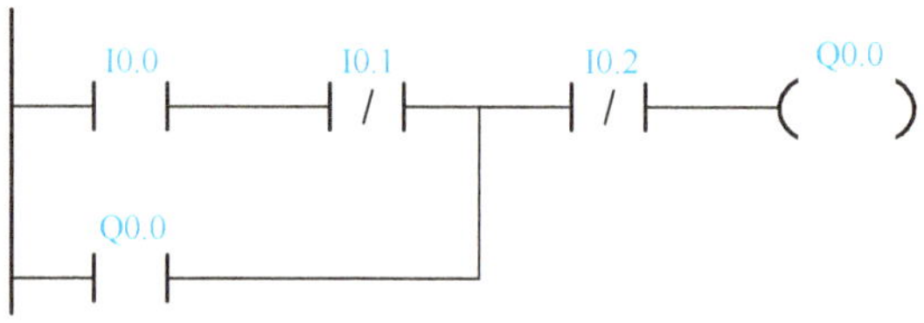

A. LD I0. 0　　B. O Q0. 0　　C. A I0. 1　　D. ＝ Q0. 0

32. S7—200 系列可编程控制器定时器用（　　）表示。

A. X　　B. Y　　C. T　　D. C

33. （　　）指令为空操作指令。

A. NOP　　B. END　　C. SET　　D. RESET

34. 为避免程序和（　　）丢失，可编程控制器装有锂电池，当锂电池电压降至相应的信号灯亮时，要及时更换电池。

A. 地址　　B. 程序　　C. 指令　　D. 数据

35. 程序检查包括（　　）。

A. 语法检查、线路检查、其他检查　　B. 代码检查、语法检查

C. 控制线路检查、语法检查　　D. 主回路检查、语法检查

36. 可编程控制器采用了一系列可靠性设计，如（　　）、掉电保护、故障诊断和信息保护及恢复等。

A. 简单设计　　B. 简化设计　　C. 冗余设计　　D. 功能设计

37. 可编程控制器编程灵活，编程语言有布尔助记符、功能表图、（　　）和语句描述。

A. 安装图　　B. 逻辑图　　C. 原理图　　D. 功能模块图

38. S7—200 系列可编程控制器输出继电器用（　　）表示。

A. I　　B. Q　　C. T　　D. C

39. S7—200 系列可编程控制器计数器的地址是（　　）。

A. 0～128　　B. 0～256　　C. 0～127　　D. 0～255

40. 控制箱内外所有（　　）的编号，必须与电气原理图上的编号完全一致。

A. 电气设备　　B. 电器元件　　C. 导线　　D. 含 A、B 两项

41. （　　）温度继电器应用较广，它的外形同一般晶体管式时间继电器相似。

A. 热敏电阻式　　B. 双金属片式　　C. 电流继电器　　D. 热继电器

42. 定时器相当于继电控制系统中的延时继电器，S7—200 系列可编程控制器最小设定单位为（　　）。

A. 0. 1s　　B. 0. 01s　　C. 1s　　D. 0. 001s

43. 为了保证 PLC 交流电梯安全运行，（　　）电器元件必须采用常闭触点，输入到

PLC 的输入接口。

A. 停止按钮　　B. 厅外呼梯按钮

C. 轿厢指令按钮　　D. 终端限位行程开关

44. 一般工业控制微机不苛求（　　）。

A. 用户界面良好　　B. 精度高　　C. 可靠性高　　D. 实时性

45. S7—200 系列可编程控制器输入继电器用（　　）表示。

A. I　　B. Q　　C. T　　D. C

46. Y—Δ 降压启动是指电动机启动时，把定子绕组连接成 Y 形，以（　　）启动电压，限制启动电流。

A. 提高　　B. 减少　　C. 降低　　D. 增加

47. 台钻是一种小型钻床，用来钻直径（　　）以下的孔。

A. 10mm　　B. 11mm　　C. 12mm　　D. 13mm

48. 对于可编程控制器电源干扰的抑制，一般采用隔离变压器和（　　）来解决。

A. 直流滤波器　　B. 交流滤波器　　C. 直流发电机　　D. 交流整流器

49. PLC 程序中双线圈检查是当指令线圈（　　）使用时，会发生同一线圈接通和断开的矛盾。

A. 两次　　B. 八次　　C. 七次　　D. 一次

50. 可编程控制器编程灵活，编程语言有（　　）、布尔助记符、功能表图、功能模块图和语句描述。

A. 安装图　　B. 梯形图　　C. 原理图　　D. 逻辑图

51. 可编程控制器通过编程，灵活地改变其控制程序，相当于改变了继电器控制的（　　）电路。

A. 主、控制　　B. 控制　　C. 软接线　　D. 硬接线

52. 安装接触器时，要求（　　）朝上。

A. 散气孔　　B. 躁声孔　　C. 散热孔　　D. 短路环

53. 可编程控制器简称（　　）。

A. PLC　　B. PC　　C. CNC　　D. F—20MF

54. 可编程控制器的特点是（　　）。

A. 不需要大量的活动部件和电子元件，接线大大减少，维修简单，维修时间缩短，性能可靠

B. 统计运算、计时、计数采用了一系列可靠性设计

C. 数字运算、计时编程简单，操作方便，维修容易，不易发生操作失误

D. 以上都是

55. 为避免（　　）和数据丢失，可编程控制器装有锂电池，当锂电池电压降至相应的信号灯亮时，要及时更换电池。

A. 地址　　B. 指令　　C. 程序　　D. 序号

56. 根据（　　）分析和判断故障是诊断所控制设备故障的基本方法。

A. 原理图　　B. 逻辑功能图　　C. 指令图　　D. 梯形图

57. 不属于程序检查的是（　　）。

A. 线路检查　　B. 其他检查　　C. 代码检查　　D. 语法检查

58. 可编程控制器采用可以编制程序的存储器，用来在其内部存储执行逻辑运算、顺序控制、计时、计数和算术运算等（　　）指令。

A. 控制　　B. 基本　　C. 操作　　D. 特殊

59. （　　）阶段根据读入的输入信号状态，解读用户程序逻辑，按照用户逻辑得到正确的输出。

A. 输出采样　　B. 输入采样　　C. 程序执行　　D. 输出刷新

60. 可编程控制器中辅助继电器、计时器、计数器、输入和输出继电器的触点可使用（　　）次。

A. 一　　B. 二　　C. 三　　D. 无限

61. 接通可编程控制器的交流电源，以保证当电池断开以后，（　　）不致于因断电而丢失程序。

A. 存储器　　B. 寄存器　　C. RAM　　D. ROM

高级应会部分

试题 1　设计机械手程序并调试

如图 A-4 所示是一种简单机械手装置，其工作过程为：机械手的初始位置在左限位 SQ_1 和上限位 SQ_3 处。当按下启动按钮时，机械手向下移动，当机械手移动到下限位 SQ_4 处时，机械手停止移动，同时机械手将物品夹住，2s 后机械手夹住物品向上移动；当机械手向上移动到上限位 SQ_3 处时，机械手停止向上移动，3s 后开始向右移动；当机械手向右移动到右限位 SQ_2 处时，停止向右移动，开始向下移动；当机械手向下移动到下限位 SQ_4 处时，机械手停止向下移动，同时机械手打开将物品放下，2s 后机械手向上移动；当机械手向上移动到上限位 SQ_3 后，机械手停止向上移动，同时向左移动到左限位 SQ_1 处（即回到初始位置处）。等待下一个启动信号到来开始新的循环。

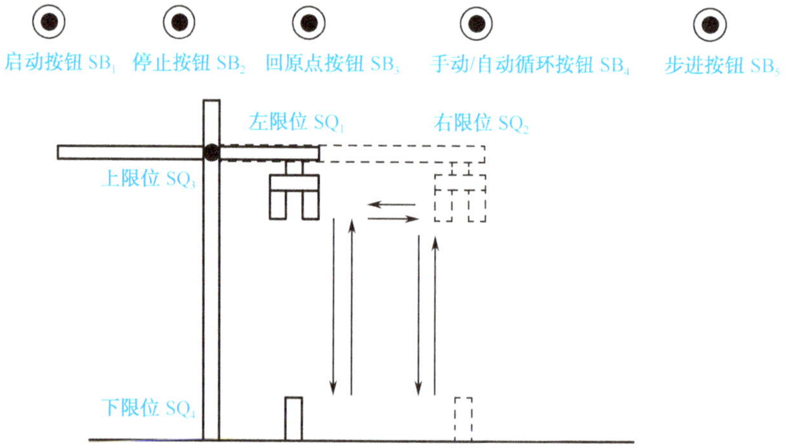

图 A-4　机械手动作示意图

考核要求：

① 电路设计。根据给定的继电控制电路图，列出 PLC 控制 I/O 地址分配表，设计梯形

图程序及 PLC 控制 I/O 接线图，根据梯形图程序，列出指令表。

② 安装与接线

a. 按 PLC 控制接线图在模拟配线板上正确安装，元件在配线板上布置要合理，安装要准确、紧固，配线导线要紧固、美观，导线要进行线槽，导线要有端子标号，引出端要有别径压端子。

b. 将熔断器、接触器、继电器、转换开关、PLC 装在一块配线板上，而将方式转换开关、行程开关、按钮等装在另一块配线板上。

③ 程序输入及调试。熟练操作 PLC 键盘，能正确地将所编程序输入 PLC；按照被控设备的动作要求进行模拟调试，达到设计要求。

④ 通电试验。正确使用电工工具及万用表，进行仔细检查，最好通电试验一次成功，并注意人身和设备安全

⑤ 满分 40 分，考试时间 240 分钟。

试题 2　PLC 控制上料爬斗生产线的设计，并进行安装与调试。

(1) 任务。如图 A-5 所示为上料爬斗装置示意图，爬斗由 M_1 三相异步电动机拖动，将料提升到上限后，自动翻斗卸料；翻斗时撞行程开关 SQ_1，随即反向下降，达到下限；撞行程开关 SQ_2 后，停留 20s；同时启动皮带运输机，由 M_2 三相异步电动机拖动向料斗加料，20s 后，皮带机自行停止，料斗则自动上升。……，如此不断循环。

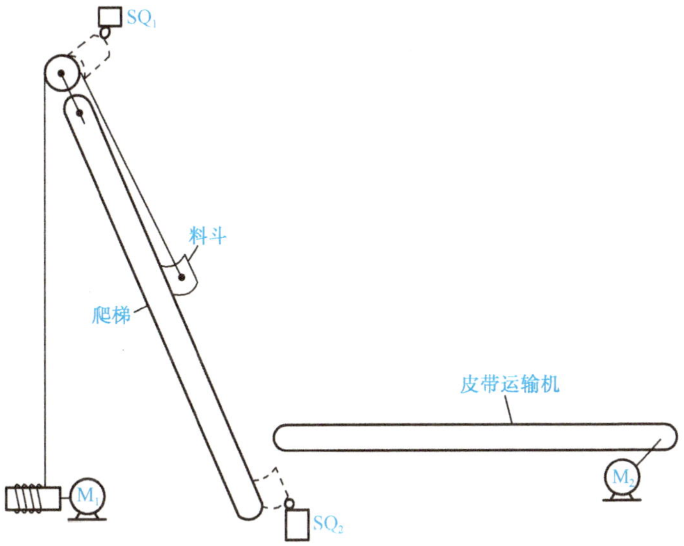

图 A-5　上料爬斗装置示意图

(2) 任务要求

① 工作方式设置为自动循环。

② 有必要的电气保护和联锁。

③ 自动循环时应按上述顺序动作，料斗可以停在任意位置，启动时可以使料斗随意从上升或下降开始运行。

④ 爬斗拖动应有制动抱闸。

（3）考核要求

① 电路设计。根据任务，设计主电路电路图，列出 PLC 控制 I/O 地址分配表，根据加工工艺，设计梯形图程序及 PLC 控制 I/O 接线图，根据梯形图程序，列出指令表。

② 安装与接线。

a. 将熔断器、接触器、继电器、转换开关、PLC 装在一块配线板上，而将方式转换开关、行程开关、按钮等装在另一块配线板上。

b. 按 PLC 控制 I/O 接线图在模拟配线板上正确安装，元件在配线板上布置要合理，安装要准确、紧固，配线导线要紧固、美观，导线要进行线槽，导线要有端子标号，引出端要用别径压端子。

③ PLC 键盘操作。熟练操作 PLC 键盘，能正确地将所编程序输入 PLC；按照被控设备的动作要求进行模拟调试，达到设计要求。

④ 通电试验。正确使用电工工具及万用表，进行仔细检查，最好通电试验一次成功，并注意人身和设备安全。

⑤ 满分 40 分，考试时间 240 分钟。

试题 3　PLC 控制小车运动装置的设计，并进行安装与调试。

（1）任务。如图 A-6 所示是一种简单运送、装卸的小车运动装置示意图，其工作循环过程为：运货小车右行至右限位→到位后小车停止右行，打开漏斗翻门装货→7s 后漏斗翻门关闭，小车左行至左限位→到位后小车停止左行，底门卸货→5s 后底门关闭，完成一次装卸过程（说明：小车底门和漏斗翻门的打开用中间继电器控制）。

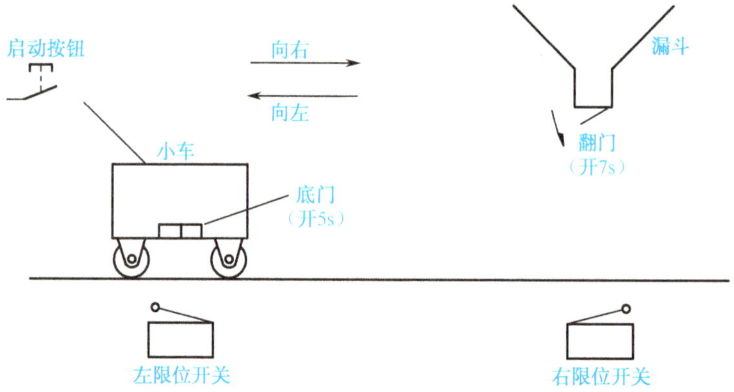

图 A-6　小车运动装置示意图

（2）任务要求

① 工作方式设置为自动循环。

② 有必要的电气保护和联锁。

③ 自动循环时应按上述顺序动作。

（3）考核要求：

① 电路设计。根据任务，设计主电路电路图，列出 PLC 控制 I/O 地址分配表，根据加工工艺，设计梯形图程序及 PLC 控制 I/O 接线图，根据梯形图程序，列出指令表。

② 安装与接线。

a. 将熔断器、接触器、继电器、转换开关、PLC 装在一块配线板上，而将方式转换开关、行程开关、按钮等装在另一块配线板上。

b. 按 PLC 控制 I/O 接线图在模拟配线板上正确安装，元件在配线板上布置要合理，安装要准确、紧固，配线导线要紧固、美观，导线要进行线槽，导线要有端子标号，引出端要用别径压端子。

③ PLC 键盘操作。熟练操作 PLC 键盘，能正确地将所编程序输入 PLC；按照被控设备的动作要求进行模拟调试，达到设计要求。

④ 通电试验。正确使用电工工具及万用表，进行仔细检查，最好通电试验一次成功，并注意人身和设备安全。

⑤ 满分 40 分，考试时间 240 分钟。

试题 4　用 PLC 改造双速交流异步电动机自动变速控制电路，其原理图如图 A-7 所示，并且进行安装与调试。

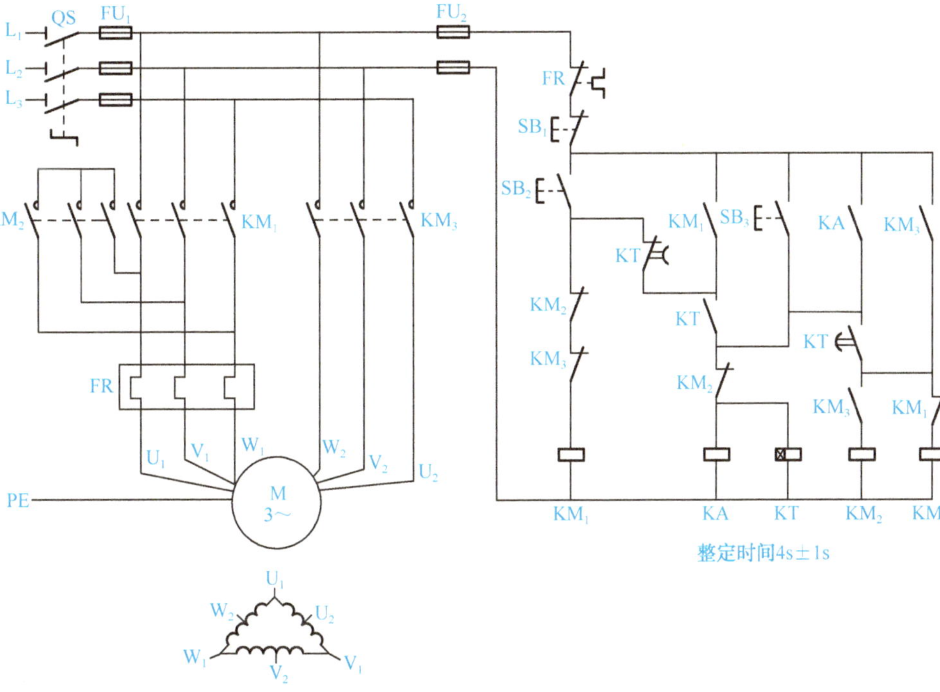

图 A-7　双速交流异步电动机自动变速控制电路原理图

考核要求：

① 电路设计。根据给定的继电控制电路图，列出 PLC 控制 I/O 地址分配表，设计梯形图程序及 PLC 控制 I/O 接线图，根据梯形图程序，列出指令表。

② 安装与接线。

a. 按 PLC 控制 I/O 接线图在模拟配线板上正确安装，元件在配线板上布置要合理，安装要准确、紧固，配线导线要紧固、美观，导线要进行线槽，导线要有端子标号，引出端要有别径压端子。

b. 将熔断器、接触器、继电器、转换开关、PLC 装在一块配线板上，而将方式转换开关、行程开关、按钮等装在另一块配线板上。

③ 程序输入及调试。熟练操作 PLC 键盘，能正确地将所编程序输入 PLC；按照被控设

备的动作要求进行模拟调试，达到设计要求。

④ 通电试验。正确使用电工工具及万用表，进行仔细检查，最好通电试验一次成功，并注意人身和设备安全。

⑤ 满分 40 分，考试时间 240 分钟。

参考答案

中级应知部分

一、判断题

1. √	2. ×	3. ×	4. ×	5. ×	6. ×	7. ×	8. √	9. √
10. √	11. √	12. √	13. ×	14. ×	15. ×	16. ×	17. ×	18. ×
19. ×	20. √	21. √	22. √	23. ×	24. ×	25. √	26. √	27. √
28. ×	29. ×	30. ×	31. √	32. ×	33. √	34. √	35. ×	36. √
37. √	38. √	39. ×	40. ×	41. ×	42. √	43. ×	44. ×	45. ×
46. ×	47. ×	48. ×	49. ×	50. √	51. ×	52. ×	53. ×	54. ×
55. ×	56. √	57. ×	58. √	59. ×	60. √	61. √	62. ×	63. ×
64. ×	65. √	66. ×	67. ×	68. ×	69. ×	70. ×	71. ×	72. √
73. √	74. √	75. √	76. √	77. √	78. √	79. √	80. ×	81. √
82. √	83. √	84. ×	85. √	86. ×	87. ×	88. √	89. √	90. ×
91. ×	92. ×	93. √	94. √	95. ×	96. ×	97. ×	98. ×	

二、选择题

1. B	2. A	3. D	4. A	5. C	6. D	7. A	8. A	9. A
10. C	11. C	12. A	13. A	14. B	15. B	16. B	17. A	18. B
19. A	20. C	21. B	22. B	23. A	24. D	25. A	26. A	27. C
28. B	29. B	30. A	31. C	32. D	33. A	34. B	35. A	36. B
37. B	38. D	39. D	40. B	41. A	42. D	43. D	44. C	45. D
46. D	47. C	48. A	49. C	50. A	51. D	52. C	53. B	54. A
55. A	56. C	57. C	58. D	59. B	60. B	61. C	62. A	63. B
64. B	65. C	66. B	67. D	68. A	69. D	70. C	71. D	72. C
73. C	74. B	75. A	76. C	77. D	78. B	79. A	80. A	81. A
82. B	83. C	84. D	85. C	86. D	87. D	88. A	89. A	90. A
91. C	92. B	93. B	94. B	95. A	96. D	97. A	98. A	99. B
100. A	101. A	102. A	103. B	104. B	105. A	106. A	107. A	108. A
109. B	110. A	111. A	112. A	113. A	114. B	115. A	116. C	117. B
118. A	119. C	120. B	121. A	122. C	123. A	124. D	125. A	126. A
127. B	128. C	129. A	130. B	131. C				

高级应知部分

一、判断题

1. √	2. ×	3. √	4. ×	5. ×	6. ×	7. ×	8. ×	9. ×
10. ×	11. ×	12. ×	13. ×	14. ×	15. ×	16. ×	17. ×	18. ×

19. √	20. ×	21. √	22. √	23. ×	24. ×	25. √	26. √	27. ×

二、选择题

1. A	2. C	3. A	4. C	5. C	6. D	7. A	8. B	9. C
10. C	11. D	12. B	13. B	14. B	15. A	16. D	17. D	18. D
19. B	20. A	21. A	22. A	23. C	24. D	25. C	26. D	27. D
28. C	29. D	30. D	31. C	32. C	33. A	34. D	35. A	36. C
37. D	38. B	39. D	40. D	41. A	42. D	43. D	44. A	45. A
46. C	47. C	48. B	49. A	50. B	51. D	52. C	53. A	54. D
55. C	56. D	57. A	58. C	59. C	60. D	61. A		

附录 B　常用电器元件文字符号、图形符号及外观图

序　号	元件名称	文字符号	图形符号	外　观　图
1	漏电开关	QS	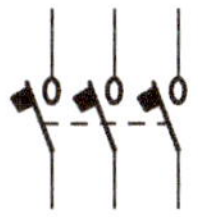	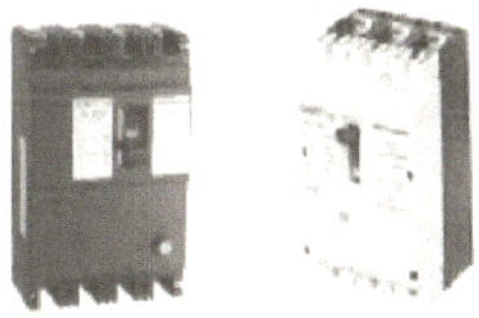
2	断路器	QF	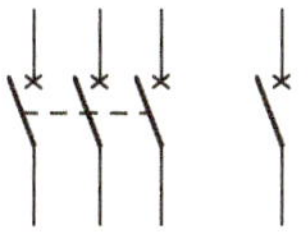 三极　单极	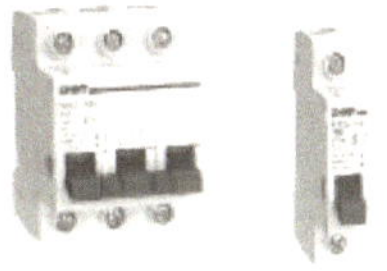 三极　单极
3	熔断器	FU		
4	中间继电器	KA	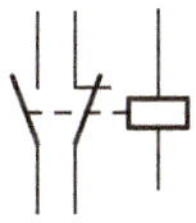	
5	交流接触器	KM	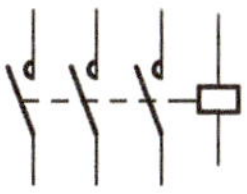	
6	热继电器	FR	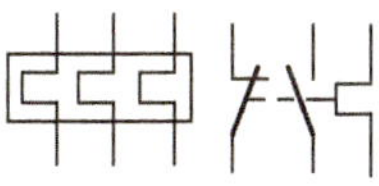	

续表

序　　号	元件名称	文字符号	图形符号	外　观　图
7	按钮开关	SB	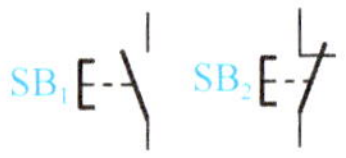 SB$_1$ SB$_2$	
8	时间继电器	KT	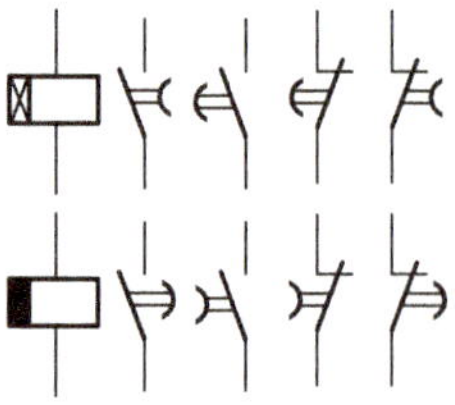	 
9	急停按钮	SB		
10	指示灯	HL		
11	行程开关	SQ		 
12	旋转按钮	SA	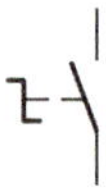	
13	压力开关	SP	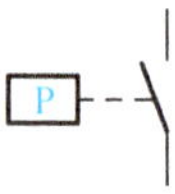 P	
14	电磁阀	YV	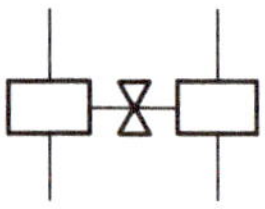	
15	变压器	T	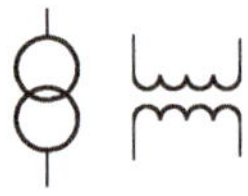 双绕组变压器  三绕组变压器	

续表

序号	元件名称	文字符号	图形符号	外观图
16	编码器	BM	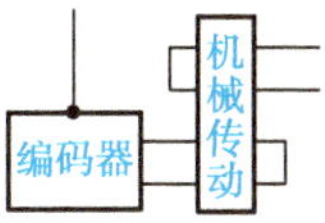	 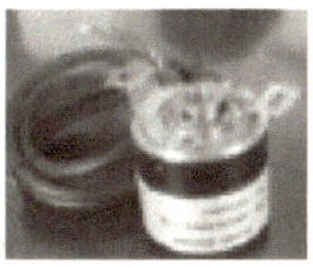
17	三相异步电动机	M		
18	接线端子	XT	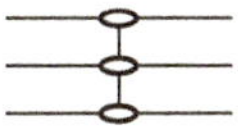	 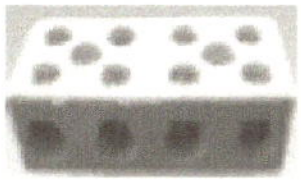
19	接地排	XB	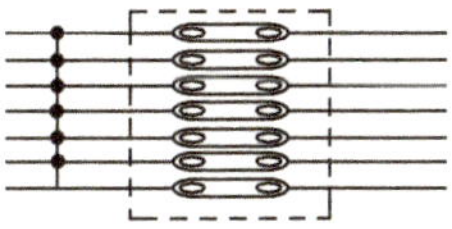	 
20	触点 限定符号	接触器功能：○ 断路器功能：× 隔离开关功能：— 负荷开关功能：○ 自动释放功能：■ 限制/位置开关功能：◁ 手车式抽屉式插口：—≪ ≫—		
21	操作件和 操作方法	一般情况下手动操作： 推动操作： 旋转操作：		

附录 C　S7—200 系列 PLC 操作数寻址范围

数据类型	寻址范围
BYTE	IB，QB，MB，SMB，VB，SB，LB，AC，常数，＊VD，＊LD，＊AC
INT/WORD	IW，QW，MW，SW，SMW，T，C，VW，LW，AIW，AC，常数，＊VD，＊LD，＊AC
DINT	ID，QD，MD，SD，SMD，VD，LD，HC，AC，常数，＊VD，＊LD，＊AC
REAL	ID，QD，MD，SD，SMD，VD，LD，AC，常数，＊VD，＊LD，＊AC

注：输出（OUT）操作数寻址范围不含常数项，＊VD 间接寻址。

附录D　S7—200系列PLC特殊标志存储器SM

SM地址	描　述
SM0.0	该位总是打开
SM0.1	首次扫描周期时该位打开，一种用途是调用初始化子程序
SM0.2	如果保留性数据丢失，该位为一次扫描周期打开。该位可用作错误内存位或激活特殊启动顺序的机制
SM0.3	从电源开启条件进入RUN（运行）模式时，该位为一次扫描周期打开。该位可用于在启动操作之前提供机器预热时间
SM0.4	该位提供时钟脉冲，该脉冲在1min的周期时间内OFF（关闭）30s，ON（打开）30s。该位提供便于使用的延迟或1min时钟脉冲
SM0.5	该位提供时钟脉冲，该脉冲在1s的周期时间内OFF（关闭）0.5s，ON（打开）0.5s。该位提供便于使用的延迟或1s时钟脉冲
SM0.6	该位是扫描周期时钟，为一次扫描打开，然后为下一次扫描关闭。该位可用作扫描计数器输入
SM0.7	该位表示“模式”开关的当前位置（关闭＝“终止”位置，打开＝“运行”位置）。开关位于RUN（运行）位置时，可以使用该位启用自由口模式，可使用转换至“终止”位置的方法重新启用带PC/编程设备的正常通信
SM1.0	当操作结果为零时，某些指令的执行该位打开
SM1.1	当溢出结果或检测到非法数字数值时，某些指令的执行该位打开
SM1.2	数学操作产生负结果时，该位打开
SM1.3	尝试除以零时，该位打开
SM1.4	“增加至表格”指令尝试过度填充表格时，该位打开
SM1.5	LIFO或FIFO指令尝试从空表读取时，该位打开
SM1.6	尝试将非BCD数值转换为二进制数值时，该位打开
SM1.7	当ASCII数值无法转换成有效的十六进制数值时，该位打开
SMB2	该字节包含在自由口通信过程中从端口0或端口1接收的每个字符
SM3.0	该位表示在端口0和端口1中出现校验错误（0＝无错；1＝错误）
SM3.1～SM3.7	保留
SM4.0	通信中断队列溢出时，该位打开
SM4.1	输入中断队列溢出时，该位打开
SM4.2	定时中断队列溢出时，该位打开
SM4.3	检测到运行时间编程错误时，该位打开
SM4.4	该位反映全局中断启用状态。启用中断时，该位打开
SM4.5	变送器闲置（端口0）时，该位打开
SM4.6	变送器闲置（端口1）时，该位打开
SM4.7	当任何内存位置被强制时该位打开（仅限22x）

续表

SM 地址	描　述
SM5.0	如果存在任何 I/O 错误，该位打开
SM5.1	如果过多数字 I/O 点与 I/O 总线连接，该位打开
SM5.2	如果过多模拟 I/O 点与 I/O 总线连接，该位打开
SM5.3	如果过多智能 I/O 模块与 I/O 总线连接，该位打开
SM5.4～SM5.6	保留
SM5.7	如果存在 DP 标准总线故障，该位打开（仅限 S7—215）
SMW22	该字提供最后一次扫描的扫描时间
SMW24	该字提供自进入 RUN（运行）模式以来记录的最小扫描时间
SMW26	该字提供自进入 RUN（运行）模式以来记录的最大扫描时间
SMB28	该字节存储随模拟电位器 0 输入的数值
SMB29	该字节存储随模拟电位器 1 输入的数值

注：其他特殊存储器标志位可参见 S7—200 系统手册。

参考文献

[1] 郁建平. 机电控制技术 [M]. 北京：科学出版社，2006.

[2] 田效伍. 电气控制与 PLC 技术 [M]. 北京：机械工业出版社，2011.

[3] 华满香，刘小春. 电气控制与 PLC 应用 [M]. 北京：人民邮电出版社，2009.

[4] 仲崇生. 电气控制及 PLC [M]. 郑州：郑州大学出版社，2010.

[5] 王曙光，魏秋月，张高记. S7—200 PLC 应用基础与实例 [M]. 北京：人民邮电出版社，2007.

[6] 李伟. 电气控制与 PLC（西门子系列）[M]. 北京：北京大学出版社，2009.

[7] 丁学恭. 电气控制与 PLC [M]. 杭州：浙江大学出版社，2004.

[8] 黄净. 电器及 PLC 控制技术 [M]. 北京：机械工业出版社，2002.

[9] 周万珍，高鸿斌. PLC 分析与设计应用 [M]. 北京：电子工业出版社，2004.

[10] 王曙光等. S7—300/400 PLC 入门与开发实例 [M]. 北京：人民邮电出版社，2009.

[11] 李方园等. 数控机床电气控制简明教程 [M]. 北京：机械工业出版社，2013.